Brigitte Cech

Technik in der Antike

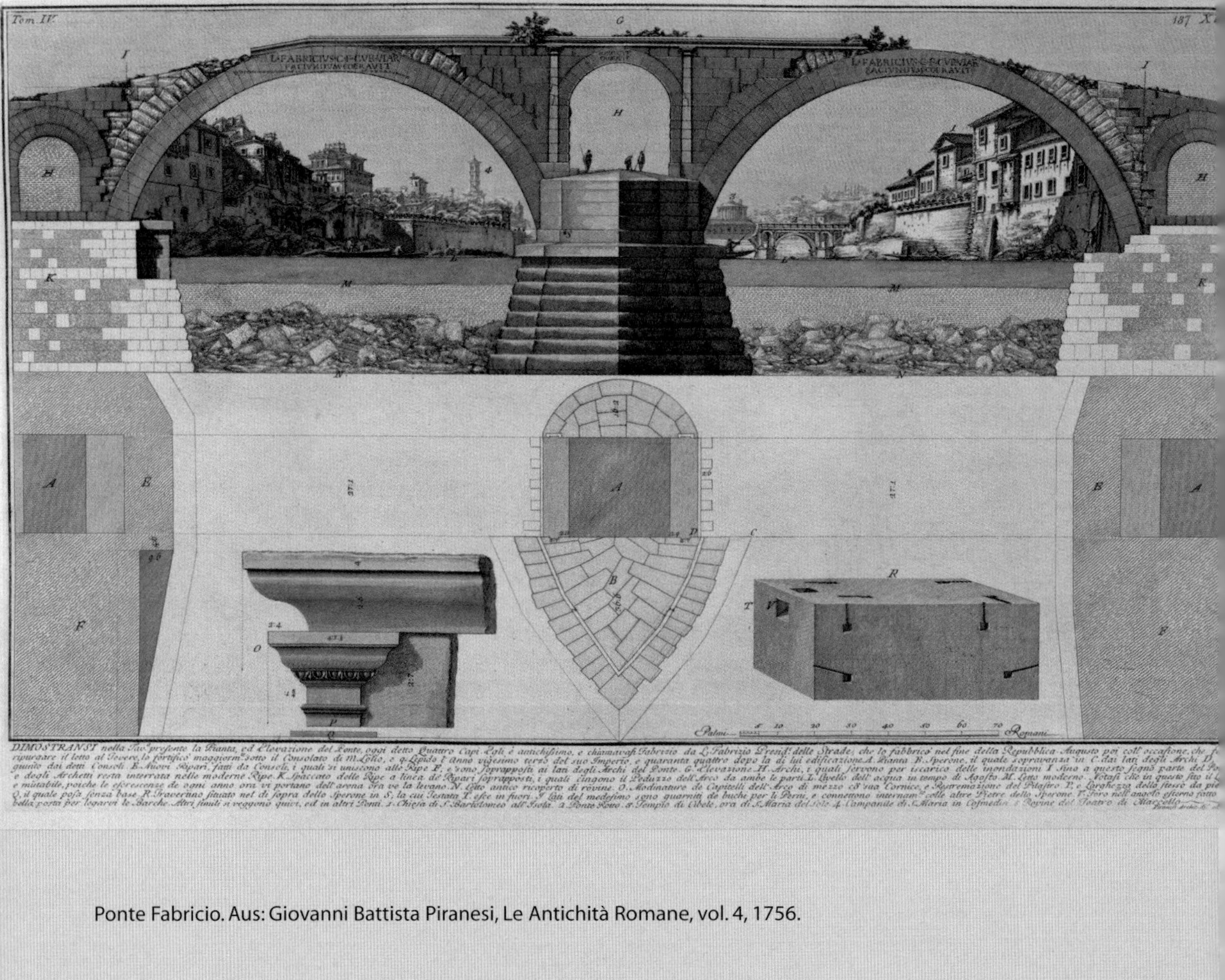

Ponte Fabricio. Aus: Giovanni Battista Piranesi, Le Antichità Romane, vol. 4, 1756.

Brigitte Cech

Technik in der Antike

2. Auflage

Für meine Eltern

Die Deutsche Nationalbibliothek verzeichnet diese Publikation in der Deutschen Nationalbibliografie; detaillierte bibliografische Daten sind im Internet über http://dnb.d-nb.de abrufbar.

2., überarbeitete und erweiterte Auflage 2011

1. Auflage 2010
Layout, Satz und Prepress: Lohse Design, Heppenheim
Die Herausgabe des Werkes wurde durch die Vereinsmitglieder der WBG ermöglicht.
Gedruckt auf säurefreiem und alterungsbeständigem Papier
Printed in Germany
Besuchen Sie uns im Internet: www.wbg-wissenverbindet.de
ISBN 978-3-534-24348-8

Die Buchhandelsausgabe erscheint beim Theiss Verlag
Umschlaggestaltung der Buchhandelsausgabe: init, Büro für Gestaltung, Bielefeld
ISBN 978-3-8062-2513-6
www.theiss.de

Elektronisch sind folgende Ausgaben erhältlich:
eBook (PDF): 978-3-534-71902-0 (für Mitglieder der WBG)
eBook (epub): 978-3-534-71903-7 (für Mitglieder der WBG)
eBook (PDF): 978-3-8062-2514-3 (Buchhandel)
eBook (epub): 978-3-8062-2515-0 (Buchhandel)

Inhalt

Vorwort

Die technischen Leistungen der Antike sind atemberaubend. Im Brückenbau, bei Kuppeln und Wasserleitungen gelangen Meisterwerke, die über viele Jahrhunderte nicht mehr erreicht wurden. Die Präzision antiker Messtechnik ist verblüffend. Zu Großtaten wie Staudämmen oder Tunnelbauten war das europäische Mittelalter nicht mehr fähig. Die einzelnen Aspekte antiker Technik werden hier in ihren Grundzügen vorgestellt und anhand ausgewählter Beispiele erklärt. Dabei wird auch auf die Gesetze der Mechanik, der Statik, der Hydraulik und andere Gesetzmäßigkeiten eingegangen, auf denen diese Errungenschaften beruhen und die teilweise bereits in der Antike als Gesetze erkannt und formuliert worden sind. Das Ziel dieses Buches ist es, die beeindruckenden technischen Leistungen der griechischen und römischen Antike möglichst umfassend und vor allem verständlich darzustellen.

Allen voran gilt mein Dank Prof. Dr. Kai Brodersen, der die Idee zu diesem Buch hatte, sich bei der Wissenschaftlichen Buchgesellschaft dafür einsetzte und mir so die Möglichkeit gab, ein Buch zu schreiben, das ich immer schon lesen wollte. Ein Buch über die verschiedensten Aspekte der Technik und des Ingenieurwesens der Antike zu schreiben, ist ein schwieriges Unterfangen, das ohne Unterstützung und Anregungen von Kollegen und Freunden kaum zu bewerkstelligen ist. Ihnen allen gilt mein Dank für ihre Diskussionsbereitschaft und fachliche Beratung. Ganz besonders danke ich meinem langjährigen Kollegen und Freund Prof. Dr.-Ing. Thilo Rehren, Professor for Archaeological Materials and Technologies am Institute of Archaeology, University College London für seine fachliche Unterstützung bei der Abfassung des Kapitels über Aufbereitung, Verhüttung, Raffination und Legierungen. Für Hilfe bei altphilologischen Fragen danke ich meinem Kollegen

Dr. Andreas Hofeneder, Institut für Alte Geschichte der Universität Wien. Meine Kollegin Dr. Sigrid von Osten und mein Diplomand Ing. Mike Reibnagel haben dankenswerterweise das Manuskript gelesen und mich auf sprachliche und fachliche Ungereimtheiten aufmerksam gemacht. Dank gebührt auch meinen Studenten für ihr Interesse an diesem Thema und für die vielen Fragen, die sie mir in den Vorlesungen gestellt haben, und vor allem für die anregenden Diskussionen bei entspannten „Nachkolloquien" im Gasthaus. Last but not least danke ich Daniel Zimmermann von der Wissenschaftlichen Buchgesellschaft für die sorgfältige Lektoratsarbeit.

Wien, im Frühjahr 2009 — Brigitte Cech

Für die überarbeitete Neuausgabe wurde ein aus redaktionellen Gründen nur kurzes Kapitel über die auf einem Relief aus Hierapolis dargestellte, mit Wasserkraft getriebene Steinsäge als Anhang 5 eingefügt.

Wien, im Herbst 2010

I.

Quellen zu Technik und Ingenieurwesen der Antike

Die Quellen zur Technik und zum Ingenieurwesen der Antike zeichnen sich durch große Vielfalt aus. Diese Vielfalt macht die Beschäftigung mit diesem Themenkreis einerseits äußerst schwierig, andererseits aber auch ausgesprochen spannend. Die Diversität der Quellen macht es notwendig, ihre Interpretation der jeweiligen Quellengattung anzupassen. Bei literarischen Quellen ist es wichtig, die Absicht des Autors zu hinterfragen und sich über sein Zielpublikum, so weit das heute noch möglich ist, Gedanken zu machen. Eine weitere Erschwernis ist, dass nicht alle antiken Autoren, die über technische Fragen schreiben, gleich gut informiert sind. Es ist ein Unterschied, ob ein Autor aus eigener Erfahrung schöpft, wie beispielsweise Vitruv, oder seinerseits von Quellen abhängig ist, wie Plinius der Ältere. Vitruv gibt, aus seinem reichen Erfahrungsschatz schöpfend, Anleitungen, wie man bautechnische Probleme lösen soll. Plinius konnte nicht zu allen Themen, die er behandelt, verlässliche Quellen finden, und nicht immer hat er die Dinge, über die er schreibt, auch wirklich verstanden. Ikonographische Quellen sind genauso kritisch zu betrachten. Es gilt zu fragen, was die Absicht des Bildhauers oder Malers war, wie gut er über sein Motiv informiert war und in welcher Detailtreue er ein Thema in dem von ihm gewählten Medium darstellen konnte. Bei archäologischen Quellen gilt es zu beachten, wie gut etwas erhalten ist und wie es zur Zerstörung oder Aufgabe einer Siedlung, eines Industriestandortes oder anderer Anlagen kam und vor allem, wie gut und gewissenhaft der jeweilige Ausgräber seine Funde freilegte und seine Befunde dokumentierte. Die Verbindung dieser unterschiedlichen Quellen miteinander und eine der jeweiligen Quellengattung angepasste Interpretation sowie Quellenkritik sind die Voraussetzungen für das Verständnis antiker Technik und antiken Ingenieurwesens.

1. Literarische Quellen

Zahlreiche Werke antiker Autoren beinhalten Informationen zu technischen Aspekten. Dazu gehören Beschreibungen der Ausführung von Bauwerken, wie zum Beispiel Caesars Beschreibung der Konstruktion der Rheinbrücke (Caes. bell. Gall. 4, 17), oder die Beschreibung des Baus einer Straße in einem Gedicht des Statius (Stat. silv. 4). Die Erwähnung und Beschreibung von Bauwerken und technischen Anlagen ist eine wichtige Hilfe für die Datierung und Rekonstruktion noch vorhandener Anlagen und für die Interpretation der Befunde archäologischer Ausgrabungen. Beispiele dafür sind die Erwähnung des Wasserableitungstunnels des Albaner Sees südlich von Rom im Geschichtswerk des Livius in Zusammenhang mit dem letzten Krieg Roms gegen Veji am Anfang des 4. vorchristlichen Jahrhunderts (Liv. 5, 15,2–7) oder Herodots Beschreibung des Eupalinostunnels auf Samos (Her. hist. 3, 60). Weiterhin finden sich Informationen zu Bauzeiten und zu bei der Bauausführung aufgetretenen Problemen. Sueton erwähnt in seiner Biographie des Kaisers Claudius (Suet. Claud. 20), dass der Wasserableitungstunnel am Fuciner See nach elfjähriger Bauzeit eröffnet wurde, und Tacitus (Tac. ann. 12, 57) und Cassius Dio (Cass. Dio 61, 5) berichten über Probleme bei der Inbetriebnahme dieses längsten Tunnelbaus der Antike. In seltenen Fällen waren literarische Quellen lange Zeit die einzigen bekannten Hinweise auf technische Anlagen, wie zum Beispiel die Erwähnung von mit Wasserrädern getriebenen Steinsägen in einem Gedicht des Ausonius (Auson. Mos. 362–364). Bei der Beurteilung dieser Quellen, zu denen Geschichtswerke, Biographien und Gedichte gehören, ist zu beachten, dass die Beschreibung technischer Anlagen und Vorgänge meist nicht das primäre Anliegen der Autoren ist.

Neben diesen Werken, in denen technische Aspekte nur am Rande Erwähnung finden, gibt es einige grundlegende Werke, die ausschließlich technische Fragen zum Inhalt haben. Es sind dies die Werke des Heron von Alexandria, Vitruvs Bücher über Architektur und Frontinus' Buch über die Wasserversorgung der Stadt Rom. Plinius der Ältere geht in seinem enzyklopädischen Werk Naturalis historia („Naturkunde“) ebenfalls auf technische Fragestellungen ein. Wichtige Quellen zur Landwirtschafts- und Lebensmitteltechnik sind die Werke Catos des Älteren und Columellas. Die Werke all dieser Autoren sind wichtige literarische Quellen zur Technik der Antike, die im Folgenden kurz vorgestellt werden.

Heron von Alexandria (1. Jh. n. Chr.)

Der einzige Hinweis auf die Lebenszeit dieses Autors ist seine Erwähnung einer Mondfinsternis in Ägypten (Heron diop. 35), die von heutigen Astronomen auf den 13. März 62 n. Chr. datiert wird. Aus Herons Werken geht hervor, dass er Zugang zu einer großen Bibliothek hatte und der griechischen und lateinischen Sprache mächtig war. Seine Werke sind auf Griechisch abgefasst und haben sehr oft den Charakter von Lehrbüchern, wobei er auf Praxisbezug großen Wert legt. Aus diesen wenigen vorhandenen Fakten kann man schließen, dass er mehrere Jahre am Museion, der großen Bibliothek von Alexandria, als Forscher und Lehrer tätig war. Ihm verdanken wir den Großteil unseres Wissens über Mechanik, Physik und Rechenverfahren der Antike. Sehr genau beschreibt er beispielsweise Aufbau und Funktionsweise von Hebevorrichtungen, Pressen und Kriegsmaschinen, wobei er auch auf die Materialien eingeht, die zum Bau derartiger Maschinen verwendet werden sollten. Zusätzlich zu diesen Geräten, die praktische Anwendung fanden, beschreibt er auch Dinge, die wir heute als „Spielzeug" bezeichnen würden und von denen er genau wusste, dass eine praktische Anwendung nicht möglich war. Im Einführungskapitel seiner *Pneumatika* schreibt er dazu: „Einige von ihnen sind sehr nützlich für die tägliche Anwendung, andere bringen eine sehr beachtliche Wirkung hervor."

Seine Werke sind erstens die *Pneumatika* („Druckwerke"): In zwei Büchern werden 75 Maschinen beschrieben, bei denen Luft-, Wasser- oder Dampfdruck zur Anwendung kommen; zweitens die *Automatopoietike* („Herstellung von Automaten"): Darin beschreibt er im Wesentlichen die Konstruktion von zwei kleinen mechanischen Puppentheatern und drittens die *Mechanika* („Mechanik"): Dieses aus drei Büchern bestehende Werk ist nur in arabischer Übersetzung aus dem 9. Jahrhundert erhalten. Buch 1 beschäftigt sich im Wesentlichen mit Übersetzungsverhältnissen und ihren Anwendungen, dem Parallelogramm der Kräfte, der maßstäblichen Verkleinerung beziehungsweise Vergrößerung verschiedener geometrischer Figuren sowie mit Rollen und Flaschenzügen, der Bestimmung von Schwerpunkten und der Verteilung von Belastungen. Buch 2 befasst sich mit den Grundelementen der Mechanik, nämlich der Wirkung von Winde, Hebel, Rolle, Keil und Schraube. Die Kurbel war in der Antike unbekannt. Buch 3 beinhaltet die praktische Anwendung der in Buch 2 beschriebenen Bauteile, hauptsächlich bei Kranen, Hebevorrichtungen und Pressen.

Darüber hinaus werden in den *Katoptrika* („Theorie der Spiegel") die Theorie der Lichtbrechung und verschiedene Arten von Spiegeln – flache, konkave und konvexe Spiegel – sowie Spiegelanordnungen für Trickeffekte diskutiert.

Die Schrift *Metrika* ist eine Abhandlung in drei Büchern über Messungen in der Geometrie, und in der *Dioptra* befasst sich Heron mit Theorie und Praxis der Vermessung. Nach einer Beschreibung der *dioptra*, eines Vermessungsinstruments, folgen praktische Beispiele für die Lösung einer Reihe vermessungstechnischer Probleme. Die *Definitiones* („Definitionen") sind als Einführung einer Sammlung mathematischer Aufgaben erhalten, die im 11. Jahrhundert von einem byzantinischen Gelehrten zusammengestellt wurden. Die Autorenschaft ist umstritten.

Die *Geometrumena*, eine Einführung in die Geometrie, sind nur bruchstückhaft erhalten; die Schrift *Stereometrumena* („Raumgeometrie") beinhaltet unter anderem, wie man die Anzahl der Sitzplätze in einem Theater berechnet, wie die Anzahl von Amphoren, die in einem Schiff von gegebenem Tiefgang, gegebener Breite und Länge untergebracht werden können, berechnet wird und wie man die Anzahl der Dachziegel für ein Gebäude von gegebenen Abmessungen und gegebener Gestalt berechnet.

Herons *Belopoiika* („Über die Konstruktion von Katapulten") und *Cheiroballistra* („Das handbediente Katapult") schließlich sind wichtige Quellen für die Waffentechnik.

Vitruv (1. Jh. v. Chr.)

Über die Biographie Vitruvs, der mit vollem Namen Marcus Pollio Vitruvius hieß, wissen wir nur das Wenige, was er uns selbst in seinem Werk *De architectura* überliefert. Nach seiner Ausbildung zum Architekten diente er wahrscheinlich als *praefectus fabrum* (Offizier der Pioniertruppe) in Caesars Heer. Nach Caesars Ermordung trat er in den Dienst des Augustus, wo er zunächst ebenfalls hauptsächlich als Militärtechniker tätig war. Nach seiner Entlassung aus dem Militärdienst war er wahrscheinlich an den Maßnahmen zur Verbesserung der Wasserversorgung der Stadt Rom beteiligt. Das einzige Gebäude, von dem wir sicher wissen, dass er es entworfen hat, ist die Basilika von Fanum (Fano), einer Stadt an der italienischen Adria. Sein Werk, das er selbst „eine vollständige Enzyklopädie für Architekten" nennt, ist eine der wichtigsten Quellen zur Technik der Antike und behandelt folgende Themen: Buch 1 bringt eine Auflistung der Kenntnisse, über die ein Architekt verfügen soll. Buch 2 behandelt das Bauwesen im Allgemeinen und die verschiedenen Baumaterialien. Die Bücher 3, 4 und 5 sind der Architektur von Tempeln und öffentlichen Gebäuden gewidmet. Buch 6 beginnt mit einem Exkurs über den Zusammenhang zwischen Klima und der Gestaltung von Gebäuden. In weiterer Folge wird auf den Entwurf von Stadt- und Landhäusern sowie Gutshöfen eingegangen. Buch 7 befasst sich mit Außen- und Innendekoration. Buch 8 behandelt Fragen der Wasserversorgung und des Wasserleitungsbaus sowie Allgemeines zur Ingenieurtechnik. Buch 9 ist den Themen Astronomie, Optik und Zeitmessung gewidmet und in Buch 10 beschreibt Vitruv Krane, Wasserpumpen, Wasserräder sowie Katapulte und sonstige Belagerungsmaschinen.

Frontinus (um 35–103/104 n. Chr.)

Sextus Iulius Frontinus wurde wahrscheinlich in Südfrankreich geboren und gehörte dem Ritterstand an. 69 n. Chr. war er bereits Angehöriger des Senats. Nach seinem Konsulat im Jahr 73 n. Chr. war er Statthalter von Britannien.

Abb. 1

Flaschenzug aus: Vitruv, De architectura libri X, Como 1521.

78 n. Chr. kehrte er nach Rom zurück und wurde 96 n. Chr., nach dem Regierungsantritt Nervas, Mitglied des engsten Führungskreises. Ein Jahr später ernannte ihn der Kaiser zum *curator aquarum*, dem Leiter der städtischen Wasserversorgung der Stadt Rom. Seinem eigenen Zeugnis zufolge besaß er keine Vorkenntnisse über Wasserbau, beschäftigte sich aber sofort nach seinem Amtsantritt intensiv mit diesem Thema. Sein Werk *De aquis urbis Romae* („Über die Wasserversorgung der Stadt Rom") ist als Handbuch für ihn selbst

und für seine Nachfolger gedacht. Ausführlich beschreibt er die neun Wasserleitungen, über die Rom zu seiner Zeit mit Wasser versorgt wurde. Sein Werk enthält Angaben über die Beschaffenheit der Quellen und ihre Schüttung, die Wassermengen, die in den *castella* in Rom ankommen, und die in den Akten verzeichneten Wassermengen. Ferner gibt er den Wasserverbrauch des Kaiserhofes, öffentlicher Einrichtungen und von Privathaushalten an. Ebenso zitiert er Wasserversorgung und Wasserrechte betreffende Gesetze.

Plinius der Ältere (23/24–79 n. Chr.)

Gaius Plinius Secundus wurde in der oberitalienischen Stadt Como als Sohn eines römischen Ritters geboren. Über seine Biographie ist relativ wenig bekannt. In den Jahren 47 bis 57 n. Chr. nahm er als Militärtribun in Germanien an den Feldzügen gegen die Chatten teil. Anschließend war er in Como und Rom als Anwalt tätig. Unter Vespasian wurde er zum *praefectus classis*, Kommandant der Kriegsflotte, in Misenum ernannt. Den Ausbruch des Vesuv im Jahr 79 n. Chr. beobachtete er zunächst von seiner Villa in Misenum aus, bestieg dann jedoch ein Schiff, um Flüchtlinge zu retten und den Ausbruch aus der Nähe beobachten zu können. Dabei kam er durch die giftigen Dämpfe ums Leben. Von seinen zahlreichen Werken ist lediglich die *Naturalis historia* („Naturkunde") erhalten. Nach seinen eigenen Angaben benutzte Plinius bei der Zusammenstellung dieses enzyklopädischen Werkes zahlreiche Quellen, wobei er nicht immer über genügend Sachkenntnis verfügte, um die Qualität der jeweiligen Quelle zu beurteilen. Sehr oft ist er nicht in der Lage, die Wertlosigkeit einer Quelle zu erkennen beziehungsweise diese richtig zu interpretieren. Dazu kommt sein Hang zu Anekdoten, der jedoch seine Bücher zu einer unterhaltsamen Lektüre macht. Trotz dieser Mängel ist das Werk des Plinius eine wichtige Quelle.

Quellen zur Agrartechnik

Das älteste erhaltene Handbuch für Landwirte ist *De agricultura* („Über Landwirtschaft") von Cato dem Älteren (234–149 v. Chr.), mit vollem Namen Marcus Porcius Cato Censorius. Eine weitere wichtige Quelle ist *De re rustica* („Über Landwirtschaft") von Columella (1. Jh. n. Chr., mit vollem Namen Lucius Iunius Moderatus Columella). Diese beiden Werke beinhalten neben Anleitungen zur Führung von Landgütern auch Beschreibungen von Wein- und Ölpressen sowie praktische Ratschläge zu Viehzucht, Acker-, Obst- und Weinbau.

2. Epigraphische und ikonographische Quellen

Zu den epigraphischen Quellen gehören unter anderem Bauinschriften, Grab- und Weihesteine sowie Gesetzestafeln. Obwohl diese Quellengattung nur vereinzelt Informationen zu antiker Technik gibt, darf sie nicht außer Acht gelassen werden. Bauinschriften sind eine wichtige Quelle für die Datierung von Bauwerken, aber sie enthalten oft auch Informationen zur Organisation von Baustellen; auf Grab- und Weihesteinen findet man Berufsbezeichnungen, und Gesetzestexte informieren über Arbeitsorganisation und Arbeitsbedingungen. Ägyptische Papyri und die Schrifttafeln von Vindolanda, einem römischen Militärlager in Nordengland, beinhalten ebenfalls vereinzelte Hinweise zu technischen Fragestellungen.

Ikonographische Quellen sind im Wesentlichen Statuen, Reliefs sowie Wand- und Vasenmalerei. Bildliche Darstellungen technischer Vorrichtungen können wesentlich zu deren Verständnis beitragen.

3. Baudenkmale

Aus der griechischen und römischen Antike sind zahlreiche Gebäude, Wasserleitungen, Straßen, Brücken, Staudämme, Tunnelbauten und andere Konstruktionen erhalten. Sie sind beeindruckende Zeugnisse antiker Ingenieurskunst, deren detailliertes Studium Einblick in antike Bautechniken gibt und zeigt, wie anstehende Probleme in der Praxis gelöst wurden.

4. Bodendenkmale und archäologische Quellen

Zu dieser Quellengattung gehören unter anderem Bergbaue, Steinbrüche, Aufbereitungs- und Verhüttungsanlagen, Siedlungen und militärische Anlagen, wie Befestigungen und Lager. Bei archäologischen Ausgrabungen freigelegte Befunde geben wichtige Informationen zu technischen Fragen, vor allem in den Bereichen Erzaufbereitung und Verhüttung. Archäologische Befunde sind beispielsweise die einzigen Quellen zu Aufbau und Funktionsweise von Schmelzöfen. Die Interpretation dieser Befunde und der Produktionsabfälle ist oft sehr schwierig und bedarf der interdisziplinären Zusammenarbeit. Archäologische Fundstücke, wie zum Beispiel Teile von Geschützen, Bauteile von Mühlen und Pressen, aber auch Werkzeuge und Geräte, gehören ebenfalls zu dieser Quellengattung.

II. Grundlagen der Technik und des Ingenieurwesens der Antike

1. Energiequellen

Die Energiequellen der Antike waren Menschen- und Tierkraft sowie Wasser- und Windkraft. Von Dampf getriebene Anlagen werden zwar von Heron von Alexandria beschrieben (Heron pneu. II, 6 und 11), als Energiequelle wurde Dampf in der Antike jedoch nicht genutzt. Holz und Holzkohle als Brennstoffe gehören ebenfalls zu den Energiequellen antiker Technik. Auf eine Untersuchung des Einflusses gesellschaftspolitischer und wirtschaftlicher Faktoren auf den Einsatz der verschiedenen Energiequellen wurde hier bewusst verzichtet, da eine Behandlung dieses Themas den Rahmen dieses Buches sprengen würde.

Menschenkraft

Menschliche Muskelkraft als Energiequelle hat viele Einsatzbereiche. Einer der wichtigsten ist das Bewegen und Heben von Lasten. Um die Effizienz der Menschenkraft zu erhöhen, bediente man sich mechanischer Vorrichtungen wie Krane, Hebewerke und Treträder. Innerhalb der Städte wurden Lasten vorwiegend mit Menschenkraft transportiert, und die ebenfalls von Menschen getragene Sänfte war ein gängiges Fortbewegungsmittel. Eine wichtige Rolle spielte die Menschenkraft auch in den Bereichen Handwerk und Landwirtschaft. Als Beispiele seien der Antrieb von Töpferscheiben, einfachen Getreidemühlen, Weinpressen und Blasebälgen von Schmelzöfen und Schmiedeessen genannt.

Auch die Schifffahrt war in hohem Maße von Menschenkraft abhängig. Kriegsschiffe fuhren nur auf langen Fahrten oder, wenn sie auf Wache kreuzten, unter Segel. Bei Alarmbereitschaft oder in der Schlacht, wenn Beweglichkeit und Unabhängigkeit von den herrschenden Windverhältnissen notwendig waren, wurden sie ausschließlich durch Ruderer angetrieben. Auch die Lastschiffe der Binnenschifffahrt wurden gesegelt oder gerudert und teilweise stromaufwärts unter Einsatz von Menschenkraft getreidelt.

Tierkraft

Tierkraft kam hauptsächlich im Transportwesen und in der Landwirtschaft zum Einsatz, wenn Menschenkraft nicht mehr ausreichte. Als Arbeitstiere dienten Ochsen, Maultiere, Esel und Pferde, die letzteren galten jedoch als edle Tiere, die im militärischen Bereich, als Reittiere und im Circus bei Wagenrennen Verwendung fanden. Die bevorzugte Verwendung von Ochsen als Arbeitstiere anstelle von Pferden beruhte nicht nur auf dem in der antiken Literatur immer wieder betonten „edlen Status" der Pferde, sondern hatte auch ökonomische Gründe. Ochsen sind in der Haltung wesentlich kostengünstiger als Pferde, die hochwertigeres Futter brauchen. Dazu kommt, dass Ochsen gefügiger sind und wesentlich schwerere Lasten ziehen können. Hatten sie ausgedient, konnte man sie schlachten und verspeisen. Pferdefleisch wurde, wahrscheinlich aus religiösen Gründen, in der Antike nicht gegessen. Der einzige Vorteil, den Pferde gegenüber Ochsen haben, ist ihre Schnelligkeit, die in den Einsatzbereichen Transportwesen und Landwirtschaft von untergeordneter Bedeutung war. Mit der Entwicklung der Rotationsmühle im 2. Jahrhundert v. Chr. wurden neben Eseln auch ausgediente Pferde zum Drehen der Mahlwerke eingesetzt. Ein weiterer Einsatzbereich von Pferden war das Ziehen von Reisewagen.

Als Tragtiere verwendete man hauptsächlich Maultiere, die sich durch Trittsicherheit auf schmalen Gebirgspfaden sowie große Ausdauer und Zähigkeit auszeichnen. Ein Maultier kann eine Last von bis zu 150 kg tragen. Einer Inschrift aus Salagassos in Pisidia, dem heutigen Antalya in der Türkei, zufolge entsprach die Tragekapazität von drei Maultieren der eines Wagens. Zu unterst auf der Liste der Arbeitstiere stand der Esel, dessen Tragekapazität ungefähr die Hälfte der eines Maultieres beträgt. Der wichtigste Einsatzbereich von Eseln als Arbeitstieren war der Antrieb der Rotationsmühlen in Müllereien.

Wasser- und Windkraft

Ab dem 1. Jahrhundert v. Chr. kannte man Wasserräder zum Antrieb von Mühlen und zum Wasserheben und auch zum Antrieb von Steinsägen. Im Bergbau kam Wasserkraft bei der Technik des Ausschwemmens, einer typisch römischen Abbaumethode, zum Einsatz.

Windkraft wurde in der Antike ausschließlich in der Schifffahrt genutzt. Windmühlen waren unbekannt.

Holz und Holzkohle

Holz und Holzkohle waren die wichtigsten Brennstoffe der Antike. Häcksel und getrockneter Dung spielten nur eine untergeordnete Rolle. Holz und Holzkohle waren die Brennstoffe für Küchenherde, Backöfen, Heizungen, Anlagen zur Warmwasserbereitung, Töpferöfen, Kalkbrennöfen, Schmelzöfen sowie Öfen und Herde zur Weiterverarbeitung der Metalle. Der durchschnittliche Brennwert von Holz liegt bei rund 4,7 kWh/kg. Holzkohle hat mit rund 8,6 kWh/kg fast den doppelten Brennwert. In einem traditionellen Kohlenmeiler gewinnt man aus 1 m^3 Holz rund 60 bis 70 kg Holzkohle. Holzkohle kam vor allem beim Verhüttungsprozess und beim Betrieb von Schmiedeessen zum Einsatz. In beiden Anwendungsbereichen sind hohe Temperaturen erforderlich, und der in der Holzkohle vorhandene Kohlenstoff ist bei der Reduktion von Erzen zu Metallen und beim Aufkohlen von Weicheisen in der Schmiedeesse von grundlegender Bedeutung. Neben seiner Bedeutung als Brennstoff war Holz ein wichtiger Rohstoff im Baugewerbe und vor allem im Schiffbau. Obwohl das Konzept der Wiederaufforstung in der Antike unbekannt war und riesige Flächen im Lauf der Jahrhunderte entwaldet wurden, kam es lediglich vereinzelt in küstennahen Regionen und auf kleinen griechischen Inseln zur Verkarstung der Landschaft. Die weit verbreitete Ansicht, dass die großräumigen Verkarstungen in den Mittelmeerländern bereits in der Antike verursacht wurden und dass es dadurch zu ernsthaften Versorgungsengpässen mit Holz kam, ist zu hinterfragen. Dazu waren die Bevölkerungsdichte und der Holzverbrauch trotz allem zu gering. Die Waldbestände in Italien waren im 4. Jahrhundert n. Chr. noch so ausgedehnt, dass beispielsweise der enorme Holzbedarf der elf großen Thermenanlagen und der zahlreichen kleineren Bäder in der Stadt Rom gedeckt werden konnte. Zur Klärung der Ursachen der Verkarstung wären umfassende Studien, vor allem unter Einbeziehung mittelalterlicher und neuzeitlicher Quellen, erforderlich.

2. Naturwissenschaftliche Grundlagen

Eine wichtige Voraussetzung für das Verständnis antiker Technik ist das Wissen um die in der Antike bekannten mathematischen, geometrischen und physikalischen Gesetze. Da eine ausführliche Behandlung dieses umfangreichen und faszinierenden Themas den Rahmen dieses Buches sprengen würde, wird hier nur auf ausgewählte Prinzipien eingegangen, deren Verständnis das Lesen dieses Buches erleichtert.

Mathematik und Geometrie

In der griechischen und römischen Antike verwendete man Buchstaben als Zahlzeichen. Ein Zeichen für Null war unbekannt. Als Rechenhilfen dienten der Abakus, ein Rechenbrett ähnlich dem modernen chinesischen Abakus (siehe Anhang 2), und Multiplikationstabellen. Neben den Grundrechenarten Addieren, Subtrahieren, Dividieren und Multiplizieren kannte man Quadrieren, Wurzelziehen und Bruchrechnen. Der Kreiswinkel war in 360 Grad unterteilt. Dezimalzahlen wurden als Brüche angegeben.

Im Folgenden sollen die wichtigsten mathematisch/geometrischen Lehrsätze, die in der antiken Technik zur Anwendung kamen, kurz vorgestellt werden. Die Inhalte der meisten dieser Lehrsätze waren bereits bekannt, bevor sie als Lehrsätze formuliert wurden.

Die Lehrsätze des Thales von Milet

Thales von Milet (um 624–547 v. Chr.) gehört zu den ersten namentlich bekannten griechischen Philosophen und Mathematikern. Auf ihn geht die Formulierung erster geometrischer Lehrsätze zurück. Er selbst hat nichts Schriftliches hinterlassen. Seine Lehre ist in den Schriften späterer Philosophen, unter anderem in den Werken des Aristoteles und im Kommentar des Proklos Diadochos (412–485 n. Chr.) zum ersten Buch der „Elemente“ des Euklid überliefert. Folgende Lehrsätze werden ihm zugeschrieben: Jeder Kreis wird von seinem Durchmesser in zwei gleiche Teile geteilt (Thaleskreis). Jedes Dreieck, dessen längste Seite vom Durchmesser eines Kreises gebildet wird und dessen Scheitel auf dem Bogen des Halbkreises liegt, ist ein rechtwinkliges Dreieck (Satz des Thales). Die Basiswinkel eines gleichschenkligen Dreiecks sind gleich. Zwei sich schneidende Gerade bilden zwei Paar je gleicher Winkel (Scheitelwinkel).

Der Pythagoräische Lehrsatz

Um 531 v. Chr. gründete der auf der Insel Samos geborene Philosoph Pythagoras in der süditalienischen Stadt Kroton eine Schule. Sein bekanntester Lehrsatz besagt, dass das Quadrat der längsten Seite eines rechtwinkligen Dreiecks (Hypotenuse) gleich der Summe der Quadrate der beiden anderen Seiten (An- und Gegenkathete) ist ($a^2 + b^2 = c^2$). Die Anwendungsbereiche des Pythagoräischen Lehrsatzes sind vielfältig. Mit Hilfe dieses Lehrsatzes kann man unter anderem auf einfache Weise einen rechten Winkel ausstecken. Beispiele für seine praktische Anwendung in der Antike sind die Planung der Umfahrung der geologischen Störung im Eupalinostunnel auf Samos und die Aufstellung einer Archimedischen Schraubenpumpe.

Euklids Dreiecksätze

Das älteste erhaltene Lehrbuch der Geometrie ist das von Euklid (um 300 v. Chr.) verfasste Werk „Elemente". Im besonderen seine Sätze über gleiche und ähnliche Dreiecke fanden in der antiken Landvermessung praktische Anwendung.

Zwei Dreiecke sind gleich, wenn
1. die drei Seiten beider Dreiecke gleich sind,
2. zwei Seiten und der von ihnen eingeschlossene Winkel gleich sind,
3. zwei Winkel und eine Seite gleich sind,
4. zwei Seiten und ein Winkel gleich sind.

Die Erkenntnisse dieser Lehrsätze, kombiniert mit dem Lehrsatz von der Gleichheit der Scheitelwinkel zweier sich schneidender Geraden, wurde in der Landvermessung angewendet, wenn man beispielsweise die Breite eines Flusses bestimmen wollte, ohne ihn zu überschreiten.

Im Gegensatz zu gleichen Dreiecken, die durch Verschiebungen, Drehungen und Spiegelungen zur Deckungsgleichheit gebracht werden können, stimmen ähnliche Dreiecke in ihren Winkelmaßen und im Verhältnis der Längen ihrer Seiten überein.

Zwei Dreiecke sind ähnlich, wenn sie übereinstimmen
1. in der Größe zweier Winkel,
2. im Verhältnis ihrer drei Seiten,
3. im Verhältnis zweier Seiten und der Größe des eingeschlossenen Winkels,
4. im Verhältnis zweier Seiten und der Größe des der längeren Seite gegenüber liegenden Winkels.

Die Lehrsätze über die Ähnlichkeit von Dreiecken fanden ebenfalls in der Vermessungstechnik praktische Anwendung, wenn man beispielsweise im Zuge einer Belagerung die Höhe der Stadtmauer bestimmen wollte.

Physik

Physik als Fachdisziplin im modernen Sinn gab es in der Antike nicht. Zahlreiche heute bekannte und als Lehrsätze formulierte physikalische Prinzipien fanden in der antiken Technik praktische Anwendung, obwohl ihre Gesetzmäßigkeiten als solche noch nicht erkannt wurden. Erörterungen physikalischer Fragen und Versuche, Gesetzmäßigkeiten zu erkennen und zu formulieren, findet man aber bereits in den Schriften der vorsokratischen Naturphilosophen des 6. Jahrhunderts v. Chr. Aristoteles geht in seinen naturphilosophischen Werken ausführlich auf physikalische Phänomene ein, wie zum Beispiel auf die Frage des Vakuums oder die Wurf- und Fallgesetze. Viele seiner Thesen sind jedoch heute widerlegt.

Der Mathematiker Archimedes (um 287–213 v. Chr.) ging an physikalische Fragen mit mathematischen Methoden heran und formulierte Lehrsätze, deren Inhalt er in folgerichtigen Schritten herleitete. In seinem Werk „Über schwimmende Körper" beschäftigt er sich mit dem Zusammenhang zwischen Dichte und Auftrieb und entwickelte das nach ihm benannte Archimedische Prinzip, das besagt, dass ein Körper, der in eine Flüssigkeit eingetaucht wird, scheinbar so viel an Gewicht verliert, wie die von ihm verdrängte Flüssigkeitsmenge wiegt.

Das Werk „Über das Gleichgewicht ebener Flächen" behandelt die Bestimmung der Schwerpunkte von Flächen und Körpern und die verschiedenen Gleichgewichtsverhältnisse, die sich bei der Anbringung von Gewichten an Hebelarmen ergeben. Das daraus resultierende Hebelgesetz besagt, dass ungleiche Gewichte auf einem zweiarmigen Hebel im Gleichgewicht sind, wenn die Länge der Hebelarme bis zum Drehpunkt umgekehrt proportional zu den Gewichten ist (Kraft × Kraftarm = Last × Lastarm). Ein Hebel, an dessen einem Arm ein Gewicht von 1 kg hängt (Kraftarm) und an dessen anderem Arm ein Gewicht von 5 kg hängt (Lastarm), ist im Gleichgewicht, wenn der Arm mit dem leichteren Gewicht fünfmal so lang ist wie der Arm mit dem schwereren. Auf das Heben von Lasten bezogen heißt das, je länger der Kraftarm, desto weniger Kraft ist notwendig, um eine Last zu heben. Gleichzeitig bedeutet das jedoch, dass das, was an Kraft gespart wird, an Weg zugegeben werden muss.

In der antiken Technik wurde das Hebelgesetz bei der Konstruktion von Kranen und Flaschenzügen mit zum Teil mehrfacher Untersetzung erfolgreich in die Praxis umgesetzt.

III. Messtechnik

1. Zeitmessung

In der Antike kannte man zwei Arten, die Länge der Stunden zu berechnen. Astronomen unterteilten den Tag für ihre wissenschaftlichen Beobachtungen in 24 Stunden gleicher Länge (Äquinoktialstunden) – wie wir heute. Im Alltagsleben hingegen wurden der lichte Tag – von Sonnenaufgang bis Sonnenuntergang – und die Nacht in je zwölf gleich lange Stunden unterteilt (Temporalstunden). Dieses System bewirkt, dass die Stunden je nach Jahreszeit und geographischer Breite unterschiedlich lang sind. In Rom zum Beispiel dauerte die längste Tagstunde 75 Minuten und die kürzeste 45 Minuten. Der Begriff „Stunde“ hatte in der Antike eine zweifache Bedeutung. *hora sexta* (sechste Stunde des Tages oder der Nacht) kann entweder die Zeitspanne der sechsten Stunde bedeuten oder das Ende der sechsten Stunde. Zur Zeitmessung dienten Sonnen- und Wasseruhren.

Sonnenuhren

Eine Sonnenuhr besteht aus dem Gnomon – dem Schattenstab – und der Uhrenfläche mit drei Datumslinien für die Äquinoktien und die Solstitien, sowie elf Stundenlinien. Die mittlere der Stundenlinien ist der Meridian, die Mittagslinie. An den Äquinoktien bewegt sich die Schattenspitze im Laufe des Tages entlang der Äquinoktiallinie. Einzig zur Zeit der Äquinoktien entspricht die Länge der Temporalstunden der der Äquinoktialstunden, nämlich 60 Minuten.

Vitruv beschreibt in seinem Analemma (siehe auch Anhang 3), wie die Uhrenfläche einer Sonnenuhr, ohne astronomische Kenntnisse, nach den

Methoden der darstellenden Geometrie mit Lineal und Zirkel zu konstruieren ist. Die Voraussetzung dafür ist, dass die geographische Breite des Ortes, an dem die Sonnenuhr angebracht werden soll, bekannt ist. Vitruv gibt die Breite nicht als Winkel, sondern als Verhältniszahl der Länge des Gnomons zur Länge des Mittagsschattens an den Äquinoktien an. Für Rom sagt er, dass der Mittagsschatten an den Äquinoktien $^8/_9$ der Länge des Gnomons betrage. Allerdings beschreibt er nur die Konstruktion des Meridians einer Sonnenuhr mit horizontaler ebener Uhrenfläche, um dann mit folgenden Worten zu schließen: „Nachdem das auf diese Weise verzeichnet und entwickelt ist, werden unter Zugrundelegung des Analemmas, sei es durch Nachtgleichelinien oder auch durch Monatslinien, die Einteilungen der Tagesstunden auf den Auffangflächen aufgezeichnet werden müssen, und es werden dabei viele verschiedene Auffangflächen und Arten von Uhren gebaut“ (Vitr. 9, 7). Die Genauigkeit einer Sonnenuhr ist abhängig von der exakten Konstruktion der Uhrenfläche und der Länge und Positionierung des Gnomons nach dem Analemma, der korrekten Übertragung der analemmatischen Uhrenfläche auf die tatsächliche Fläche und die sorgfältige Ausrichtung, so dass sich die Schattenspitze zum Zeitpunkt des äquinoktialen Mittags genau im Schnittpunkt der Meridian- und der Äquinoktiallinie befindet.

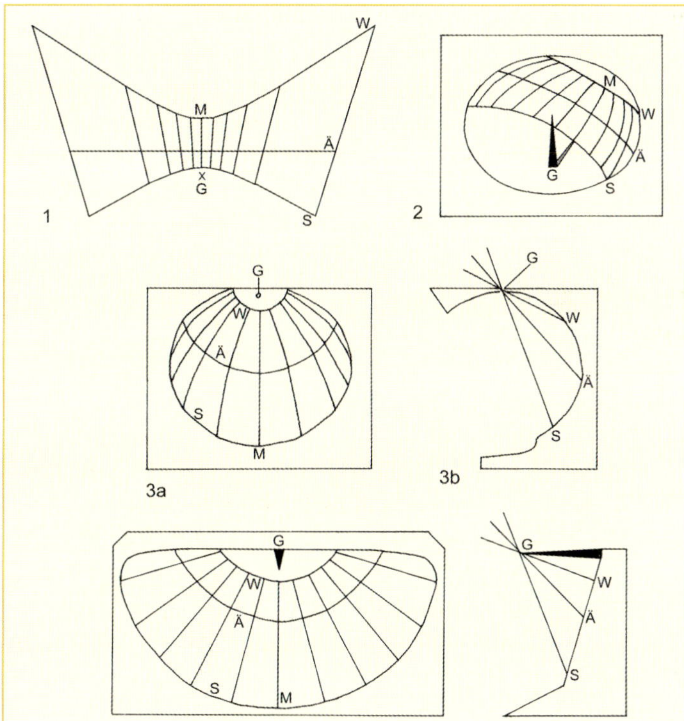

Abb. 2

Uhrenflächen antiker Sonnenuhren:
1: horizontale ebene Sonnenuhr
2: Skaphe mit zentralem Gnomon
3: Skaphe mit Lochgnomon: Frontalansicht (3a) und Meridianschnitt (3b)
4: Kegelsonnenuhr: Frontalansicht (4a) und Meridianschnitt (4b), G: Gnomon, W/S: Winter- bzw. Sommersolstitiallinie, Ä: Äquinoktiallinie, M: Meridian (Mittagslinie)

Abb. 3 ▲

Römische Kegelsonnenuhr.

In der Antike gab es drei Grundtypen von Sonnenuhren:

1. Sonnenuhren mit horizontaler oder vertikaler ebener Uhrenfläche. Die Solstitiallinien dieser Sonnenuhren sind Hyperbeln. Bei vertikalen Sonnenuhren ist im Gegensatz zu horizontalen der Datumsbogen des Sommersolstitiums am größten (Abb. 2, 1).
2. Hohlkugelsonnenuhren mit kalotten- bis halbkugelfömiger Uhrenfläche. Wegen ihrer Form werden diese Sonnenuhren auch Skaphen (griechisch *skaphion*: Becken) genannt. Skaphen mit dem Gnomon am tiefsten Punkt der Schale werden horizontal aufgestellt (Abb. 2, 2), daher ist der Datumsbogen

des Wintersolstitiums am größten. Skaphen mit einem Lochgnomon im Zenit der Halbkugel sind vertikale Sonnenuhren. In diesem Fall ist der Datumsbogen des Sommersolstitiums am größten (Abb. 2, 3).

3. Kegelsonnenuhren mit hohlkegelförmiger Uhrenfläche. Diese Sonnenuhren werden vertikal aufgestellt; der Datumsbogen des Sommersolstitiums ist am größten (Abb. 2, 4).

Daneben gab es Sonderformen, wie zum Beispiel Doppelsonnenuhren, aber auch tragbare Reisesonnenuhren.

Auf demselben Prinzip wie eine Sonnenuhr beruht der Meridian, der allerdings keine eigentliche Uhr, sondern vielmehr ein Kalender zum Ablesen des Datums ist. Er besteht aus einem Gnomon und der Mittagslinie, auf der die mittägliche Schattenspitze jedes Tages durch eine Linie gekennzeichnet ist. Im Jahr 10 oder 9 v. Chr. ließ Augustus in Rom einen Meridian anlegen, der mit seinem Mausoleum und der *Ara Pacis* („Altar des Friedens") eine architektonische und propagandistische Einheit bildet. „Dem auf dem Marsfeld stehenden Obelisken gab der vergöttlichte Augustus eine bemerkenswerte Bestimmung, nämlich die Schatten der Sonne und auf diese Weise die Länge der Tage und Nächte anzuzeigen. Er ließ entsprechend der Länge des Obelisken ein Steinpflaster in den Boden legen, dem der Schatten der Wintersonnenwende in der sechsten Stunde gleichkommen sollte und der allmählich nach den aus Erz eingelegten Streifen an den einzelnen Tagen abnahm und wieder länger wurde" (Plin. nat. 36, 72–73). Ausgehend von der bekannten Höhe des Gnomons (29,42 m) kann die Länge des augusteischen Meridians mit 62,26 m berechnet werden. Obwohl Plinius eindeutig einen Meridian beschreibt, wurde, ausgehend von der Höhe des Gnomons, eine Sonnenuhr rekonstruiert, die selbst unter Weglassung der äußeren Stundenlinien ein Ausmaß von 160 mal 75 m hat und vom Boden aus unmöglich abzulesen wäre. 1982 konnte bei archäologischen Untersuchungen auf dem Marsfeld, 1,6 m über dem augusteischen Niveau, ein kleiner Abschnitt eines wahrscheinlich an derselben Stelle befindlichen flavischen Meridians mit Monats- und Tageslinien freigelegt werden.

Wasseruhren

Sonnenuhren haben den großen Nachteil, dass sie nur bei Sonnenschein brauchbar sind. Die Notwendigkeit, die Zeit auch in Räumen, bei Bewölkung oder nachts zu messen, führte zur Entwicklung der *kleps(h)ydra* (griechisch: Wasserdieb), der Wasseruhr, mit der die verstrichene Zeit an dem sich verändernden Wasserstand in einem Gefäß mit konstantem Abfluss (Auslaufuhr) oder Zufluss (Einlaufuhr) gemessen wird.

Die einfachste Wasseruhr beruht auf demselben Prinzip wie die – in der Antike allerdings unbekannte – Sanduhr und diente zur Messung einer relativen Zeitdauer. Durch eine kleine Öffnung rinnt Wasser von einem Gefäß in ein darunter stehendes zweites Gefäß. Uhren dieser Art wurden bei Gericht verwendet, um jedem Redner eine gleich lange Redezeit zuzumessen (Aristot. Ath. pol. 76, 2). Auch im militärischen Bereich kamen Wasseruhren zum Einsatz, um die Nacht in vier annähernd gleich lange Nachtwachen zu unterteilen. Ein Hinweis darauf findet sich bei Caesar (Caes. bell. Gall. 5, 13): „Wir konnten durch genaue Messungen mit der Wasseruhr (*ex aquis*) feststellen, dass hier [in Britannien] die Nächte kürzer sind als auf dem Kontinent."

Große Wasseruhren, an denen man die Uhrzeit ablesen konnte und die in Städten oder bei Heiligtümern aufgestellt waren, sind zwar aus der antiken Literatur bekannt, aber leider nur selten, und wenn, nur in ihrer Basis erhalten. Eine Ausnahme stellt die Wasseruhr des 4. Jahrhunders v. Chr. im Amphiareion von Oropos, einer Stadt in Attika, dar. Es handelt sich dabei um eine Auslaufuhr mit einem großen Becken, aus dem täglich nachzufüllendes Wasser mit konstanter Geschwindigkeit abfließt. Ein mit einem Zeiger versehener Schwimmer zeigt auf einer Skala die Stunden an. Da die Zeit anhand des sich senkenden Wasserspiegels gemessen wird, befindet sich die 12. Stunde am unteren Ende der Skala. Entsprechend der antiken Stundeneinteilung mussten die Stundenmarken zu den Solstitien und Äquinoktien umgesteckt werden.

Die Erfindung der wesentlich komplizierteren Einlaufuhr, mit der die Uhrzeit über die in ein Becken einfließende Wassermenge gemessen wird, wird Ktesibios von Alexandria (3. Jh. v. Chr.) zugeschrieben (Vitr. 9, 8,2). Einlaufuhren setzen das Vorhandensein einer Wasserleitung und die Regelung des konstanten Einflusses in das Wasserbecken voraus. Dazu kommt, dass täglich zu Sonnenuntergang die Zuleitung abgesperrt und das Becken entleert werden muss. Bei der von Vitruv (Vitr. 9, 8,6–7) beschriebenen Einlaufuhr handelt es sich um ein technisch ausgereiftes Modell mit Regulierbecken und analemmatischer Uhrenfläche, auf der, entsprechend der Messung der Zeit anhand des sich hebenden Wasserspiegels, der oberste Bogen die zwölfte Stunde markiert. Aus einer Leitung, die mit einem Absperrhahn versehen ist, ergießt sich das Wasser in ein Regulierbecken, in dem sich ein kegelförmiger Schwimmer befindet, der durch den Wasserdruck in die Höhe gehoben wird. Bei starkem Druck in der Leitung schneidet der Schwimmer den Wasserzufluss ab. Ist das Wasser unten abgeflossen, senkt sich der Schwimmer und Wasser aus der Leitung kann nachfließen. Vom Regulierbecken fließt das Wasser in das Hauptbecken. Der steigende Wasserspiegel hebt einen Schwimmer, auf dem eine kleine Figur angebracht ist, die mit einer Rute auf einem drehbaren Zylinder, auf dem die Monate als vertikale Linien und die Stunden als horizontale Bögen markiert sind, die Uhrzeit anzeigt. Will man die Uhr auch nachts benutzen, dreht man den Zylinder um 180° und erhält so die jeweils gültigen Nachtstunden.

2. Landvermessung

Die Vermessungsingenieure der Antike bedienten sich ausgereifter Verfahren und Messgeräte, die mit denen der modernen Geodäsie – vor der Einführung elektronischer Geräte – durchaus vergleichbar sind. Genaue Vermessungsarbeit ist die Voraussetzung für den Bau von Wasserleitungen, Straßen und Tunnelbauten sowie für die Festlegung von Grundstücksgrenzen. Landvermessung umfasst die Bereiche Entfernungsmessung, Abstecken von rechten Winkeln, Nivellieren und Winkelmessung.

Entfernungsmessung

Bei der Entfernungsmessung wird eine Strecke unbekannter Länge mit einer genormten Maßeinheit verglichen. Kurze Strecken können mit einer Messkette oder aber einem Messseil gemessen werden. Die Messkette hat den Vorteil, dass sie aufgrund der Materialeigenschaften von Bronze oder Eisen maßgetreu bleibt. Allerdings ist sie auch schwerer und weniger flexibel als das Messseil, das sich daher für Arbeiten in schwierigem Gelände besser eignet. Allerdings muss beim Messseil darauf geachtet werden, dass es maßgetreu gehalten wird. Heron von Alexandria schreibt dazu, dass das Messseil vor der Verwendung zwischen zwei Pfählen gespannt und mit einer Mischung aus Wachs und Harz eingerieben oder mit einem am unteren Ende befestigten Gewicht aufgehängt werden soll (Heron aut. 2, 4–5).

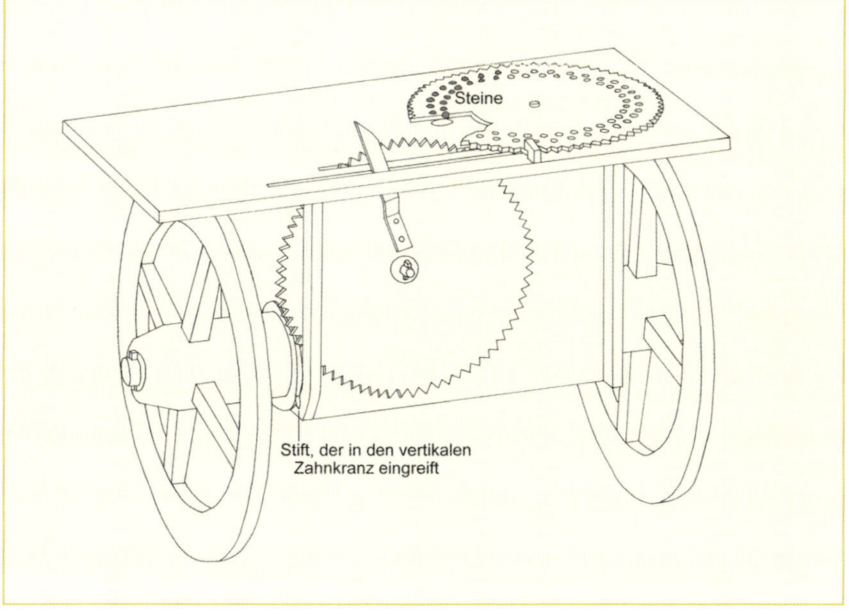

Abb. 4

Hodometer (Entfernungsmesser) nach der Beschreibung Vitruvs.

Größere Entfernungen wurden mit dem Hodometer, dem Entfernungsmesser, wie ihn Vitruv (Vitr. 10, 9) beschreibt, gemessen (Abb. 4). Der Entfernungsmesser ist in einem Kasten an einem Wagen befestigt, dessen Räder einen Durchmesser von vier Fuß haben müssen. Das ergibt einen Umfang von 12½ Fuß. 400 Umdrehungen dieses Rades ergeben eine Strecke von einer römischen Meile (1480 m). Ein an der inneren Radnabe befestigter Eisenstift greift bei jeder Umdrehung des Rades in einen vertikalen Zahnkranz mit 400 Zähnen ein. Nach 400 Umdrehungen des Wagenrades hat dieser Zahnkranz eine komplette Umdrehung gemacht und ein an ihm befestigter Eisenstift greift in einen horizontalen Zahnkranz ein. Dieser Zahnkranz hat kleine Löcher, in denen kleine Steine oder Bleikugeln liegen. Nach jeder kompletten Umdrehung des vertikalen Zahnkranzes kommt eines dieser Löcher über einer Öffnung des Kastens zu liegen und eine Kugel fällt in ein darunter angebrachtes Behältnis. Der Klang der herabfallenden Kugel zeigt an, dass eine Meile zurückgelegt wurde, und die Zahl der Kugeln, die sich am Ende der Reise im Behältnis befinden, gibt die zurückgelegten Meilen an.

Abstecken von rechten Winkeln

Abb. 5

Groma: 1: Grabstein von Ivrea, 2: Grabstein von Pompeii, 3: Rekonstruktion von della Corte, 4: Rekonstruktion von Schiöler.

Die einfachste Methode zum Abstecken eines rechten Winkels ist die Anwendung des Pythagoräischen Lehrsatzes. Das Standardgerät zum Abstecken rechter Winkel war jedoch die *groma*, deren Aussehen und Funktionsweise anhand eines Fundes aus Pompeii und Darstellungen auf Grabsteinen aus Ivrea und Pompeii gut rekonstruierbar sind (Abb. 5, 1 und 2). Die *groma* besteht aus einem drehbar auf einem Holzstativ befestigten eisernen Kreuz, an dessen Armen Lote herabhängen. Durch Visieren über eine der beiden Achsen wird

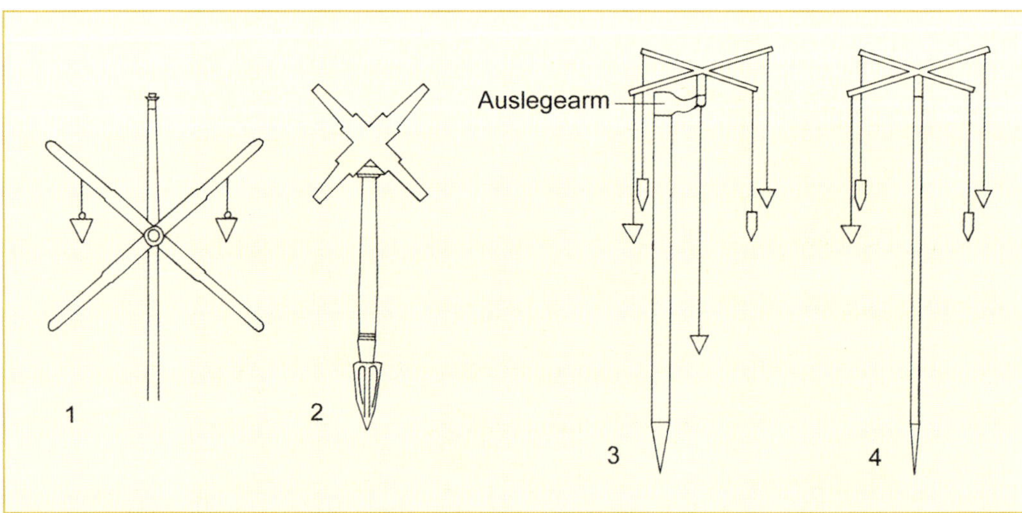

Abb. 6

Darstellung einer *groma* auf dem Grabstein eines Landvermessers aus Ivrea.

die Grundlinie festgelegt und durch Wechseln der Visierrichtung über die zweite Achse der rechte Winkel abgesteckt. Neuere Forschungen haben gezeigt, dass ein Bronzebeschlag aus Pompeii, der lange Zeit als Beschlag des hölzernen Auslegearmes einer *groma* interpretiert wurde, ein Möbelbeschlag ist. Dieser Auslegearm fehlt auch auf den Bilddarstellungen. Dazu kommt, dass sich das Stativ durch das Gewicht eines exzentrisch auf dem Auslegearm befestigten Kreuzes stark zur Seite neigen würde, was eine exakte Messung unmöglich macht. Das Problem des Visierens ohne Auslegearm lässt sich lösen, indem man das Stativ mit einer Schräge von rund 3° aufstellt. Versuche mit einer nachgebauten *groma* haben gezeigt, dass der daraus resultierende Fehler vernachlässigbar ist (Abb. 5, 3 und 4).

Nivellieren

Beim Nivellieren wird der Höhenunterschied zwischen zwei Punkten festgestellt. Ein Gerät zum Nivellieren war der von Vitruv (Vitr. 8, 5,1–2) beschriebene *chorobates* (siehe Abb. 7, 1). Es handelt sich dabei um ein Richtscheit mit einer Wasserrinne im Zentrum, das auf Beinen aufgestellt wird, auf denen lotrechte Linien eingeritzt sind, entlang derer Lote zum waagrechten Aufstellen herabhängen. Der *chorobates* mit einer Länge von fast 6 m ist ein äußerst schwerfälliges Instrument, dessen korrekte Aufstellung im Gelände schwierig ist. Ein wesentlich einfacher zu handhabendes Nivelliergerät ist die *libra*. Dieses einer Balkenwaage ähnliche Gerät kann mit oder ohne Stativ benutzt werden. Sind beide Seiten des Richtscheits gleich lang und gleich schwer, schwingt es, wie die Balken einer Waage, automatisch in die Horizontale. Obwohl in den antiken Quellen keine Beschreibung dieses Instruments überliefert ist, geht aus den Texten klar hervor, dass mit dem Begriff *libra* nicht nur eine Waage, sondern auch ein Nivelliergerät in der oben beschriebenen Form bezeichnet wurde. Vitruv (Vitr. 8, 5,1) erwähnt die *libra*, die *dioptra* und den *chorobates* als Nivelliergeräte, und *librator* war die Berufsbezeichnung des Landvermessers (CIL 8, 1, 2728 [vgl. 18122], Frontin. aqu. 105). In einer Beschreibung des Baus der für die Abbautechnik des Ausschwemmens im Goldbergbau erforderlichen Wasserleitungen schreibt Plinius (Plin. nat. 33, 75): „Zum größeren Teil hängend, bestimmen sie das Gefälle (*librant*) und markieren die Richtung.“ Nivellieren in der hier beschriebenen Extremsituation ist weder mit der *dioptra*, noch mit dem *chorobates* möglich, sondern nur mit der *libra*. Versuche mit einer rekonstruierten *libra* haben gezeigt, dass die Bestimmung des Gefälles mit diesem Instrument sehr präzise durchgeführt werden kann.

Die zum Nivellieren erforderliche Messlatte beschreibt Heron (Heron diop. 5). Sie besteht im Wesentlichen aus einem Stab mit einem Lot. Visiert wird auf eine vertikal verstellbare Scheibe. Ein an dieser Scheibe angebrachter Zeiger ermöglicht das Ablesen der jeweiligen Höhe auf der Skala der Messlatte. Beim Visieren gibt der Ingenieur seinem Gehilfen Zeichen, die Scheibe höher oder niedriger zu stellen, bis die horizontale Linie erreicht ist. Herons Messlatte ist sehr aufwendig konstruiert. Eigentlich genügt zum Nivellieren eine Latte mit Skalierung.

Beim Streckennivellement werden entlang einer Geraden Standorte für die Messlatte festgelegt. Dann wird das Nivelliergerät zwischen den ersten beiden Standorten aufgestellt und Ablesungen in beiden Richtungen vorgenommen. Als nächsten Schritt stellt man das Nivelliergerät zwischen dem zweiten und dem dritten Standort auf und misst wieder in beiden Richtungen. Die Differenz der abgelesenen Werte ergibt die Höhendifferenz. Dividiert man die Höhendifferenz durch die Entfernung der beiden Standorte voneinander, erhält man die Neigung.

Beim Bau von Wasserleitungen oder Straßen ist es erforderlich, die gewünschte Neigung im Gelände abzustecken. Ausgangs- und Endpunkt einer Strecke werden genau festgelegt und die Höhendifferenz sowie die vorhandene Neigung bestimmt. Obwohl das Austafeln in den antiken Quellen nicht belegt ist, ist anzunehmen, dass diese einfache Methode zur Festlegung einer gewünschten Neigung im Gelände zur Anwendung kam. Dabei werden in festgelegten Abständen drei T-förmige Tafeln so eingeschlagen, dass sie die gewünschte Neigung anzeigen. Sind die Arbeiten im Bereich der ersten Tafel abgeschlossen, wird unterhalb der letzten Tafel eine weitere Tafel eingeschla-

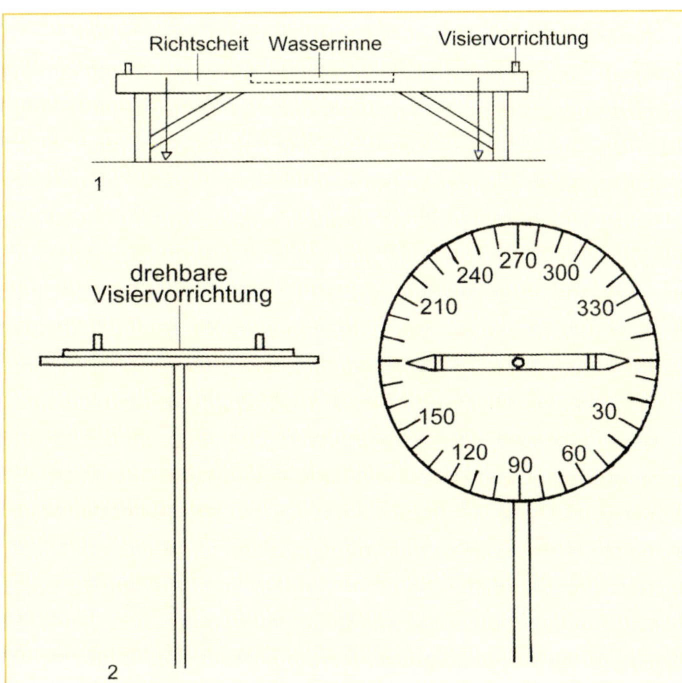

Abb. 7

1: *chorobates*
2: *dioptra.*

gen und durch Visieren über die oberen Tafeln so eingerichtet, dass die gewünschte Neigung angezeigt wird. Ist der Endpunkt erreicht, werden Abweichungen festgestellt und korrigiert. Dieses Verfahren wurde noch im 20. Jahrhundert angewandt.

Winkelmessung mit der *dioptra*

Die *dioptra* ist ein Instrument, mit dem horizontale und vertikale Winkel gemessen werden können. Es wurde nicht nur in der Landvermessung, sondern auch für astronomische Beobachtungen verwendet. Obwohl es weder archäologische Funde noch Bilddarstellungen dieses Messgerätes gibt, kann seine Bauweise und Anwendung anhand der Schriftquellen (Heron diop., Afric. cesti 1, 15 und al-Karaji 23) rekonstruiert werden. Im Wesentlichen besteht die *dioptra* aus einer Scheibe mit Gradeinteilung und drehbarer Visiervorrichtung, die entsprechend dem Winkel, den man messen will, horizontal oder vertikal auf einem Stativ befestigt wird (Abb. 7, 2). Mit der Visiervorrichtung wird der gewünschte Punkt anvisiert und auf der Scheibe der Winkel abgelesen. Im horizontalen Modus und im vertikalen Modus kann man mit der *dioptra* Winkel messen und nivellieren. Im horizontalen Modus aufgestellt, kann sie auch zum Abstecken rechter Winkel eingesetzt werden. Unter Anwendung der Lehrsätze Euklids können mit der *dioptra* die Längen von Strecken, wie zum Beispiel die Breite eines Flusses, aber auch die Höhe eines Gebäudes oder eines Berges bestimmt werden (Beispiele siehe Anhang 4).

Tunnelbau

IV.

Das Wichtigste beim Tunnelbau, in der Antike ebenso wie heute, ist die obertägige Vermessung der Tunneltrasse zwischen den Portalen, die Übertragung nach unter Tage und die Einhaltung der geplanten Trassenführung beim Tunnelvortrieb, unabhängig davon, ob der Tunnel im Gegenortverfahren oder im Lichtlochverfahren aufgefahren wird.

1. Planung der Tunneltrasse ober Tage

Die einfachste Möglichkeit, eine Tunneltrasse ober Tage abzustecken, ist das „gegenseitiges Einrichten einer Geraden“ genannte Verfahren, das in den antiken Quellen zwar nicht erwähnt wird, aber aufgrund seiner Einfachheit sicher zur Anwendung kam (Abb. 8). Bei jedem Portal (A und B) wird ein Fluchtstab aufgestellt. Dann werden auf den Hängen oberhalb der Portale wieder zwei Fluchtstäbe (A1 und B1) so positioniert, dass von jedem der beiden Fluchtstäbe aus Fluchtstab und Portal auf der gegenüberliegenden Seite des Berges zu sehen sind. Als nächstes wird A1 von B1 ausgehend in eine Flucht mit A gebracht und anschließend B1 von A1 aus in eine Flucht mit B. Dieses Verfahren wird so oft wiederholt, bis alle vier Fluchtstäbe in einer Flucht stehen. Bei längeren Strecken müssen mehrere Hilfspunkte gesetzt werden.

Als nächstes wird die Trasse nivelliert und die Höhe der Portale so festgelegt, dass der Tunnel das gewünschte Gefälle hat. Die Art der Übertragung der Vortriebsrichtung von ober Tage nach unter Tage ist davon abhängig, ob der Tunnel im Gegenortverfahren oder im Lichtlochverfahren aufgefahren wird.

Abb. 8

Gegenseitiges Einrichten einer Geraden.

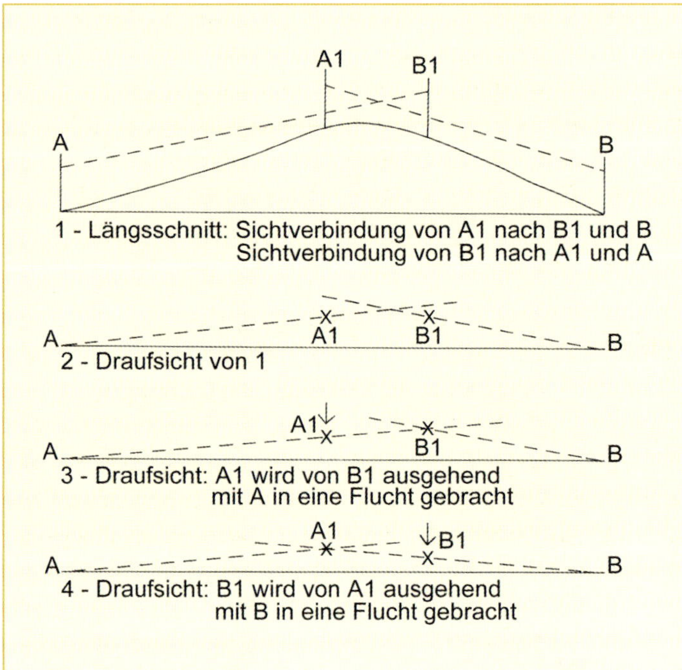

2. Übertragung der Trassenführung

Nach der oberirdischen Planung der Tunneltrasse muss diese im Zuge der Bauarbeiten praktisch umgesetzt werden. Geschieht dies im Gegenortverfahren, wird der Tunnel von beiden Portalen aus aufgefahren. Um die ober Tage ausgesteckte Trasse nach unter Tage zu übertragen, muss die Flucht über zwei weitere Fixpunkte vor den Portalen verlängert werden. Befindet sich gegenüber dem Portal ein Tal mit einem Gegenhang, wird der Fixpunkt so auf diesem Gegenhang ausgesteckt, dass er vom Tunnelinneren aus möglichst lange zu sehen ist. Gibt es keinen Gegenhang, wird am Anfang des Tunnels ein Visierschacht abgeteuft und ein auf der Trassenlinie liegender Fixpunkt in den Tunnel abgelotet. Beim Vortrieb muss darauf geachtet werden, dass die Flucht zwischen Portal und Fixpunkt am Gegenhang oder im Visierschacht möglichst genau eingehalten wird. Die Grundrisse antiker Tunnelbauten zeigen, dass während der Vortriebsarbeiten Kontrollmessungen und Richtungskorrekturen vorgenommen wurden. Bei Tunneln mit großem Querschnitt wurden zuerst Suchstrecken vorgetrieben und erst nach erfolgtem Durchstich der gewünschte Querschnitt aufgefahren. Trotzdem kam es vor, dass die Baulose aneinander vorbeiarbeiteten und durch einen Querschlag miteinander verbunden werden mussten. Vor einem derartigen Problem stand Nonius Datus, ein Landvermesser und Angehöriger der *legio III Augusta*, der in der

1. Hälfte des 2. Jahrhunderts n. Chr. mit der Planung und Bauleitung der Wasserleitung von Saldae (Béjaïa) in der Provinz Mauretania Caesariensis (Algerien) beauftragt wurde. Als er während der Bauarbeiten krankheitshalber die Baustelle verlassen musste, kam es beim Bau eines 428 m langen Tunnels zu erheblichen Schwierigkeiten. Durch Vergleich der Längen der vorgetriebenen Strecken mit den Bauplänen stellte man fest, dass sich die Baulose des im Gegenortverfahren vorgetriebenen Tunnels unter Tage verfehlt hatten. Nun holte man Nonius Datus erneut, der das Problem und seine Behebung in einer Inschrift, die in Lambaesis, einer Stadt in der Provinz Numidia, gefunden wurde, in seinen eigenen Worten beschreibt: „Ich habe mich aufgemacht und bin auf dem Weg unter Räuber geraten. Ausgeraubt und verwundet bin ich mit den Meinen entronnen. Ich bin nach Saldae gekommen und habe den *procurator* Clemens aufgesucht. Er hat mich zu dem Berg geführt, wo man über den misslungenen Tunnelbau klagte; man glaubte, ihn aufgeben zu müssen, weil der Vortrieb der beiden Stollen bereits länger ausgeführt war, als der Berg breit war. Es war also offensichtlich, dass man mit den Vortrieben von der Trasse abgekommen war; so wie der obere Teil des Tunnels nach rechts, also nach Süden abwich, so ist in ähnlicher Weise der untere Teil ebenfalls nach rechts, also nach Norden abgewichen; beide Baulose haben also die Richtung verfehlt, weil man der Trasse nicht gefolgt war. Die exakte Trassenlinie war aber mit Pfählen von Ost nach West über den Berg abgesteckt worden. Als ich die Arbeiten zuteilte, damit sich jeder im Klaren war, welche Strecke des Vortriebs [der Querverbindung zwischen den beiden Baulosen] er aufzufahren hatte, habe ich die Flottensoldaten und die Gaesatischen Hilfstruppen um die Wette arbeiten lassen [von beiden Seiten her], und so haben sie sich beim Durchstich des Berges getroffen. Ich war es also, der zuerst das Nivellement gemacht und den Bau der Wasserleitung organisiert und in die Wege geleitet hatte nach den Plänen, die ich dem *procurator* Petronius Celer gegeben hatte. Das vollendete Bauwerk hat der *procurator* Varius Clemens durch die Einleitung des Wassers seiner Bestimmung übergeben“ (CIL 8, 1, 2728 [vgl. 18122] Übersetzung Grewe 1998). Der von Nonius Datus beschriebene Tunnel wurde im 19. Jahrhundert wiederentdeckt und für eine neue Wasserleitung nutzbar gemacht.

Die zweite in der Antike bekannte Möglichkeit, die korrekte Umsetzung des Tunnelbauplans sicherzustellen, war das Lichtlochverfahren. Diese Methode kam nur zum Einsatz, wenn die Überlagerung des geplanten Tunnels von nur geringer Mächtigkeit war, dann allerdings beinahe immer. Beim Tunnelbau im Lichtlochverfahren werden entlang der obertägig ausgesteckten Trasse Schächte bis auf das Tunnelniveau abgeteuft, die Fixpunkte mit dem Lot übertragen und anschließend die Strecken zwischen den Schächten vorgetrieben. Die Verbindung aller Baulose ergibt den fertigen Tunnelbau. Die Gefahr, sich unter Tage zu verfehlen, ist bei diesem Verfahren kaum gegeben, und das Abraummaterial kann über die Schächte ins Freie befördert werden.

3. Beispiele für antike Tunnelbauten

Die im Jahr 220 oder 223 v. Chr. von Gaius Flaminius angelegte Via Flaminia war die wichtigste Straßenverbindung zwischen Rom und der Adria. Als die Straße unter Augustus ausgebaut wurde, durchstieß man im Tal des Flusses Candigliano, am Furlo-Pass, eine Felsnase mit einem 8 m langen und 3 m breiten Tunnel. Unter Vespasian wurde ein neuer Tunnel von 37 m Länge, einer Fahrbahnbreite von 4,5 bis 5 m und einer Höhe von 5,2 m geschlagen, dessen Baugeschichte rekonstruiert werden kann. Nachdem die beiden Portale auf gleicher Höhe markiert worden waren, wurde im Gegenortverfahren eine horizontale Suchstrecke aufgefahren. In weiterer Folge wurde die Firste im südlichen Abschnitt höher gelegt und die Sohle im gesamten Tunnelverlauf auf ein Gefälle von 10 % von Süd nach Nord abgeteuft. Dieses Gefälle war notwendig, um den Tunnel in die augusteische Straßenführung einbinden zu können. Im Zuge eines neuzeitlichen Straßenausbaus wurde das starke Gefälle reduziert, indem man die Fahrbahn im südlichen Teil tiefer und im nördlichen höher legte. Der Tunnel ist heute noch befahrbar.

Abb. 9 ▼

Straßentunnel der Via Flaminia am Passo del Furlo, Nordportal.

Wasserableitungstunnel

Wasserableitungstunnel wurden gebaut, um Sümpfe trocken zu legen und den Wasserspiegel von Seen zu stabilisieren. Diese wasserbaulichen Maßnahmen der Antike haben die Kulturlandschaft nachhaltig geprägt, und die meisten der Tunnel erfüllen nach wie vor ihre Aufgabe.

Die Wasserableitungstunnel in den Albaner Bergen

Die Albaner Berge, südlich von Rom, sind eine fruchtbare Vulkanlandschaft mit zahlreichen Kraterseen. Der Wasserspiegel der meisten dieser Seen wurde bereits in der Antike künstlich gesenkt, um Acker- und Bauland zu gewinnen. Die Entwässerungstunnel des Kraters von Ariccia und des Nemisees stellen ein beeindruckendes Ensemble dar (Abb. 10). Nach der Trockenlegung des Kraters von Ariccia wurde der Wasserspiegel des Nemisees stabilisiert. Das Wasser aus dem Nemisee wurde in den Krater von Ariccia geleitet, wo es der Bewässerung des neu gewonnenen Ackerlandes diente. Das überschüssige Wasser wurde über den Ariccia-Tunnel abgeleitet.

Der Ariccia-Tunnel

Der versumpfte Krater von Ariccia wurde im 6. Jahrhundert v. Chr. trockengelegt. Der 650 m lange Tunnel durchstößt den Kraterrand an seiner südwestlichen Seite. Der Tunnel wurde im Lichtlochverfahren vorgetrieben, mit zwölf Schächten im Abstand von 10 bis 100 m. Dennoch war es, wohl auch auf Grund der geologischen Verhältnisse äußerst schwierig, die geplante Trassenführung einzuhalten. Die Trockenlegung des Kraters von Ariccia brachte einen Landgewinn von 10,5 km².

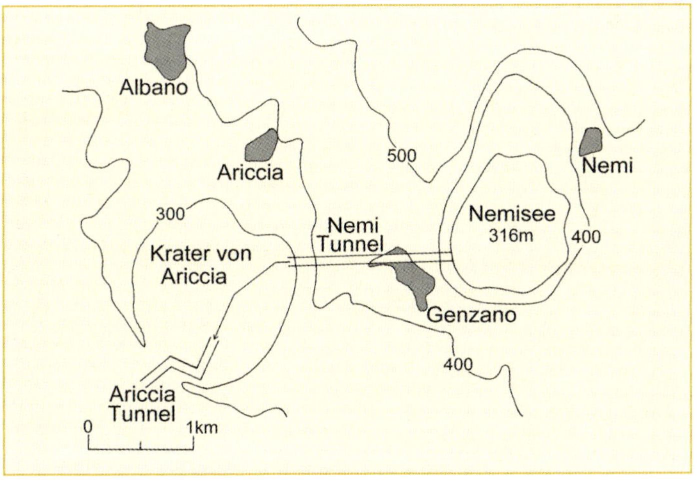

Abb. 10

Übersichtsplan: Ariccia-Tunnel und Nemisee-Tunnel.

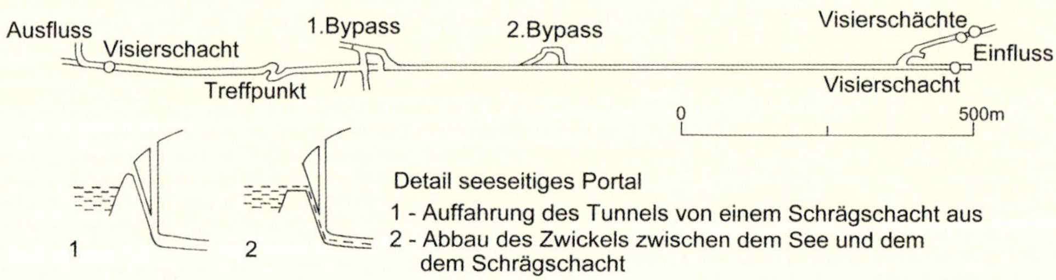

Abb. 11

Grundriss des Nemisee-Tunnels und Detail des seeseitigen Portals.

Der Nemisee-Tunnel

Dieser ebenfalls im 6. Jahrhundert v. Chr. erbaute Tunnel diente der Stabilisierung des Wasserspiegels im Nemisee. Der 1600 m lange Tunnel wurde im Gegenortverfahren vorgetrieben. Über Visierschächte wurde die Trassenführung nach unter Tage übertragen. Der Grund für die unterschiedliche Länge der beiden Baulose sind die geologischen Verhältnisse. Im weichen Tuffgestein an der Seeseite kam man schneller voran als im harten Lavagestein im Westen. Um das Zusammentreffen der beiden Baulose trotz etwaiger Richtungsfehler zu gewährleisten, wurde ein Versicherungshaken geschlagen und die Firsten in beiden Baulosen kurz vor dem Treffpunkt kontinuierlich höher gelegt. Tatsächlich beträgt die Verfehlung 3 m in der Richtung und 2 m in der Höhe. Von besonderem Interesse ist das seeseitige Mundloch. Aus unbekannten Gründen wurde das ursprüngliche Portal nach Norden verlegt und ein Verbindungsstollen zur Tunneltrasse geschlagen. Auf festem Land wurde ein steiler Schrägschacht bis zur Tunnelsohle abgeteuft, der so entstandene Zwickel nach erfolgtem Durchschlag abgebaut und das Wasser in den Tunnel eingeleitet. Um den Tunnel für Wartungsarbeiten trocken legen zu können, wurde am seeseitigen Portal ein Schleusentor installiert.

Nach erfolgtem Durchschlag, aber noch vor Inbetriebnahme des Tunnels, kam es zu einem Firstenbruch. Man entschloss sich dazu, den Versturz nicht wegzuräumen, sondern das Wasser über einen Bypass an der Einsturzstelle vorbei zu leiten. Nach Inbetriebnahme des Tunnels kam es zu einem weiteren Einsturz, der den Tunnel blockierte. Nachdem man das seeseitige Portal geschlossen hatte, begann man mit dem Vortrieb eines Bypasses zur Umfahrung der Einsturzstelle, die erst nach Ablassen des aufgestauten Wassers beräumt werden konnte. Da man die Höhe des Wasserstandes im blockierten Teil des Tunnels nicht kannte, legte man die Firste des Bypasses höher als die Tunnelfirste. Der Bypass zweigt im rechten Winkel von der Tunneltrasse ab. Sobald man auf festes Gestein stieß, führte man den Stollen parallel zum Tunnel weiter. Erst beim dritten Versuch traf man auf festes Gestein, trieb den Parallelstollen so weit vor, bis man sicher war, hinter der Einsturzstelle zu sein und knickte im rechten Winkel zum Tunnel ab. Da die Firste des Bypasses höher als die des Tunnels war, konnte man die verbliebene Wand vorsichtig von oben nach unten abbauen und so das aufgestaute Wasser kontrolliert ableiten. In der Folge wurde die Einsturzstelle geräumt, der Bypass abgemauert und der Tunnel in seinem ursprünglichen Verlauf wieder in Betrieb genommen.

Der Claudius-Tunnel am Fuciner See

Der Fuciner See liegt rund 100 km östlich von Rom in einer tektonischen Senke von 140 km² Fläche im Kalksteinmassiv der Abruzzen. Schneeschmelze und Niederschläge führten dazu, dass es wiederholt zu Überschwemmungen kam. Bereits Caesar (Suet. Iul. 44) und Augustus (Suet. Claud. 20) planten Maßnahmen zur Stabilisierung des Wasserstandes, die jedoch erst unter Kaiser Claudius realisiert wurden. Der Wasserableitungstunnel, der 52 n. Chr. nach einer Bauzeit von elf Jahren (Suet. Claud. 20) eröffnet wurde, ist mit seinen 5653 m Länge das gewaltigste Tunnelbauwerk der Antike. Bei der kompletten Trockenlegung des Fuciner Sees im 19. Jahrhundert wurde der antike Tunnel zerstört, aber glücklicherweise dokumentiert. Plinius, der bei der feierlichen Inbetriebnahme anwesend war, berichtet über die Schwierigkeiten, die bei die-

Abb. 12

Claudius-Tunnel: 1: Längsschnitt des Abschnitts unter dem Monte Salviano 2: Grundrissplan der Einsturzstelle.

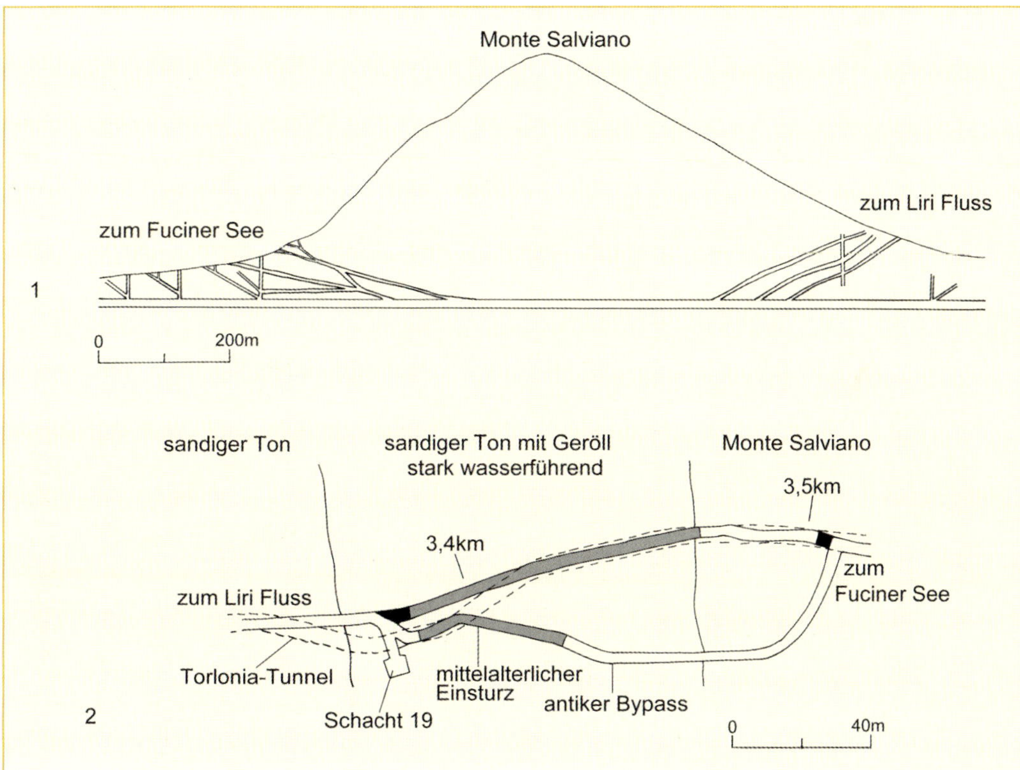

sem Bauvorhaben auftraten: „Die Ableitung des Fuciner Sees erforderte in der Tat viele Jahre lang unnennbare Ausgaben und eine Unmenge von Arbeitskräften. Es mussten Wasseransammlungen da, wo der Berg aus lockerer Erde bestand, durch Werkzeuge [Schöpfeinrichtungen] in die Höhe gehoben, es musste der Fels gesprengt und alles im Berg selbst im Dunkeln verrichtet werden, Arbeiten, die nur derjenige begreift, der sie mit eigenen Augen angesehen hat und welche sich mit menschlichen Worten nur ungenügend malen lassen" (Plin. nat. 36, 124).

Der Tunnel führt vom Fuciner See nach Osten und entwässert in den Liri-Fluss. Er wurde im Lichtlochverfahren vorgetrieben. Aufgrund des mächtigen Deckgebirges, unter dem Monte Salviano beträgt die Überlagerung 310 m, wurden Schrägschächte abgeteuft, die durch Senkrechtschächte miteinander verbunden wurden (Abb. 12). Bei Kilometer 3,4, vom Liri-Fluss gemessen, endet das Kalksteinmassiv des Monte Salviano, und man stieß auf eine wasserführende Schicht aus Ton und Felsgeröll. Hier stürzte der Tunnel während der Bauarbeiten auf einer Länge von 85 m ein, und man entschloss sich zu einem Bypass. Die zur Einsturzstelle führenden Strecken wurden abgemauert. Ein weiteres Problem trat beim seeseitigen Portal auf. Der Abzugskanal und das Einlaufbecken lagen 5,84 m über der Tunnelsohle, und der Tunnel und der Abzugskanal mussten nachträglich zum See hin verlängert werden.

Unter Hadrian (HA Hadr. 22) wurde der Tunnel ausgebaut, im Mittelalter kam es im Bypass zu einem Einsturz, der ausgebessert wurde, und in den Jahren 1854 bis 1876 wurde der Torlonia-Tunnel gebaut und der Talkessel damit in seiner Gesamtheit trocken gelegt.

Der Wasserleitungstunnel des Eupalinos auf Samos

Dieser wahrscheinlich berühmteste Wasserleitungstunnel der Antike wurde im 6. Jahrhundert v. Chr. erbaut. Herodot gibt eine Beschreibung des Tunnels und nennt den Namen des Baumeisters. „Sie [die Samier] durchbohrten einen Berg von 150 Klafter Höhe von unten her und gruben einen Tunnel mit zwei Öffnungen. Seine Länge beträgt sieben Stadien, die Höhe und Breite je acht Fuß. Durch seine ganze Länge ist ein anderer Kanal geführt, zwanzig Ellen tief, drei Fuß breit, durch den das Wasser in Röhren zur Stadt geleitet wird; er kommt aus einer starken Quelle. Baumeister dieses Tunnels war Eupalinos aus Megara, Sohn des Naustrophos" (Her. hist. 3, 60). Der 1036 m lange, zur Wasserleitung von Samos gehörende Tunnel wurde im Gegenortverfahren vorgetrieben. Vor dem nördlichen Portal diente ein Fixpunkt auf dem Gegenhang als Orientierungspunkt für die Flucht, und im Süden wurde ein Visierschacht abgeteuft. Zunächst wurde ein horizontaler Tunnel mit einem Querschnitt von 1,8 × 1,8 m aufgefahren. Von den Portalen beider Baulose ausgehend wurden an den Seitenwänden des Tunnels in Abständen von rund 10 *orgyiai* (Klafter: Mittelwert 20,6 m) Markierungen angebracht. Wie man aus dem Grundriss sehen kann, gab es im südlichen Baulos keine Probleme. Die Strecke ist relativ gerade, und um die Trassenführung einzuhalten, nahm man regelmäßige Kontrollmessungen vor und korrigierte die Streckenführung dementsprechend. Dabei achtete man darauf, dass die Sichtverbindung zum Tunnelportal möglichst lange erhalten blieb. Im nördlichen Baulos stieß man jedoch auf erhebliche Probleme. Ohne es zu bemerken, wich man um rund 0,5° von der geplanten Trassenführung nach Osten ab. Knapp hinter Messmarke 12 stieß man auf die erste geologische Störung, die man mit einem kleinen Haken nach Osten umging. Bei Messmarke 14 kehrte man auf die geplante Trassenführung zurück und stieß kurz danach auf eine weitere geologische Störung, die man großflächig mit einem Haken nach Westen umging. Anhand des Grundrissplanes lässt sich rekonstruieren, wie Eupalinos die Umfahrung und die Rückkehr zur geplanten Trassenführung plante und ausführte (Abb. 13). Anhand des Bauplanes wusste er, dass er noch etwas weniger als 20 Maßeinheiten vom geplanten Treffpunkt entfernt war. Aus dem Grundriss des Tunnels kann man ersehen, dass Eupalinos die Umfahrung zunächst auf seinem Bauplan einzeichnete und ihr zur Orientierung einen Raster zugrunde legte. Bei der Umfahrung behielt er 10 Klafter als Maßeinheit bei. Damit verkürzen sich die Maßeinheiten auf der ursprünglichen Tunneltrasse. Um nach dem Haken wieder zur geplanten Trassenführung zurückzukehren, entschied sich Eupalinos für ein gleichschenkeliges Dreieck mit einem Tangensverhältnis von 1 zu 3 als Ausgangswinkel. Unter Anwendung des Pythagoräischen Lehrsatzes lässt sich für die verkürzten Maßeinheiten eine Länge von 19,53 m errechnen. 3 m hinter Messmarke 12 befindet sich Markierung 13, die nicht in das ursprüngliche System passt. Das dürfte eine Orientierungshilfe gewesen sein, denn wenn man von hier aus auf der ursprünglichen Trasse die Messmarken im Abstand von 19,53 m einzeichnet, ergeben sie mit den Messmarken der Umfahrungsstrecke (Abstand 20,6 m) einen Raster mit Marke 21 auf der ursprünglichen Trasse und Marke 20 auf der Umfahrung als Scheitelpunkt des Dreiecks. Als Bezugspunkt für beide Systeme ist die erste Messmarke in der Umfahrung (Punkt 15) anzunehmen. Dieser Punkt liegt drei verkürzte Maßeinheiten (58,45 m) von Punkt 13 entfernt. Von Messmarke 15 aus wurden wieder Maßeinheiten von 20,6 m Länge markiert. Die verkürzten Maßeinheiten auf der ursprünglichen Trasse gab es natürlich im Gelände ab Punkt 15 nicht, sondern nur auf dem Bauplan. Aber anhand des Planes wusste Eupalinos immer, wo er sich in Bezug auf die ursprüngliche Trasse befand. Im Einklang mit diesem System wendet sich die Umfahrung bei Punkt 20 wieder zur ursprünglichen Trasse zurück. Ab hier führt die Umgehungsstrecke steiler als geplant zur ursprünglichen Trasse zurück. Der Abstand der Messmarken beträgt hier dementsprechend rund 20,7 m.

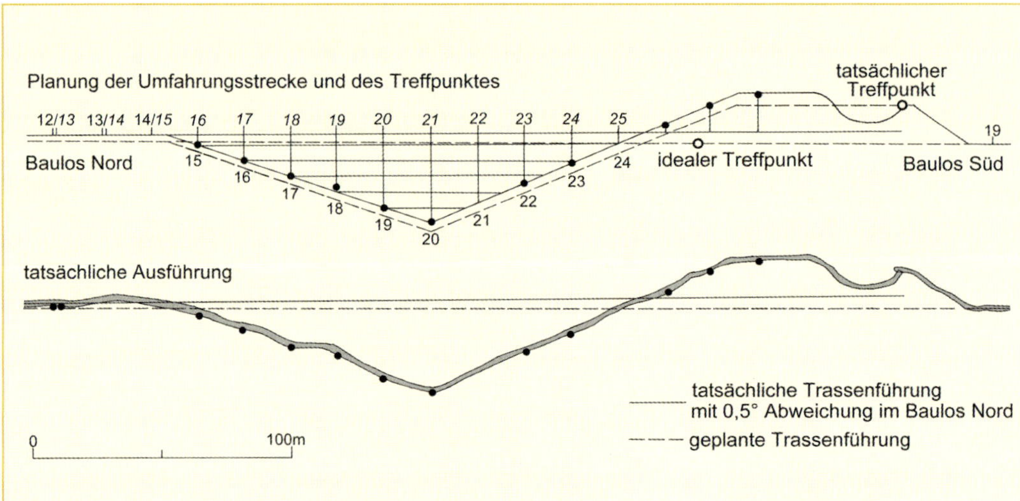

Abb. 13

Eupalinos-Tunnel: Planung und tatsächliche Ausführung der Umfahrungsstrecke und des Treffpunkts der beiden Baulose (kursiv: verkürzte Maßeinheiten auf dem Bauplan).

Da sich Eupalinos nun nicht mehr sicher sein konnte, den planmässigen Treffpunkt beider Baulose auch wirklich zu erreichen, legte er im südlichen Baulos einen Versicherungshaken mit basisparalleler Endstrecke 8 Klafter (16,5 m) östlich der Basislinie an. Im nördlichen Baulos behielt er die Richtung so lange bei, bis er ebenfalls 8 Klafter östlich der Basislinie war und begann den basisparallelen Vortrieb. Nun wirkte sich die Richtungsabweichung von 0,5° aus. Um die daraus resultierende Abweichung von 5 m zu korrigieren, schlug Eupalinos einen Haken und traf so auf das südliche Baulos.

Nach erfolgtem Durchstich teufte man den Wasserleitungsgraben ab. Er hat ein Gefälle von 0,36 %, ist 70 cm breit und liegt rund 7 m tiefer als der horizontal geführte Tunnel. Wahrscheinlich setzte man die Wasserleitung so viel tiefer, um die Terracotta-Rohre zu schützen. Der Tunnel war bis in das 5. Jahrhundert n. Chr. in Betrieb.

Bautechnik V.

1. Baumaterialien

Die Baumaterialien der Antike sind Holz, Stein, Ziegel und Mörtel als Bindemittel. Römische Ziegel wurden in genormten Holzmodeln geformt. Die fertigen Ziegel wurden je nach Bedarf in Quadrate, Rechtecke und Dreiecke zerschnitten. Die gängigen quadratischen Normmaße waren *bessale* ($^2/_3$ Fuß = 19,7 cm), *sesquipedale* (1 ½ Fuß = 44,4 cm) und *bipedale* (2 Fuß = 59,2 cm), sowie die bei Vitruv (Vitr. 2, 3,3) genannten *tetradoron* (4 Handbreit beziehungsweise 1 Fuß = 29,6 cm) und *pentadoron* (5 Handbreit = 37 cm). Die rechteckigen Normmaße waren *lydium* (Vitr. 2, 3,3; 1 Fuß × ½ Fuß = 29,6 × 14,8 cm) und *sesquipedale rectangulare* (1 ½ Fuß × 1 Fuß = 44,4 × 29,6 cm).

Mörtel, der vor allem in der römischen Bautechnik von großer Bedeutung ist, ist ein Gemisch aus Kalk, Sand und Wasser. Hartes Kalkgestein (Kalziumkarbonat $CaCO_3$) wird zerkleinert und in einem Kalkbrennofen bei einer Temperatur von rund 1000 °C gebrannt. Dabei entweicht CO_2 und es entsteht gebrannter Kalk (Kalziumoxid CaO). Wird gebrannter Kalk mit Wasser (H_2O) versetzt, entsteht unter Hitzeentwicklung gelöschter Kalk (Kalziumhydroxid $Ca(OH)_2$). Die unterschiedlichen Anteile an Tonmineralien (Aluminiumsilikat) im Kalkgestein beeinflussen die Materialeigenschaften des Kalks. Abhängig vom Tongehalt wird zwischen Luftkalk und hydraulischem Kalk unterschieden. Luftkalk härtet nur an der Luft aus. Beträgt der Tongehalt zwischen 0,1 bis 1 %, spricht man von reinem oder fettem Kalk. Der beste Rohstoff für diesen Kalk, der mit 70 bis 80 % Wasser vermischt als Untergrund für Wandmalerei aufgetragen wurde, ist Marmor. Magerer Kalk hat einen Tonanteil von 2 bis 8 %. Bei einem Tongehalt von über 8 % wird der Kalk hydraulisch, das heißt, er härtet auch unter Wasser aus. Kalkgestein mit einem Tongehalt von über 20 % ist zur Kalkgewinnung ungeeignet. In römischer Zeit wurden ausschließlich Luftkalke produziert.

Qualität und Materialeigenschaften des Mörtels sind nicht nur vom Kalk abhängig, sondern auch vom Sand und den jeweiligen Mischungsverhältnissen. Vitruv (Vitr. 2, 4–5) gibt dazu genaue Anweisungen. Der für Mörtel verwendete Sand muss rein sein, das heißt, er darf keine erdigen Anteile haben. Am besten geeignet ist Sand aus einer Sandgrube (*harena fossicia*). Flusssand und Meeressand ist weniger gut geeignet, denn „er trocknet schwer, und die Mauer lässt keine fortlaufende Belastung zu, wenn sie nicht durch Unterbrechung [Zwischenlagen von Ziegeln] ausruht, und trägt auch kein Gewölbe“ (Vitr. 2, 4,2). Meeressand hat noch einen weiteren großen Nachteil „weil auch die Mauern, wenn auf ihnen Verputz angebracht ist, durch Absonderung des Salzgehalts den Verputz zerstören“ (Vitr. 2, 4,2). In weiterer Folge gibt Vitruv Mischungsverhältnisse an (Vitr. 2, 5,1): Für Sand aus Sandgruben gilt ein Teil Kalk und drei Teile Sand, für Fluss- und Meeressand ein Teil Kalk und nur zwei Teile Sand. Die Beimengung von einem Teil gestoßenem und gesiebtem Ziegelmehl verbessert die Qualität des Mörtels aus Fluss- oder Meeressand. Die Wassermenge ist abhängig von der Verwendung und den klimatischen Bedingungen. Hochqualitativer, homogen gebrannter Kalk, feiner Sand, ein gut abgestimmtes Mischungsverhältnis und sorgfältiges Anrühren zu einer homogenen Masse sind die Voraussetzungen für qualitätvollen Mörtel.

Beim Aushärten von Luftmörtel reagiert der gelöschte Kalk (Kalziumhydroxid) mit dem Kohlenstoffdioxid der Luft und es entsteht Kalziumkarbonat. Das Wasser verdunstet, und zwischen den Sandkörnern bilden sich Kalziumkarbonatkristalle, die die Sandkörner fest miteinander verbinden. Hydraulischer Mörtel härtet auch unter Wasser aus und zeichnet sich durch große Druckfestigkeit aus. Er wurde im römischen Bauwesen ab dem 2. Jahrhundert v. Chr. verwendet. Hydraulischer Mörtel wurde mit vulkanischen Tuffgesteinen aus der Gegend um Baiae und rund um den Vesuv, dem so genannten *puteolanum* (Vitr. 2, 6,1 und Plin. nat. 35, 166), hergestellt: „Solches Mauerwerk aber, das im Meer stehen soll, muss man, wie es scheint, folgendermaßen herstellen: Es wird Sand aus der Gegend herbeigeschafft, die von Cumae bis zum Vorgebirge der Minerva [Sorrent] reicht, und der wird so gemischt, dass in der Mörtelwanne zwei Teile Sand einem Teil Kalk entsprechen“ (Vitr. 5, 12,2). *Puteolanum* enthält Tonminerale (Aluminiumsilikate), die beim Aushärten mit Wasser und gelöschtem Kalk (Kalziumhydroxid) reagieren. Dabei bilden sich Kalziumsilikat- und Kalziumaluminiumhydrate, deren Kristalle die Sandkörner fest miteinander verbinden. Zur Herstellung hydraulischen Mörtels wurden nicht nur Sande aus der Gegend rund um den Vesuv, sondern auch aus Sabatini und den Albaner Bergen, Vulkanlandschaften nördlich und südlich von Rom, so wie zerstoßene, hart gebrannte Keramik (Ziegelbruch oder Gefäßscherben), die ebenfalls Aluminiumsilikate enthält, verwendet. Die Entdeckung der Materialeigenschaften dieser Rohstoffe, die im heutigen Sprachgebrauch allgemein als Puzzolane bezeichnet werden, führte zur Entwicklung der *opus caementitium* genannten Bauweise. Das lateinische Wort *caementitium*, von dem das Wort Zement kommt, wird hergeleitet von *caementum*, unbehauener Stein bzw. Bruchstein. In der Literatur wird *opus caementitium* häufig als Zementbauweise bezeichnet. Diese Bezeichnung ist irreführend. Moderner Zement ist zwar so wie *opus caementitium* hydraulisch, aber er besteht im Wesentlichen aus Kalkstein, Ton, Sand und Eisenerz. Diese Rohstoffe werden aufgemahlen und bei 1400 bis 1500 °C zu Klinker gebrannt, der auf 200 °C gekühlt und mit Zusätzen von Gips und Anhydrit vermahlen wird. Moderner Beton ist ein Gemisch aus Zement, Sand oder Kies und Wasser. Die Druckfestigkeit von *opus caementitium* beträgt rund 5 bis 40 Newton/mm^2, eine Größenordnung, die modernem Beton, dessen Druckfestigkeit durchschnittlich 25 Newton/mm^2 beträgt, annähernd gleichkommt. Eine Druckfestigkeit von 10 Newton/mm^2 entspricht dem Druck, den 100 kg auf eine Fläche von 1 cm^2 ausüben.

2. Mauertechniken

Steinmauern

Zyklopen- und Polygonalsteinmauern

Zyklopenmauern bestehen aus unregelmäßig geschichteten Steinblöcken. Die Bezeichnung stammt aus der Antike, als man annahm, dass derartiges Mauerwerk nur von Zyklopen errichtet worden sein könnte (Paus. 2, 16,5 und 2, 25,8). Bei Polygonalmauern werden vieleckige Steine, die präzise und auf Pass geformt sind, mit optimalem Fugenschluss übereinander geschichtet. Polygonalmauern sind durchgehend aus vieleckigen Steinen erbaut oder in mehreren Lagen mit horizontalen Ausgleichsschichten. Beide Mauerwerksarten sind entweder massiv aus Steinen geschichtet oder als Schalmauern mit Bruchsteinfüllung ausgeführt.

Quadermauern

Vitruv (Vitr. 2,8,6) beschreibt zwei Arten von Quadermauern (Abb. 15). Beim isodomen Mauerwerk sind alle Steinlagen von gleicher Höhe. Das Mauerwerk kann einreihig mit überlappenden Fugen oder zweireihig mit verschiedenartig angeordneten Läufern und Bindern gestaltet sein. Läufer sind in Richtung der Mauerflucht gesetzte Quader. Die quer zur Mauerflucht gesetzten Binder geben einem zwei- oder mehrreihigen Mauerwerk die notwendige Stabilität. Von pseudo-isodomem Mauerwerk spricht man, wenn die einzelnen Lagen eine ungleiche Höhe haben.

Abb. 14

Zyklopenmauer. Ruine der antiken Stadt Aletrium nördlich von Frosinone, 4. Jh. v. Chr.

Abb. 15

1: Einreihiges isodomes Mauerwerk
2: isodomes Mauerwerk mit abwechselnden Lagen von Läufern und Bindern
3: isodomes Mauerwerk mit unregelmäßig gesetzten Bindern
4: pseudo-isodomes Mauerwerk.

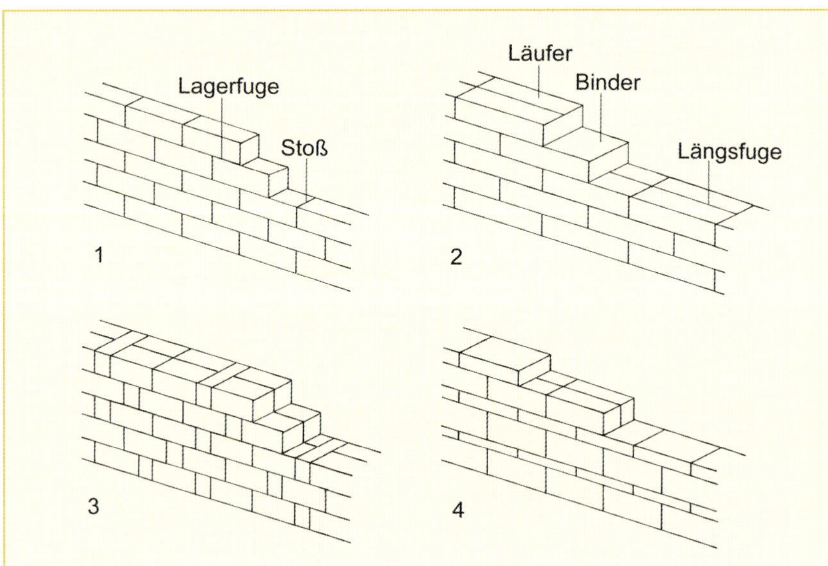

Steinfachwerk

Neben reinem Quadermauerwerk gibt es zwei Arten von Mauerwerk aus einer Kombination von großen Quadern und kleinformatigen Steinen in Trockenmauertechnik oder im Mörtelverband. Im ersten Fall werden zwischen den einzelnen Quadern Zwischenräume belassen und die Quader der oberen Lage über die Zwischenräume der unteren Lage gesetzt. Die Zwischenräume (Gefache) werden mit kleinformatigen Steinen oder Bruchsteinen aufgefüllt. Im zweiten Fall werden in regelmäßigen Abständen Pfeiler aus Quadern errichtet, wobei hochkant gesetzte Läufer mit Bindern abwechseln. Das Gefache zwischen den Pfeilern wird mit kleinformatigen Steinen oder *opus reticulatum* aufgefüllt. Da dieses Mauerwerk nordafrikanischen Ursprungs ist, wird es *opus Africanum* genannt.

Versetzen und Verbinden von Steinquadern

Um das Aufeinander- und Aneinandersetzen der einzelnen Blöcke zu ermöglichen, mussten die Kontaktflächen exakt gearbeitet sein. Der dafür nötige Arbeitsaufwand wurde reduziert, indem nur ein schmaler Streifen entlang der Kanten fein geglättet und die Innenfläche grob ausgemeißelt wurde. Dieses partielle Abarbeiten und Aufrauen wird *anathyrosis* genannt. Die einzelnen Quader wurden mit über Hebebossen geführten Seilen (Abb. 16, 1), Zangen (Abb. 16, 2) oder mit einem Steinkeilverschluss (Abb. 16, 3), dem so genannten Steinwolf oder Zwingkeil, an den Seilen von Kranen und Flaschenzügen befestigt und hochgehoben. Zum Anbringen des Steinwolfs wird eine rechteckige Ausnehmung, die sich nach innen trapezförmig weitende Keilnut, ausgemeißelt. In diese Ausnehmung werden zunächst zwei mit Ösen für das Hebeseil versehene Eisenkeile gesteckt. Um sie auseinander zu halten und im Loch zu fixieren, wird ein Holzkeil dazwischen gesteckt. Kleinere Blöcke wurden händisch versetzt, größere vorpositioniert und in ihre genaue Lage gehebelt. Nebeneinander liegende Blöcke wurden mit in Blei eingegossenen Eisenklammern fest miteinander verbunden. Manchmal wurden auch die Blöcke der einzelnen Lagen aneinandergeklammert. Übereinander liegende Blöcke und Säulentrommeln wurden gedübelt. Zum Anbringen der Dübel wurde der obere Block umgedreht und der Eisendübel mit Blei im Dübelloch fixiert. Dann wurde in das Dübelloch des unteren Blocks flüssiges Blei gegossen und der obere Block so aufgesetzt, dass der Eisendübel im flüssigen Blei einrastete. Das überschüssige Blei floß durch eine Rinne ab. Diese Methode ist ziemlich aufwendig und kann bei schweren Säulentrommeln und Blöcken nicht angewendet werden. Einfacher ist es, die Dübel im Dübelloch des unteren Bauteils mit Blei einzugießen und den oberen Bauteil draufzusetzen. Eine dritte Möglichkeit ist, den Dübel einfach in das Dübelloch des unteren Bauteils zu stecken, den oberen Bauteil draufzusetzen und das Blei über eine Rinne im unteren Bauteil in das Dübelloch zu gießen.

Abb. 16

Hebevorrichtungen:
1: Bossen und Seil
2: Zange
3: römischer Steinkeilverschluss Frontal- und Seitenansicht
a, b: Holzkeile.

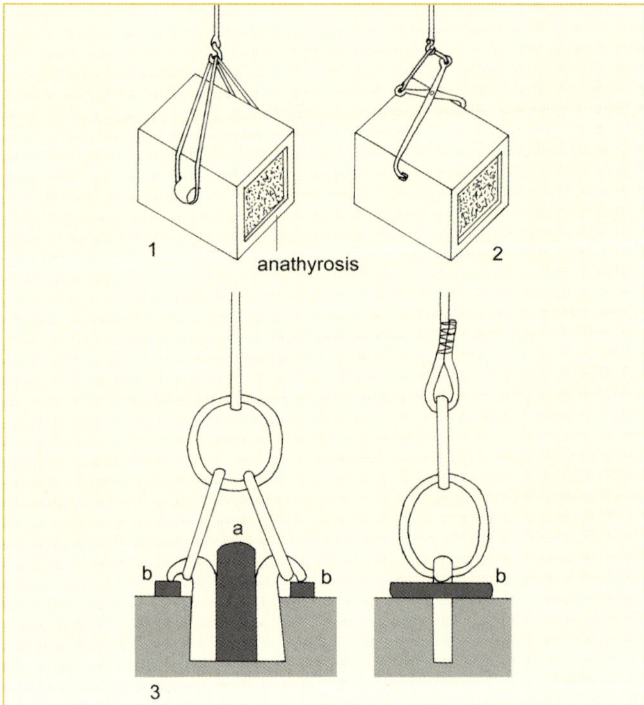

Die letzten Arbeitsschritte beim Bau einer Steinmauer waren das Abschlagen der Bossen und die Gestaltung der Fassade.

emplekton und *opus-caementitium*-Schalmauern

Vitruv (Vitr. 2, 8,7) unterscheidet deutlich zwischen griechischem und römischem Schalmauerwerk, wobei er beides als *emplekton* (griechisch: verflochten) bezeichnet. Griechisches Schalmauerwerk besteht aus Schalen aus behauenen Steinblöcken und einem Mauerkern aus Bruchsteinen und Mörtel (Abb. 17, 1). Die gesamte Mauerstärke überspannende Binder erhöhen die Festigkeit des Mauerwerks. Römisches *opus implectum* besteht aus Schalen aus behauenen Steinen und einem Kern aus *opus caementitium* ohne Binder (Abb. 17, 2).

Die hohe Druckfestigkeit römischen Mörtels ermöglichte es, die Schalmauern schmäler zu machen und auf Binder zu verzichten. Dabei wurden zuerst die Schalmauern hochgezogen und der Zwischenraum mit Bruchsteinen und Mörtel aufgefüllt. Mauerkern und Schalmauern sind fest miteinander verbunden. Aufgrund der großen Druckfestigkeit römischen Mörtels übernimmt bei dieser *opus caementitium* genannten Bauweise der Mauerkern tragende Funktion. Die Schalmauern bestehen aus Steinen oder Ziegeln oder einer Kombination aus beiden Materialien.

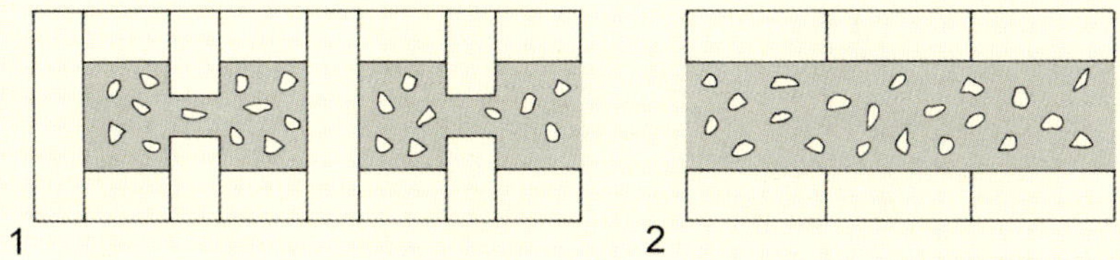

Abb. 17

1: griechisches *emplekton*
2: römisches *opus implectum*.

Was die Ausfertigung der Schalmauern für *opus caementitium* betrifft, unterscheidet man eine Anzahl von unterschiedlichen Typen:

1. *opus incertum*, auch *opus antiquum* genannt (Vitr. 2, 8,1): unregelmäßiges Bruchsteinmauerwerk, im Gegensatz zu *opus implectum*.
2. *opus reticulatum* (netzartig: Vitr. 2, 8,1): regelmäßig gesetzte, pyramidenförmig zugeschlagene Steine, deren quadratische Seite nach außen zeigt.
3. *opus quasi reticulatum*: Übergangsform von *opus incertum* zu *opus reticulatum*. Die Mauersteine sind ähnlich wie für *opus reticulatum* zugerichtet. Die Sichtseite ist nicht exakt quadratisch und die Steine sind nicht so regelmäßig gesetzt wie bei *opus reticulatum*.
4. *opus vittatum* (gebändert): kleine quaderförmig zugeschlagene Steine, die fugenüberlappend gesetzt werden.
5. *opus testaceum* (*testa*: Ziegel): Schalmauer aus Ziegeln.
6. *opus spicatum* (ährenförmig): wird auch Fischgrätmuster genannt und besteht aus flachen Steinen oder Ziegeln. Diese Technik wurde vor allem

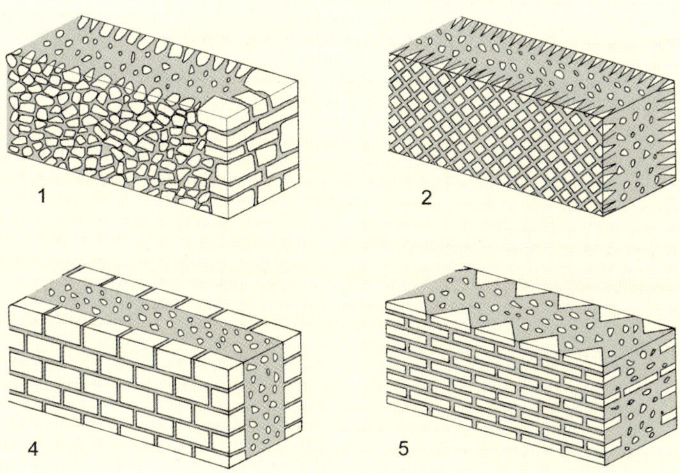

Abb. 18

Schalmauern für *opus caementitium*:
1: *opus incertum*
2: *opus reticulatum*
4: *opus vittatum*
5: *opus testaceum*.

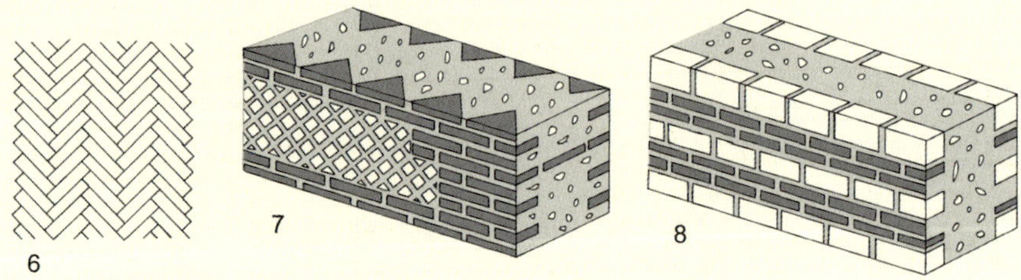

Abb. 19

Schalmauern für *opus caementitium*:
6: *opus spicatum*
7: *opus mixtum*: *opus reticulatum* und *opus testaceum*
8: *opus listatum*.

für die Gestaltung von Fußböden eingesetzt. Schalmauern aus *opus spicatum* sind selten.

7. *opus mixtum* ist eine Mischung aus verschiedenen Techniken und Baumaterialien, zum Beispiel *opus reticulatum* und *opus testaceum*.
8. *opus listatum* (gebändert) besteht aus abwechselnden Lagen von Ziegeln und kleinen quaderförmig zugeschlagenen Steinen.

Zuweilen wurden Mauern aus *opus caementitium* auch ohne fest mit dem Mauerkern verbundene Schalung errichtet. In diesem Fall wurde eine Verschalung aus Holzbrettern und -pfosten errichtet, die nach dem Aushärten des Mauerkerns entfernt wurde. Die Wände wurden verputzt oder mit Steinplatten verkleidet.

Säulen

Säulen waren entweder aus einzelnen Säulentrommeln aufgebaut oder monolithisch in einem Stück gearbeitet. In römischer Zeit gab es daneben auch Säulen aus Ziegeln oder *opus mixtum*, zum Beispiel *opus reticulatum* mit Ziegellagen. In Pompeii gibt es zahlreiche Beispiele für Säulen dieser Art, je nach Gestaltung der Oberfläche mit oder ohne Verputz.

opus craticium (*craticius*: Flechtwerk) – Fachwerkbauweise

Fachwerkhäuser bestehen aus einem auf einem Fundament aus Stein- oder Gussmauerwerk aufgesetzten Holzgerüst. Die Zwischenräume (Gefache) werden entweder mit Flechtwerk und Lehm oder mit Bruchsteinen und Mörtel ausgefüllt (Abb. 20). Die Vorteile dieser Bauweise sind Kostengünstigkeit und schnelle Bauausführung. Das geringe Gewicht der Konstruktion ermöglicht es auch, im Obergeschoß Trennwände einzuziehen, die nicht auf einer tragenden Mauer aufsitzen. Vitruv (Vitr. 2, 8,20) erwähnt diese Vorteile, warnt jedoch vor der Brandgefahr und betont, dass die Schwellbalken zum Schutz vor Staunässe auf einen Sockel aus Mauerwerk gesetzt werden müssen.

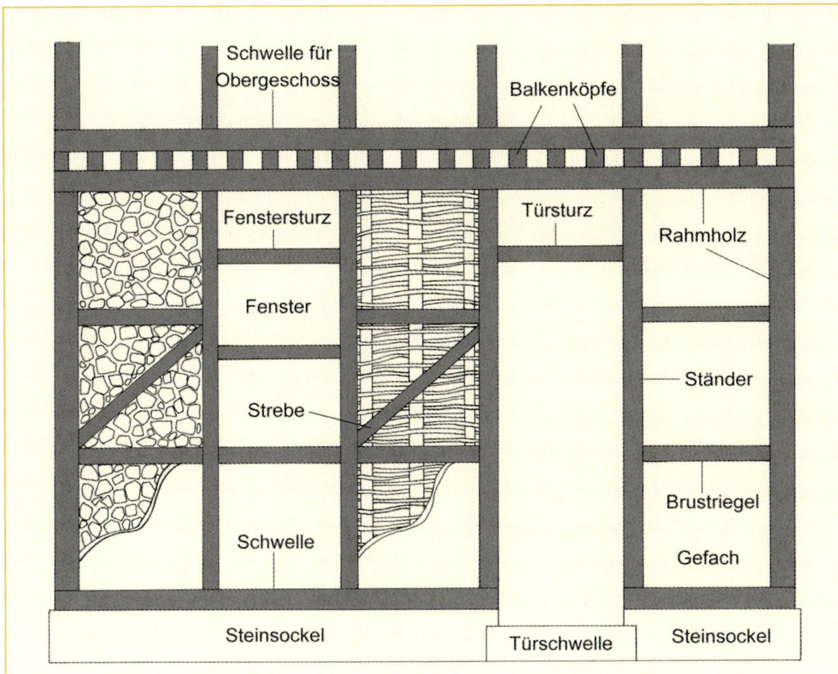

Abb. 20

Fachwerkbauweise mit Ausfachung aus *opus incertum* und Flechtwerk.

3. Baugerüste

Abb. 21

1: Bockgerüst
2: Stangengerüst:
a: Rüststangen
b: Streichstangen
c: Laufplanken

Für die Errichtung von Mauern von geringer Höhe und beim Verputzen und Bemalen von Räumen verwendete man einfache Bockgerüste (Abb. 21, 1). Ab einer Mauerhöhe von rund 3 m wurde ein Baugerüst aufgestellt. Standgerüste bestehen aus in den Boden eingetieften und zur besseren Standfestigkeit verspreizten Rüststangen. In den gewünschten Arbeitshöhen werden

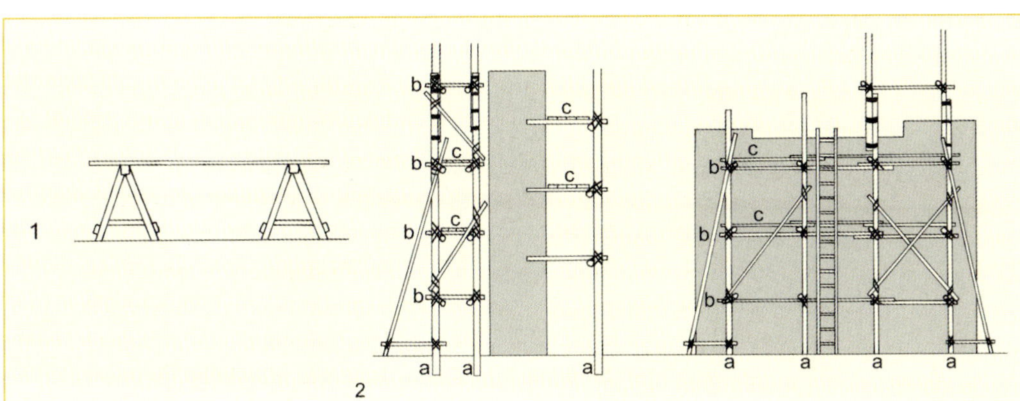

Abb. 22

Auslegergerüst.

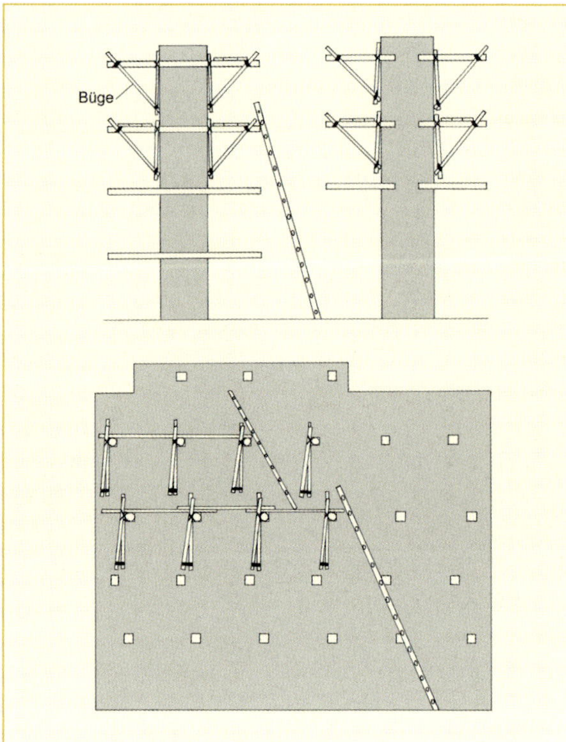

horizontale Streichstangen, die die Laufplanken tragen, mit Seilen an die Rüststangen gebunden (Abb. 21, 1).

Auslegergerüste sind nicht im Boden verankert. Beim Hochziehen der Mauer werden über die gesamte Mauerstärke oder an der Innen- und Außenseite Rüstlöcher ausgespart, in die waagrechte Ausleger geschoben werden. Die freien Enden der Ausleger, die die Laufplanken tragen, werden mit so genannten Bügen nach unten gegen die Mauer versteift (Abb. 22).

4. Fundamentierung

Das Fundament, der eingetiefte Unterbau eines Gebäudes, verhindert die Absenkung des Bauwerks und bietet Schutz gegen Staunässe. Tiefe und Art der Fundamentierung sind abhängig von der Beschaffenheit des Untergrundes und von der Bauausführung des darauf errichteten Bauwerkes. Von einem Streifenfundament spricht man, wenn nicht die gesamte Grundfläche fundamentiert ist, sondern nur die Mauern. Punktfundament heißt, dass nur statisch belastete Teile des Bauwerkes, zum Beispiel die Ecken, fundamentiert sind. Bei einem Rostfundament wird die gesamte Grundfläche ausgehoben, ein Rost aus Steinquadern eingebaut und die Zwischenräume mit Bruchsteinen verfüllt. Ist der Untergrund felsig, wird das Bauwerk entweder direkt auf den eingeebneten Fels gesetzt oder es werden Fundamentgräben ausgemeißelt. Im Fall von erdigem, sandigem oder feuchtem Untergrund ist eine Fundamentierung unbedingt erforderlich. Nach Abtragen der Humusschicht wird der Fundamentgraben im anstehenden Boden auf die gewünschte Tiefe abgegraben.

Das Baumaterial für Fundamente sind Steinquader in Schalenbauweise oder massiv geschichtet und in römischer Zeit häufig Bruchsteine in mehr oder weniger festem Mörtelverband. In diesem Fall besteht die unterste Lage meist aus hochkant gesetzten Bruchsteinen, die als Drainage dienen. Der obere Abschluß des Fundaments ist eine Ausgleichsschicht aus Mörtel. Für Fundamente aus *opus caementitium* wurde der Fundamentgraben mit Holzbrettern und -pfosten verschalt, die nach dem Aushärten des Mauerwerks entfernt wurden. Bei feuchtem Untergrund wurde das Steinfundament auf Holzpfähle, die mit einer Ramme eingeschlagen wurden, aufgesetzt. Vitruv (Vitr. 3, 4,2) beschreibt diese Art der Fundamentierung und empfiehlt, die Zwischenräume zwischen den Pfählen mit Holzkohle aufzufüllen. Holzkohle ist hygroskopisch, das heißt, sie zieht die Feuchtigkeit an und eignet sich daher ausgezeichnet zum Trockenlegen von Mauerwerk.

5. Spundwandtechnik

Ins Meer hineinreichende Hafenanlagen und Brückenpfeiler wurden mit Hilfe der Spundwandtechnik errichtet. Vitruv (Vitr. 5, 12,3–5) unterscheidet zwei Methoden. Im ersten Fall (Abb. 23, 1). wird an der vorgesehenen Stelle im Wasser ein Spundkasten aus Rammpfählen errichtet, die mit hölzernen Verspannungen zusammengehalten werden. Der Meeres- beziehungsweise Flussgrund wird innerhalb des Spundkastens eingeebnet und der Kasten mit hydraulischem Mörtel mit Bruchsteinen aufgefüllt, das im Spundkasten stehende Wasser entweicht. Ist es notwendig, im Trockenen zu arbeiten, wird ein doppelwandiger Kastenfangdamm aus Rammpfählen und vertikal stehenden Bohlen errichtet (Abb. 23, 2). Der Zwischenraum zwischen den beiden Bohlenwänden wird mit in Körben aus Sumpfgras gefülltem Lehm abgedichtet. Dann wird das Wasser aus dem Kasten gehoben und das Fundament abgegraben. Wenn der Untergrund weich ist, werden Gründungspfähle eingerammt und der Zwischenraum mit Holzkohle aufgefüllt. Auf dieser Fundamentierung wird eine Mauer aus *opus caementitium* mit Schalmauern aus langen Läufersteinen aufgebaut.

Wenn die Strömung für das Setzen von Spundkästen zu stark ist, empfiehlt Vitruv (Vitr. 5, 12,5–6) folgende Maßnahme: Vom Ufer ausgehend wird ein Kasten aus starken Bohlen oder Rammpfählen ins Meer gesetzt und mit Sand

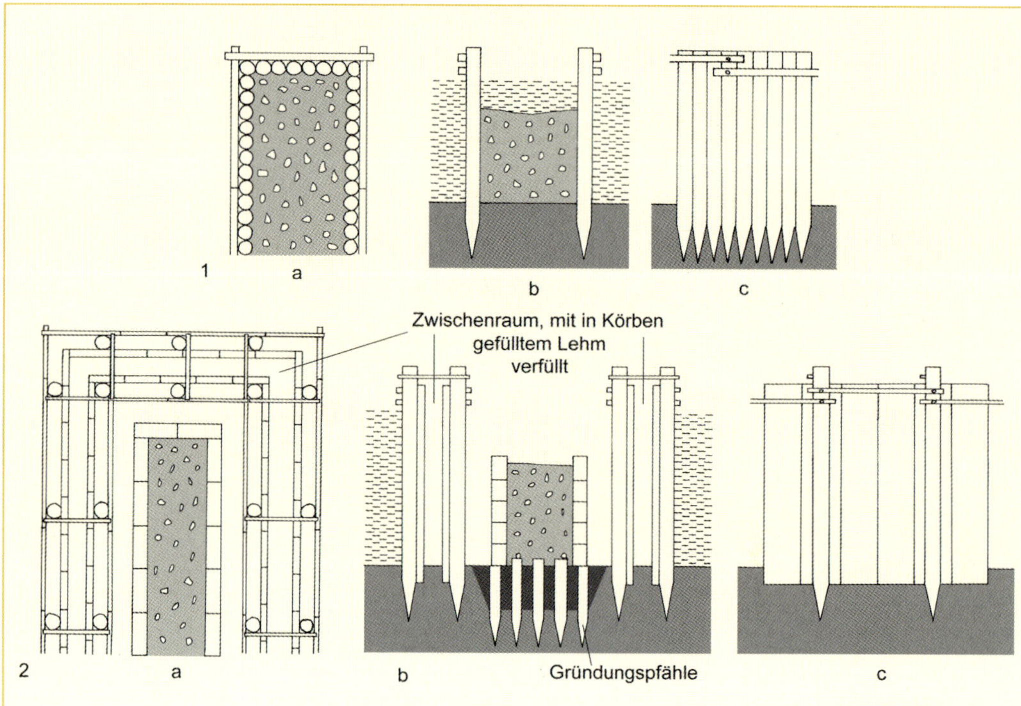

Abb. 23 Spundwandtechnik: 1: Spundkasten 2: Kastenfangdamm: a: Draufsicht, b: Schnitt c: Außenansicht der Spundwand.

so aufgefüllt, dass seine Oberfläche waagrecht ist. Auf dieser ausgeglichenen Oberfläche wird ein Mauerwerkspfeiler errichtet. Nach dem Aushärten des Mörtels werden die Seitenwände des Kastens entfernt, der Sand wird von der Meeresbrandung weggespült und der Pfeiler stürzt ins Meer. Ausgehend von diesem Moleblock als neuem „Ufer" wird in derselben Art und Weise weiter gebaut.

6. Bogen- und Gewölbebau

Geringe Weiten, wie sie beispielsweise bei Türen und Fenstern auftreten, können mit auf zwei Auflagern liegenden Balken überspannt werden. Die Entwicklung des Bogen- und Gewölbebaus ermöglichte die Überspannung größerer Weiten und eine Erhöhung der lichten Höhe von Toren und Räumen. In römischer Zeit wurde der Bogen- und Gewölbebau durch die Entwicklung der *opus-caementitium*-Bauweise und der Ziegelbauweise perfektioniert. Die Verwendung dieser neuartigen Baumaterialien anstelle schwerer Steinblöcke ermöglichte die Überspannung noch größerer Weiten und führte schließlich zur Entwicklung von Kreuzgrat-Gewölben und Kuppelbauten.

Kragbogen und Kraggewölbe

Abb. 24

Mykene, Schatzhaus des Atreus, Kragbogen.

Kragbögen und Kraggewölbe, so genannte „falsche Bögen und falsche Gewölbe", sind im Gegensatz zu echten Bögen und Gewölben in jeder Bauphase selbsttragend und können ohne Lehrgerüst errichtet werden. Sie bestehen aus in Trockenbauweise übereinander geschichteten Steinquadern, wobei die Steine der jeweils nächsthöheren Lage leicht auskragen. Dadurch werden die für einen Balken zu großen Zugkräfte auf übereinander geschichtete Steine verteilt. Den Abschluss bildet ein meist größerer Schlussstein.

Je größer die Auflageflächen der überkragenden Steine sind, desto stabiler ist der Bogen beziehungsweise das Gewölbe. Am stabilsten sind Bögen und Gewölbe mit steilem spitzbogigem Querschnitt. Die Innenkanten der Steinquader können abgerundet sein, so dass der Eindruck eines echten Bogens oder Gewölbes entsteht. Aufgrund der geringen Zugbelastbarkeit von Stein können mit Bögen und Gewölben in Kragbauweise nur Weiten bis zu 15 m überspannt werden. Von kretisch-mykenischer Zeit bis ins 4. Jahrhundert v. Chr. wurden Brücken, Tore, überdachte Gänge und Kuppelbauten in dieser Bauweise errichtet. Ein bekanntes Beispiel für einen Kuppelbau in Kragbauweise ist das „Schatzhaus des Atreus", ein Kuppelgrab (*tholos*) in Mykene, das eine Höhe von 13,20 m und einen Durchmesser von 14,50 m hat.

Abb. 25

Mykene, Schatzhaus des Atreus, Kraggewölbe.

Keilstein-Bogen und Tonnengewölbe

Keilstein-Bögen, so genannte „echte Bögen", sind Druckbögen, die erst mit dem Einsetzen des Schlusssteines selbsttragend werden. Aus diesem Grund müssen sie auf einem Lehrgerüst aus Holz errichtet werden. Auf die Basis des Bogens, die Kämpferlinie genannt wird, werden keilförmig behauene Steine so aufgesetzt, dass die Fugen radial zum Mittelpunkt eines Halbkreises verlaufen. Mit dem Einsetzen des Schlusssteines werden die Keilsteine aneinander gepresst, der Bogen wird selbsttragend und das Lehrgerüst kann entfernt werden. Werden mehrere Rundbögen in Achsrichtung hintereinander gesetzt, entsteht ein Tonnengewölbe.

Tonnengewölbe unterliegen den gleichen statischen Gesetzen wie Rundbögen. Die statischen Grundlagen, die bei ihrem Bau beachtet werden müssen, werden anhand von Rundbögen in ihren Grundzügen erklärt. Die Bogenstatik ist äußerst komplex, da die Stabilität eines Bogens nicht nur von der korrekten Bauausführung selbst, sondern hauptsächlich von der

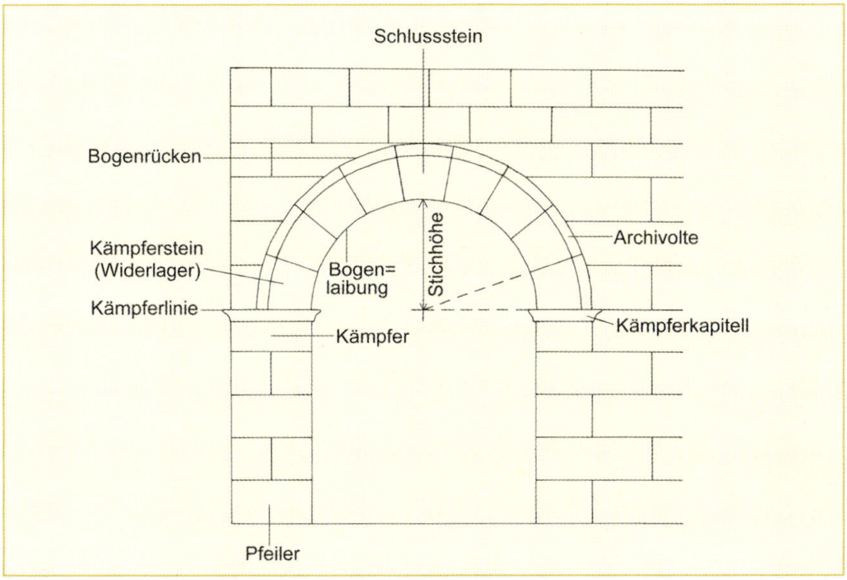

Abb. 26

Keilsteinbogen: Fachbegriffe.

Abb. 27

Trajans- und Severusbogen in Leptis Magna, heutiges Libyen.

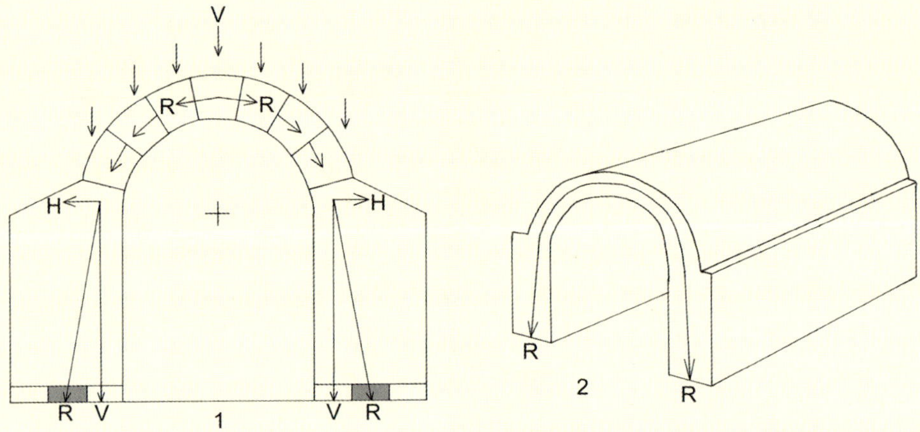

Abb. 28

Bogen- und Gewölbestatik: 1: Rundbogen 2: Tonnengewölbe (V: vertikal wirkende Druckkraft, H: horizontal wirkende Schubkraft, R: Resultierende aus H und V).

Mächtigkeit der Stützpfeiler beziehungsweise des anschließenden Mauerwerks abhängig ist. Für römische Bögen und Gewölbe in *opus-caementitium*-Bauweise oder in Ziegelbauweise gelten die gleichen statischen Gesetze wie für Bögen und Gewölbe aus Stein.

Auf einen Bogen wirken vertikale Druckkräfte (V), deren Größe vom Gewicht des Bogens und des ihn überlagernden Mauerwerks abhängig ist, und horizontale Schubkräfte (H), die die Bogensteine auseinander drücken. Die Schubkraft ist im Bereich des Bogenscheitels am größten. Die aus diesen Kräften resultierende Kraft (R) wird über die Kämpfer schräg nach außen an die Pfeiler weitergeleitet. Als Faustregel gilt, dass R am Pfeilerfuß im mittleren Drittel der Mächtigkeit des Pfeilers ankommen muss. Je höher die Pfeiler sind, desto mächtiger müssen sie sein. Bei Tonnengewölben werden die auf der gesamten Länge des Gewölbes wirkenden Kräfte (R) an die Mauern, die das Gewölbe tragen, weitergeleitet (Abb. 28).

Der Zusammenbruch eines Bogens kann zwei Ursachen haben. Ist der Bogen zu schwach konstruiert und im Scheitelbereich einer zu großen Gewichtsbelastung ausgesetzt, senkt sich durch die vertikal wirkende Schwerkraft der Bogenscheitel, und durch diese Verformung knicken die Schenkel des Bogens nach außen. Wenn die Pfeiler nicht mächtig genug sind, um die horizontale Schubkraft aufzunehmen, werden die Keilsteine an den Schenkeln, und in extremen Fällen die Pfeiler selbst, auseinander gedrückt, der Bogen wird instabil, durch die Schwerkraft senken sich die Keilsteine im Scheitelbereich, und der Bogen bricht zusammen. Diese Form des Zusammenbruchs kann durch einen eisernen Zuganker, der die beiden Pfeiler auf Kämpferhöhe miteinander verbindet und der Schubkraft entgegenwirkt, verhindert werden. Da römische Architekten Zuganker in Kämpferhöhe als störend empfanden, mauerten sie die Pfeiler bis zum Bogenscheitel hoch und versteckten den Zuganker im Mauerwerk des Bogenscheitels. Zuganker wurden, ebenso wie Klammern zum Verbinden von Blöcken, in Blei eingegossen.

Erst in der Gotik erkannte man, dass sich die Mächtigkeit der Pfeiler durch Herausschneiden des Scheitelsegmentes reduzieren lässt. Durch Zusammenschieben der verbleibenden Schenkelsegmente entsteht ein Spitzbogen, bei dem R steiler zum Fuß der Pfeiler weitergeleitet wird als beim Rundbogen.

Von Segmentbogen spricht man, wenn die Stichhöhe kleiner als der Radius des Bogens ist. Da die Schubkraft am Scheitel am größten ist, sind bei freistehenden Bögen dieser Art, wie sie im Brückenbau vorkommen, mächtige Stützpfeiler erforderlich (Abb. 29, 1). Scheitrechte Bögen, auch Horizontalbögen genannt, sind Segmentbögen, deren Unterkante waagrecht verläuft. Sie dienen zur Überspannung geringer Weiten, wie zum Beispiel bei Türen und Fenstern. In der römischen Kaiserzeit wurden Tür- und Fensterstürze nicht nur als scheitrechte Bögen, sondern auch als Segmentbögen mit sehr geringer Stichhöhe ausgeführt (Abb. 29, 2 und 3).

Entlastungsbögen sind ins Mauerwerk integrierte Rund- oder Segmentbögen. Meist wurden sie über Öffnungen, wie zum Beispiel Fenster und Türen, aber auch über Gewölben eingebaut, um diese vom Druck des darüber liegenden Mauerwerks zu entlasten (Abb. 29, 4).

Blendbögen sind leicht aus dem Mauerwerksverband hervortretende Bögen zur Gestaltung der Fassade ohne tragende Funktion.

Amphoren wurden bis auf wenige Ausnahmen erst ab der Mitte des 3. Jahrhunderts n. Chr. in Gewölbe eingemauert. In den Gewölben, die die Zuschau-

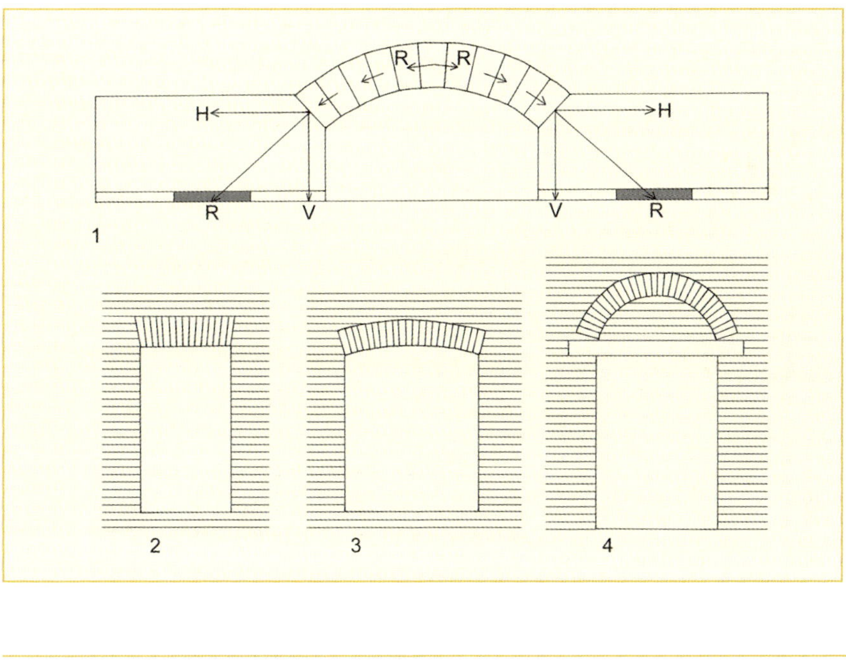

Abb. 29

1: Segmentbogen
2: scheitrechter Bogen als Fenstersturz
3: Segmentboden als Fenstersturz
4: Entlastungsbogen über einer Tür.

Abb. 30

1: Kreuzgratgewölbe
2: sich kreuzende Gewölbe unterschiedlicher Scheitel- und Kämpferhöhe (R: Resultierende aus Druck- und Schubkraft).

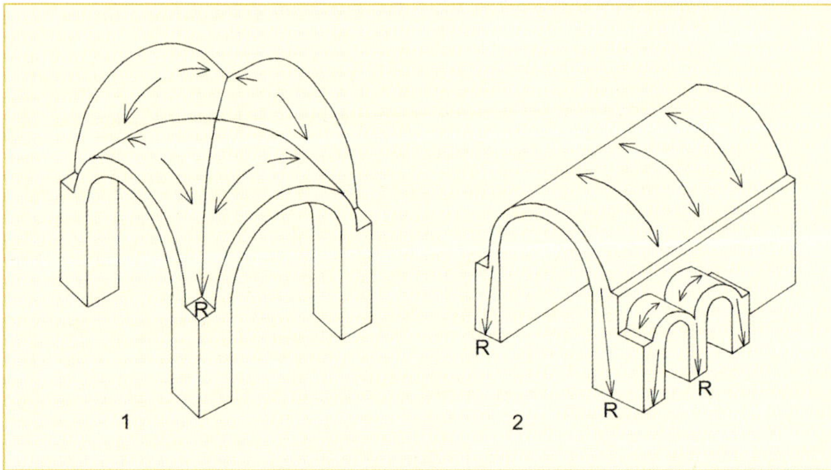

ertribünen des am Anfang des 4. Jahrhunderts n. Chr. erbauten Circus des Maxentius an der Via Appia vor Rom tragen, sind die eingemauerten Amphoren deutlich sichtbar. Entgegen einer oft geäußerten Meinung haben sie keine statische Funktion. Berechnungen der Dichte des Mauerwerks des Circus des Maxentius haben gezeigt, dass Amphoren die Gewichtslast um nur 1,33 % reduzieren. Die Verwendung leichter Tuffgesteine als Zuschlag von *opus caementitium* hätte die Gewichtslast um rund 4 % reduziert. Leere Amphoren wurden, um Baumaterial zu sparen, wiederverwertet. Eine Ausnahme sind vier über einer Fensteröffnung des „Tempel der Minerva Medica" genannten Nymphäums in Rom aus dem 4. Jahrhundert n. Chr. eingemauerte Amphoren, die der Entlastung des Fensterstockes dienen.

Wenn mehrere Bögen aneinander anschließen, wie zum Beispiel bei römischen Wasserleitungsbrücken, stützen sie sich gegenseitig, das heißt, die von zwei Seiten auf die Pfeiler wirkenden Kräfte heben sich auf. Nur die äußersten Pfeiler werden wie die eines alleinstehenden Bogens belastet. Die gleichen statischen Gesetze gelten für aneinander anschließende Gewölbe. Wenn die Trennwände zwischen den einzelnen Gewölben von Rundbögen unterbrochen sind, werden die Gewölbekräfte auf die Pfeiler abgeleitet.

Stoßen zwei Tonnengewölbe mit gleicher Kämpfer- und Scheitelhöhe im rechten Winkel aneinander, entsteht ein Kreuzgrat-Gewölbe (Abb. 30, 1). Die Gewölbekräfte werden über Grate an den Schnittstellen der sich kreuzenden Gewölbe in die Pfeiler abgeleitet. Dadurch wird es möglich, Räume zu gestalten, die an vier Seiten offen sind, wie zum Beispiel *ambulatoria* (Umgänge) von Theatern und Amphitheatern. Stoßen Tonnengewölbe unterschiedlicher Kämpfer- und Scheitelhöhe im rechten Winkel aneinander, werden die Gewölbekräfte des höheren Gewölbes auf die niedrigeren Gewölbe abgeleitet (Abb. 30, 2).

7. Kuppelbau

Mit der Entwicklung der *opus-caementitium*-Bauweise wurde es möglich, Räume mit rundem oder vieleckigem, meist oktagonalem Grundriss mit halbkugelförmigen Kuppeln zu überspannen, die ebenso wie echte Bögen und Gewölbe über einem hölzernen Lehrgerüst gemauert wurden. Die auf eine Kuppel wirkenden Kräfte setzen sich aus vertikal wirkenden Meridiankräften (V), deren Größe vom Eigengewicht der Kuppel abhängig ist, und horizontal wirkenden Ringkräften (H) zusammen (Abb. 31). Die Meridiankräfte, die im Bereich des Scheitels am größten sind, können reduziert werden, indem im Scheitelbereich leichtere Baumaterialien verwendet werden. Der *oculus*, eine kreisförmige Öffnung im Scheitel einer Kuppel, dient nicht nur als Lichtöffnung, sondern reduziert auch das Eigengewicht am Scheitel. Ringkräfte wirken im oberen Bereich der Kuppel als Druckkräfte und im unteren Bereich als Schubkräfte, die die Schenkel der Kuppel nach außen drücken. Die Resultierende dieser Kräfte wirkt, analog zu Rundbögen und Tonnengewölben, im Bereich der Widerlager und drückt die Schenkel der Kuppel nach außen, es kommt zur Bildung radialer Risse, im Extremfall wird das die Kuppel tragende Mauerwerk nach außen gedrückt und das Bauwerk bricht zusammen. Um dem entgegenzuwirken, wurde das tragende Mauerwerk außen über den Kuppelansatz hoch gemauert und die Außenschale im unteren Bereich der Kuppel mit konzentrischen Ringen (Spannringe) verstärkt, so dass Kuppelbauten von außen gesehen die Form einer Kugelkalotte haben.

Als frühester römischer Kuppelbau gilt der in augusteischer Zeit erbaute, zum Thermenkomplex in Baiae gehörende „Tempel des Merkur" mit einem Durchmesser von 21,5 m. Der bekannteste Kuppelbau der Antike ist zweifellos das Pantheon in Rom. Seine Spannweite von 43,3 m wurde erst im Jahr 1912 durch den Bau der Festhalle von Breslau, deren Stahlbetonkuppel einen Durchmesser von 65 m hat, übertroffen. Der erste Bau wurde zwischen 27 und

Abb. 31

Kuppelstatik:
V: vertikal wirkende Meridiankraft
H: horizontal wirkende Ringkraft.

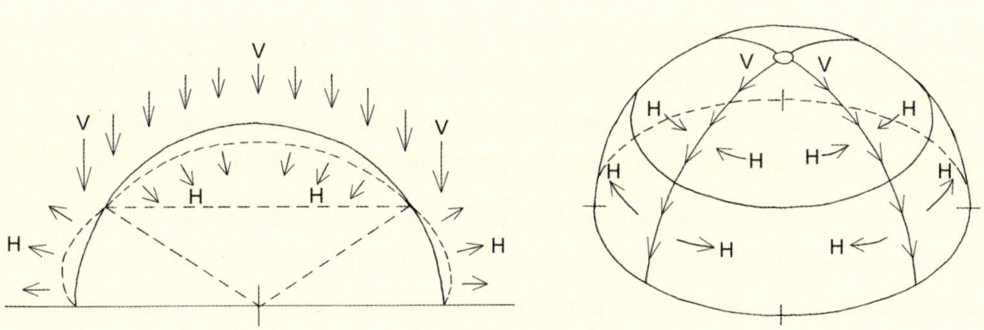

Abb. 32

Innenansicht des Pantheon.

29 n. Chr. von Marcus Agrippa errichtet. Nach einem Brand um 80 n. Chr. wurde das Gebäude restauriert und nach einem weiteren Brand um 100 n. Chr. unter Kaiser Hadrian in den Jahren 118 bis 125 n. Chr. neu gebaut. Dieses Bauwerk zeigt in beeindruckender Weise die Souveränität, mit der römische Baumeister die Statik des Gewölbe- und Kuppelbaus beherrschten. Der Innenraum des Pantheon hat die Form eines Zylinders, in den eine Kugel von 43,3 m Durchmesser eingepasst ist, wobei der Kuppelansatz auf der Höhe des Kugelradius liegt. Die Kuppel ist innen mit fünf konzentrischen Reihen asymmetrisch geformter, aus *opus caementitium* gegossener Kassetten verkleidet.

Der *oculus* hat einen Durchmesser von 8,7 m. Auf beiden Seiten der dem Eingang gegenüberliegenden halbrunden Exedra befinden sich je drei weitere Exedren: zwei rechteckige mit drei Nischen und eine halbrunde mit einer Nische in der Mitte. An den Wänden zwischen den Exedren stehen kleine Altäre (*aediculae*).

Das gesamte Bauwerk einschließlich des Fundaments von 4,5 m Tiefe und 7,3 m Mächtigkeit besteht aus sechs Zonen aus *opus caementitium* mit unterschiedlichen Zuschlägen, so dass die Dichte des Mauerwerks nach oben zu abnimmt:

Pantheon – Baumaterialien (nach Lamprecht 1985, Abb. 174)

Tabelle 1

Zone (s. Abb.)	*opus-caementitium*-Zuschlag	Dichte
1	Travertin	nicht angegeben
2	Travertin und Tuff	1,75
3	Tuff und Ziegelbruch	1,6
4	Ziegelbruch	1,6
5	Tuff und Ziegelbruch	1,5
6	Tuff und Bimsstein	1,35
	moderner Beton	2,3

Die Schalmauern des Rundbaus bestehen aus *opus testaceum* mit in regelmäßigen Abschnitten über die gesamte Mauerstärke gesetzten Ziegellagen. Die Bedeutung des Pantheon für die römische Bautechnik liegt nicht nur in seiner Kuppel, sondern auch in dem in das Mauerwerk des Rundbaus integrierten komplexen System von Gewölben und Bögen, die statische Funktion haben. Die in das Mauerwerk eingebauten Exedren reduzieren die Mächtigkeit des tragenden Mauerwerks in diesen Bereichen auf rund $^1/_3$ der gesamten Mauerstärke. Die Gewichtslast des übergelagerten Mauerwerks wird über radiale Gewölbe aus Ziegeln auf das Mauerwerk zwischen den Exedren

Abb. 33

Pantheon: Querschnitt mit Lage der Hohlräume im Mauerwerk (F: Fensteröffnungen, a: Hohlräume oberhalb der Exedren, b: Hohlräume in den „Pfeilern" zwischen den Exedren, *o. c. – opus caementitium*).

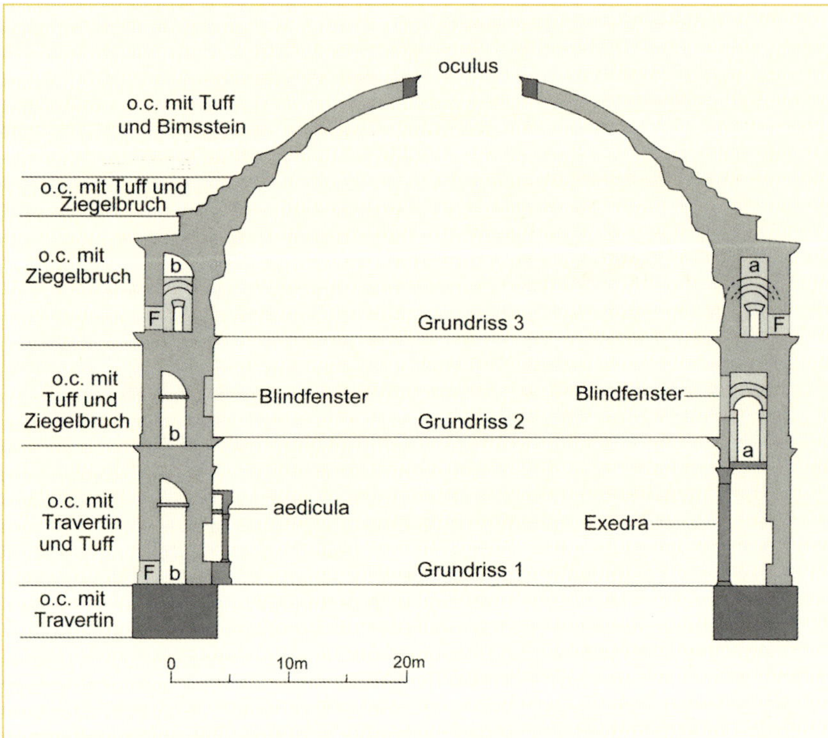

abgeleitet. Zwei übereinander liegende, in drei Kammern unterteilte Gewölbe durchziehen oberhalb der Exedren die gesamte Mauerstärke. Die acht zwischen den Exedren liegenden Bereiche haben aus statischer Sicht die Funktion von Pfeilern. Aber auch diese „Pfeiler" sind nicht massiv gemauert. In ihnen befinden sich drei übereinanderliegende, radial ausgerichtete Ziegelgewölbe, die ebenfalls die gesamte Mauerstärke durchziehen. Die Gewölbe des obersten Abschnittes werden durch je einen Bogen in zwei Kammern unterteilt. Die äußeren Enden der radial verlaufenden Ziegelgewölbe sind an der Außenfassade des Pantheon deutlich zu erkennen. Abbildung 35 zeigt den Grundriss der Gewölbe und Kammern auf dem Niveau über den Exedren (Grundriss 2) und am Kuppelansatz (Grundriss 3).

Halbkuppeln sind Kuppeln mit halbkreisfömigem Grundriss. Aufgrund ihrer Form unterliegen sie anderen statischen Gesetzen als Kuppeln mit kreisförmigem Grundriss. Da die Kuppel nicht geschlossen ist und daher nicht unter Spannung steht, ist die Gefahr der Verschiebung der Schenkel, aber auch des Scheitels nach außen gegeben, wenn das umgebende Mauerwerk nicht mächtig genug ist, um die Schubkraft aufzunehmen. Aus diesem Grund wurden Halbkuppeln selten freistehend gebaut, sondern vor allem zur Überwölbung von Anbauten (Exedren und Apsiden) eingesetzt.

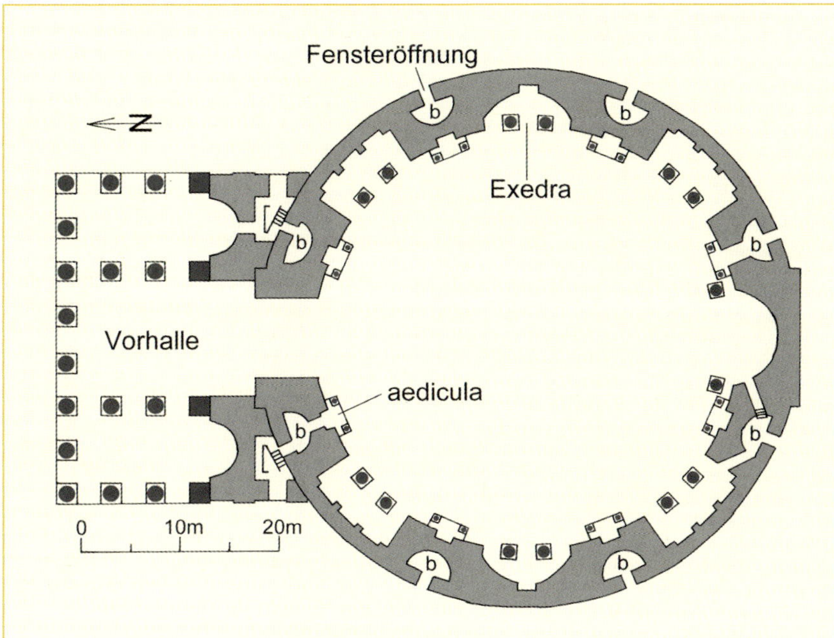

Abb. 34

Pantheon: Grundriss 1 (b: Gewölbe in den „Pfeilern")

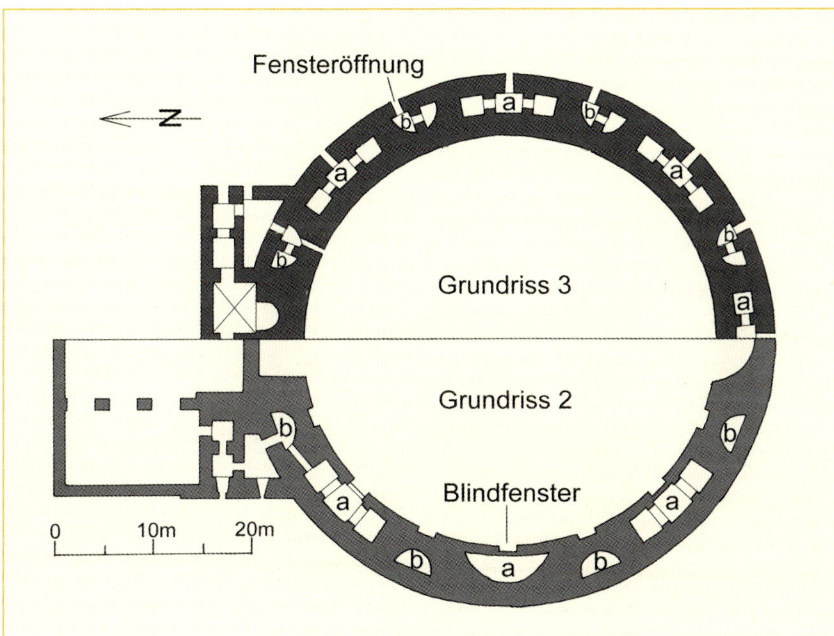

Abb. 35

Pantheon: Grundrisse 2 und 3 (a: Gewölbe oberhalb der Exedren, b: Gewölbe in den „Pfeilern")

8. Überdachung

Das Dach eines Gebäudes besteht aus dem Dachstuhl, der die Dachlast trägt, und der nicht tragenden Dachhaut, der Dachdeckung, die das Dach wetterfest macht.

Dachformen und Dachstühle

Neben den in südlichen Ländern immer noch beliebten Flachdächern gab es in der Antike Pultdächer und Satteldächer. Ein Pultdach ist ein einseitig geneigtes Dach, mit dem Gebäude mit Seitenwänden ungleicher Höhe und niedrigere Anbauten an Gebäuden, wie zum Beispiel die Seitenschiffe einer Basilika oder Portiken, überdacht wurden. Bei frei stehenden Gebäuden liegen die Sparren auf Balken auf der Mauerkrone auf. Wird ein Anbau überdacht, liegen die oberen Enden der Sparren in Balkenlöchern in der höheren Mauer auf. Die unteren Enden der Sparren liegen entweder auf einem Balken auf der Mauerkrone der niedrigeren Mauer auf oder, bei Portiken, auf dem Architrav. Bei Dächern mit großer Spannweite werden die Sparren zusätzlich gegen die höhere Wand verspreizt. Straßenseitige Vordächer von Häusern werden von in die Hausmauer eingelassenen Balken getragen. Aufgrund der geringen Spannweite sind unterstützende Säulen nicht notwendig.

Das Atrium, der Innenhof eines römischen Wohnhauses, wurde ebenfalls mit Pultdächern überdacht. Bei einem *atrium compluviatum* mit einem an

Abb. 36

Atrium compluviatum/tetrastylum im „House of the Silver Wedding" in Pompeii.

eine Zisterne angeschlossenen Wasserbecken (*impluvium*) zum Sammeln des Regenwassers sind die Dachflächen schräg nach innen geneigt. Ein Atrium ohne *impluvium* wird als *atrium displuviatum* bezeichnet. In diesem Fall sind die Dachflächen schräg nach außen geneigt. Vitruv unterscheidet folgende Typen von Atrien: „Die Hofräume sind in fünf Arten unterschieden, die nach ihrer Gestalt tuskanisch (*tuscanicum*), korinthisch (*corinthium*; vielsäulige Atrien), viersäulig (*tetrastylum*), trauflos (*displuviatum*) und überdeckt (*testudinatum*; zur Gänze überdachtes Atrium) genannt werden" (Vitr. 6, 3,1–2). Das Dach tuskanischer Atrien wird nicht wie das korinthischer und viersäuliger Atrien von über Säulen gelegten Balken getragen, sondern von die gesamte Länge des Raumes überspannenden, im Mauerwerk verankerten Balken, auf denen kurze Querbalken aufliegen.

Häuser mit relativ geringen Dachweiten, wie zum Beispiel Wohnhäuser und Gutshöfe, wurden mit Sparrendächern überdacht. Sehr oft kann das Dach nur anhand der Raumbreite rekonstruiert werden. Vitruv beschreibt den Aufbau eines Dachstuhls: „Balken [Fußpfetten] werden nämlich über Säulen, Pilaster und vorspringende Pfeiler gelegt; im Rahmenwerk Spannbalken und Sparren; unter dem Dach, wenn die Spannweiten größer sind, Kehlbalken und Streben; wenn die Spannweiten mäßig sind, eine Giebelsäule und bis zum äußersten Traufenvorsprung hervorragende Sparren; über den Sparren Pfetten; dann darunter unter den Ziegeln Dachlatten, die so weit vorragen, dass durch den von ihnen gebildeten Vorderteil des Daches die Wände geschützt werden" (Vitr. 4, 2,1). Ein Sparrendach, wie es Vitruv beschreibt, besteht aus schräg stehenden Sparren, die am First fest miteinander verbunden sind und mit den Deckenbalken ein stabiles Dreieck bilden (Abb. 37, 1). Um die feste Verbindung der Sparrenpaare am First zu gewährleisten, kann zwischen zwei Giebelsäulen eine Richtpfette eingezogen werden, die mit Firstzangen mit den Sparren versteift wird. Bei größeren Spannweiten werden die Sparren durch Kehlbalken auseinandergespreizt. Die Kehlbalken tragen ebenso wie die Richtpfette keine vertikalen Lasten, sie dienen lediglich der Aussteifung des Daches, die Dachlast wird über die Sparren an die Deckenbalken und die Außenwände des Gebäudes abgeleitet.

Sparrendächer eignen sich zum Überdachen von Raumbreiten bis maximal rund 8 m. Die weitaus größeren Raumbreiten von Tempeln oder des Zentralraums einer Basilika wurden mit Dachstühlen in Dreiecksbinderkonstruktion überdacht. Diese Konstruktion besteht aus in regelmäßigen Abständen gesetzten stabilen Dreiecken, über die die Dachlast an die Seitenwände weitergeleitet wird (Abb. 37, 2). Der Firstbalken hat wie beim Sparrendach keine tragende Funktion. Die Dreiecke bestehen aus einem die Raumbreite überspannenden Spannbalken, einer Stuhlsäule, einem Sparrenpaar und auf den Sparren aufliegenden Pfetten. Über die Pfetten wird die Dachlast auf die Sparren und den Spannbalken und schließlich auf die Seitenwände übertragen. Um zu verhindern, dass die Sparren an ihren Fußpunkten durch die

Abb. 37

1: Sparrendach
2: Dreiecksbinderkonstruktion.

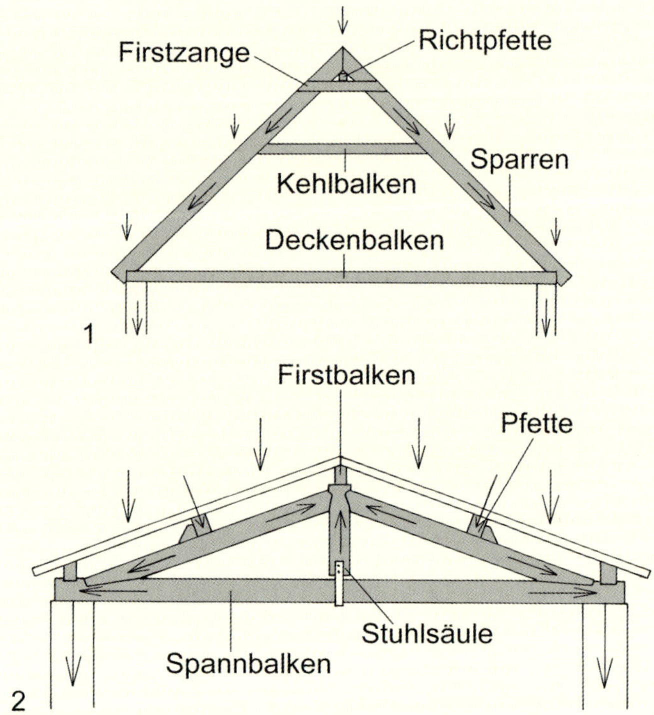

Schubkräfte auseinander gedrückt werden, sind sie fest mit dem Spannbalken, der sich durch das Gewicht der Dachlast durchbiegt, verbunden. Die Stuhlsäule, die durch die auf die Sparren wirkenden Kräfte nach oben gedrückt wird, ist mit einem Bügel am Spannbalken befestigt und wirkt so dem Durchbiegen des Spannbalkens entgegen und fixiert die Sparren am First. Durch die geschickte Verteilung der Kräfte und dadurch, dass alle Teile des Dreiecks unter Zug stehen, wird die Konstruktion so stabil, dass sich ebenso große Spannweiten wie mit einem Gewölbe überdachen lassen. Bei größeren Spannweiten wurde ein Kehlbalken und zu beiden Seiten der zentralen Stuhlsäule je eine weitere Stuhlsäule eingebaut. Als Beispiele für die großen Spannweiten, die mit Dächern in Dreiecksbinderkonstruktion überdacht wurden, seien Vitruvs Basilika von Fanum (Vitr. 5, 1,6), deren Zentralraum 17,8 m breit war, und die Konstantins-Basilika in Trier (4. Jh. n. Chr.) mit einem 27,5 m breiten Zentralraum genannt. Die erforderlichen sehr langen Spannbalken bestanden aus einzelnen Balken, die mit Blattverbindungen aneinander gestückelt wurden. Blattverbindungen sind sehr stabile Verbindungen für Balken, die Druck-, Zug- und Querkräfte aufnehmen müssen (Abb. 38).

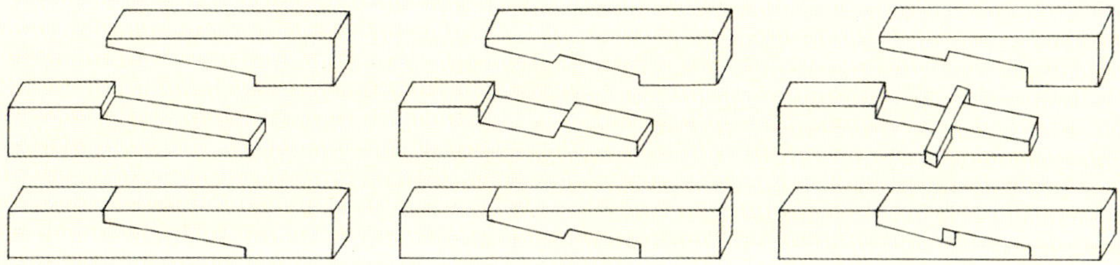

Abb. 38

Zimmermannsmäßige Längsverbindung von Holzbalken (Verblattung):
1: schräges Blatt
2: Hakenblatt
3: Hakenblatt mit Keil.

Dachdeckung

Dachziegel wurden entweder direkt auf die Sparren und Pfetten aufgelegt oder auf über den Sparren und Pfetten liegende Dachlatten. Das antike Ziegeldach besteht aus *tegulae*, das sind langrechteckige, meist leicht trapezoide Flachziegel mit Leisten an den Längsseiten (Leistenziegel), die überlappend gelegt werden. Die aneinander stoßenden Längsseiten wurden mit Halbrundziegeln (*imbrices*) überdeckt und so abgedichtet. Die vordere Öffnung der an der Traufkante verlegten *imbrices* war mit einer Platte (*antefixum*) verschlossen, die meist mit Masken oder Palmetten verziert war. Der Dachfirst war ebenfalls mit Hohlziegeln abgedichtet. Ziegel mit überdeckten Öffnungen sorgten für die Entlüftung und den Rauchabzug, vor allem in den Küchen.

Außer Ziegeln wurden auch Schieferplatten und Holzschindeln zur Dachabdeckung verwendet

9. Verputz, Wandmalerei und Stuck

Vitruv (Vitr. 7, 3,5–11) empfiehlt sieben Lagen von Verputz: Den Rauputz aus grobem Sandmörtel, drei weitere Putzschichten aus feinsandigem Mörtel und schließlich drei Schichten aus Mörtel mit grobkörnig aufbereitetem Marmor, mittelfeinem Marmor und sehr feinem Marmor. In der Praxis bestand der Innen- und Außenputz aus drei Schichten. Der Rauputz aus grobsandigem Mörtel war rund 3 bis 5 cm dick und wurde mit einer Kelle direkt auf das Mauerwerk aufgetragen. Zur besseren Haltbarkeit der feineren Putzschicht wurde die Oberfläche aufgeraut. Die zweite Putzschicht war rund 2 bis 4 cm dick und bestand aus Mörtel mit feinem Sand. Die Oberfläche wurde mit dem Reibebrett geglättet. Die letzte, feinste, sehr dünne Putzschicht bestand aus reinem Kalk oder aus Mörtel mit Marmormehl. Feuchte Räume, zum Beispiel in Bädern oder Kryptoportiken, wurden mit hydraulischem Mörtel mit zerstoßenen Keramikscherben oder Ziegelmehl verputzt (Vitr. 7, 4,1–3). Verputze und Estriche dieser Art werden nach der Stadt Signia (Segni in Mittelitalien) *opus signinum* genannt (Plin. nat. 35, 165).

Wenn die Wände bemalt werden sollten, wurde die Oberfläche der letzten Putzschicht sorgfältig geglättet und mit Marmormehl poliert. Waren die Wände monochrom gefärbt, mischte man die Farbpigmente in die Verputzmasse oder trug sie auf den feuchten Verputz auf. Römische Wandmalerei ist Freskomalerei. Die mit Kalkwasser zu Farbe angerührten Farbpigmente wurden auf den feuchten Putz aufgetragen. Beim Trocknen geht das Kalziumhydroxid des Verputzes mit den Farbpigmenten eine unlösbare Verbindung ein und die Farbpigmente der Malerei werden Teil der Kalkputzschicht. Putz und Malerei müssen an einem Tag aufgetragen werden. Vitruv empfiehlt bei der Verwendung von Zinnober die Malerei mit einem Überzug aus Wachs zu versiegeln, um den Glanz der Farbe zu erhalten: „Wenn aber jemand umsichtiger ist und wünscht, dass der Zinnoberanstrich seine ursprüngliche Farbe behält, dann mag er, wenn die Wand gestrichen und abgetrocknet ist, punisches Wachs, das durch Feuer flüssig gemacht und mit ein wenig Öl vermischt ist, mit einem Borstenpinsel auftragen. Dann lege man später in ein eisernes Gefäß Holzkohle und zwinge das Wachs, indem man es zugleich mit der Wand erwärmt, zuerst zu schwitzen und bringe es zu ganz gleichmäßiger Verteilung. Dann bearbeite man es mit Wachsschnur und reinen Leinentüchern" (Vitr. 7, 9,3). Oft wurden Teile der Wandmalerei nachträglich in Seccotechnik hinzugefügt. Bei der Seccomalerei werden die Farbpigmente mit einem Bindemittel, zum Beispiel Eiweiß, abgerührt und auf die trockene Wand aufgetragen.

Stuck, plastische Verzierungen an Wänden und Decken, besteht aus einer breiigen Masse aus Wasser, Sand, Gips und Kalk- oder Marmormehl, die leicht formbar ist und schnell erhärtet. Dieser Brei wird auf den feuchten, aufgerauten Putz aufgetragen und mit Schablonen und Spateln geformt. Schwere, stark profilierte Reliefs müssen mit Nägeln oder Holzstiften fixiert werden. Stuck wurde weiß belassen oder in Seccotechnik bemalt. Weitere Möglichkeiten der Wanddekoration waren Verkleidungen aus oft polychromem Marmor und Wandmosaiken.

10. Fußböden

Die Gestaltung der Fußböden variierte je nach Zweck des Raumes und Üppigkeit der Ausstattung. Vitruv (Vitr. 7, 1) beschreibt, wie die Bettung für Fußböden im Erdgeschoß und in den Obergeschossen auszuführen ist: Ist der Untergrund durchgehend fest, muss er lediglich eingeebnet werden. Aufschüttungen müssen mit Rammen verdichtet werden, um zu verhindern, dass sich der Fußboden senkt. Als erstes wird eine Bettung aus handgroßen Steinen (*sta-*

tumen) aufgetragen, die mit einer mindestens $^3/_4$ Fuß (22,2 cm) dicken Estrichmasse aus Mörtel (*rudus*), die durch Stampfen mit hölzernen Stempeln verdichtet wird, überzogen wird. Wird dafür altes Estrichmaterial wiederverwendet, gilt ein Mischungsverhältnis von fünf Teilen Sand und zwei Teilen Kalk, wird die Estrichmasse neu gemischt, ist das Mischungsverhältnis drei Teile Sand und ein Teil Kalk. Zum Abschluss wird der *nucleus*, eine mindestens 6 *digiti* (11 cm) dicke Schicht aus drei Teilen zerstoßener Keramikscherben und einem Teil Kalk (*opus signinum*) aufgebracht. War diese Schicht der eigentliche Estrich, wurden die Keramikscherben, aber auch kleine Marmorstücke oft zu geometrischen Mustern angeordnet. Wurde ein Mosaik oder ein Boden aus Steinplatten oder Ziegeln gelegt, wurde auf das *opus signinum* eine dünne Mörtelschicht aufgetragen, in die die Mosaiksteine, Steinplatten oder Ziegel eingebettet wurden. Zum Abschluss wurden etwaige herausstehende Erhöhungen abgeschliffen und der Fußboden poliert. Für Fußböden im Freien soll die Estrichmasse (*rudus*) aus einem Teil zerstoßener Scherben und je zwei Teilen Sand und Kalk gemischt werden. Darüber kommt der *nucleus*, auf dem Steinplatten oder Ziegel verlegt werden. Um die Fugenmasse frostfest zu machen, wird eine Paste aus Öl und Kalk in die Fugen gestrichen.

Fußböden in Obergeschossen bestanden aus in Balkenlöchern im Mauerwerk verankerten Holzbalken, über die ein Bretterboden gelegt wurde, der jedoch nicht der eigentliche Fußboden, sondern die Decke des darunter liegenden Raumes und der Unterbau des Fußbodens im Obergeschoß ist. Um die Aufwölbung der Ecken zu verhindern, wurden die Bretter an den Enden mit Nägeln auf den Balken fixiert. Auf den Bretterboden wurde zum Schutz gegen die ätzende Wirkung des Kalks eine Schicht aus Farnkraut oder Spreu gelegt, auf der ein Fußboden aus Estrichmasse (*rudus*) und *opus signinum* (*nucleus*) aufgetragen wurde. In manchen Fällen wurde unter die Estrichmasse eine Steinschicht (*statumen*) gelegt. Abhängig von der Verwendung und Ausstattung der Räume wurde auf dem Estrich ein Ziegelboden verlegt.

11. Keller und Kryptoportiken

Antike Wohnhäuser waren im allgemeinen nicht komplett unterkellert. Zur kühlen Lagerung von Lebensmitteln und Wein dienten kleine überwölbte Kellerräume, die über eine Stiege oder Rampe begehbar waren. Öffentliche Bäder waren zumindest im Bereich der Warmräume unterkellert. Hier befanden sich die Heizräume (*praefurnia*) für Warmwasserbereitung und Beheizung der Warmräume sowie Lagerräume für Holz. Die unterirdischen Gänge der in den Jahren 212 bis 217 n. Chr. erbauten Caracalla-Thermen in Rom sind 6 m hoch und 6 m breit, so dass das Brennholz für die rund fünfzig Heizkammern (*praefurnia*) mit Fuhrwerken angeliefert werden konnte. Die an die Gänge angeschlossenen Lagerräume boten Platz für rund 2000 Tonnen Holz, was dem Holzbedarf von ungefähr sieben Monaten entsprach. Neben diesen Wirtschaftsräumen befand sich im Keller der Caracalla-Thermen auch ein Mithräum mit angeschlossenem Stall für Opferstiere. Mithräen, Kultstätten der Mithrasreligion, wurden in Anlehnung an die Geburt des Gottes in einer Höhle bevorzugt unterirdisch angelegt.

Amphitheater waren komplett unterkellert. Hier waren alle Einrichtungen, die für die Durchführung der Spiele erforderlich waren, untergebracht, wie zum Beispiel Käfige für wilde Tiere und Waffenkammern für die Gladiatoren, aber auch Hebebühnen mit Flaschenzügen für Auftritte und Effekte.

Eine Kryptoportikus ist ein langgestreckter überwölbter Raum, der entweder teilweise oder zur Gänze unterirdisch angelegt ist. Kryptoportiken dienten im Sommer als kühle Aufenthaltsräume und waren meist luxuriös ausgestattet. Unterirdische Verbindungsgänge zwischen Gebäuden, wie zum Beispiel der Gang zwischen dem *ludus magnus*, der Gladiatorenschule, und dem Kolosseum in Rom, werden ebenfalls als Kryptoportiken bezeichnet.

Um die Wände unterirdisch angelegter Räume vor der Feuchtigkeit des sie umgebenden Erdreichs zu schützen, empfiehlt Vitruv (Vitr. 7, 4,1–2), außen eine zweite dünne Mauer, nach Möglichkeit mit Öffnungen ins Freie, hochzuziehen und zwischen den beiden Mauern eine Drainagerinnne anzulegen. Die Mauern sind mit hydraulischem Mörtel mit Ziegelmehl zu verputzen. Öffnungen im Gewölbe sorgen nicht nur für Licht, sondern auch für ausreichende Belüftung. Ist für eine zweite Mauer nicht ausreichend Platz, sollen ins Freie führende Drainagen angelegt werden.

12. Heizungsanlagen

Kaminfeuer zum Beheizen der Wohnräume waren in der Antike unüblich. Wohnräume wurden mit transportablen Metallbecken für Holz- oder Holzkohlenfeuer beheizt. Der Rauch zog über Dachziegel mit Öffnungen ins Freie ab.

Die Entwicklung der Hypokaustenheizung (Fußbodenheizung) steht in engem Zusammenhang mit der Verfeinerung der Badekultur im 3. und 2. Jahrhundert v. Chr und wurde in der Folgezeit auch zum Beheizen von Wohnräumen eingesetzt. Eine Hypokaustenheizung (Abb. 39) besteht aus dem *praefurnium*, der Heizkammer, von der die warme Luft unter den auf gemauerten Podesten ruhenden Fußboden zieht. Der Abzug der Rauchgase erfolgt über in den Raumecken angebrachte vertikale Abzugskanäle, die unter der Dachtraufe über horizontale Öffnungen in der Hauswand ins Freie führen.

Einen Kamin im modernen Sinn gab es nicht. Das Feuer im *praefurnium* ist ein Oberluftfeuer, das heißt, es brennt nicht auf einem Rost, sondern liegt auf dem Ziegelboden der Heizkammer. Bei dieser Art der Befeuerung brennt, wie bei modernen offenen Kaminen, nur die Oberfläche des Brennmaterials.

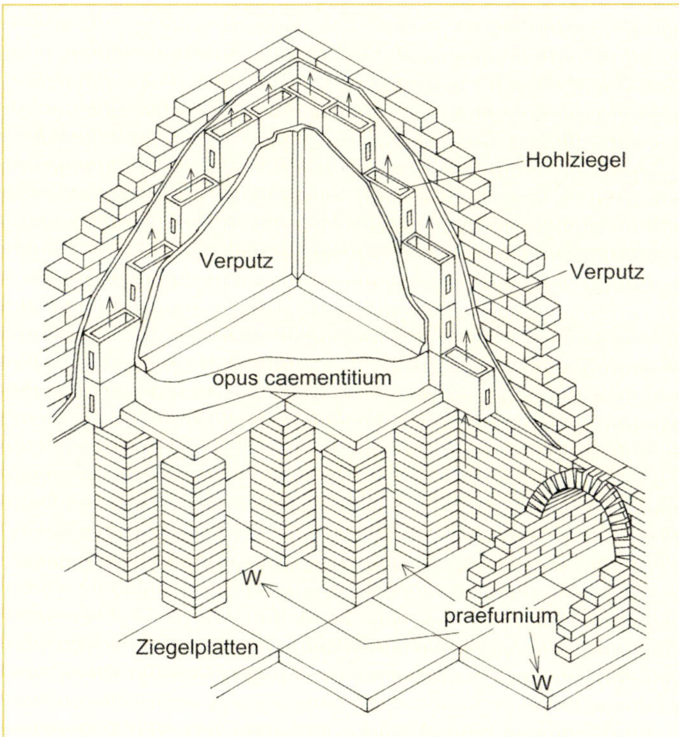

Abb. 39

Schematische Darstellung einer römischen Fußboden- und Wandheizung (W: Warmluft).

Abb. 40

Reste der Fußbodenheizung in den Thermen von Pythagorio auf Samos.

Die heißen Rauchgase strömen gemeinsam mit der von ihnen erwärmten Luft in die Hohlräume unter dem Fußboden. Im 1. Jahrhundert n. Chr. wurde das System weiterentwickelt und die Fußbodenheizung mit einer Wandheizung kombiniert. In diesem Fall sind die Wände mit *tubuli* (Hohlziegeln) verkleidet, durch die die heiße Luft von den Hohlräumen unter dem Fußboden nach oben strömt und so auch die Wände erwärmt. Über die *tubuli* in den Ecken des Gebäudes entweichen Rauch und heiße Luft ins Freie.

13. Krane und Hebewerke

Krane und Hebewerke kamen im Baubetrieb und in Hafenanlagen beim Be- und Entladen von Schiffen zum Einsatz. Antike Krane und Hebewerke beruhen auf der zweifachen Anwendung des Hebelgesetzes. Der Flaschenzug, mit dem die Last gehoben wird, reduziert die benötigte Kraft nach folgender Formel: K (Kraft) = G (Gewicht)/n (Anzahl der Rollen des Flaschenzugs). Die benötigte Kraft wird weiter reduziert, indem das Hebeseil über eine mittels Hebelstangen zu drehende Winde geführt wird: K (Kraft) = G (Gewicht)/(R [Länge der Hebelstange]/r [Radius der Winde]). Wenn eine Last von 180 kg mit einem Dreirollenflaschenzug und einer Winde mit einem Radius von 10 cm und 40 cm langen Hebelstangen gehoben wird, ergibt das: Flaschenzug: 180 kg/3 = 60 kg und Winde: 60 kg/(40 cm/10 cm) = 15 kg. Ein Gewicht von 15 kg kann problemlos von einem Mann gehoben werden. Tatsächlich ist etwas mehr Kraft erforderlich, um diese Last zu heben, da in diesen Berechnungen weder die Seilreibung, die mit zunehmender Zahl von Rollen am Flaschenzug größer wird, noch die Seildehnung berücksichtigt sind.

Abb. 41

Kran mit Dreilrollenzug (*trispastos*) mit Kräftediagramm für eine Last von 180 kg.

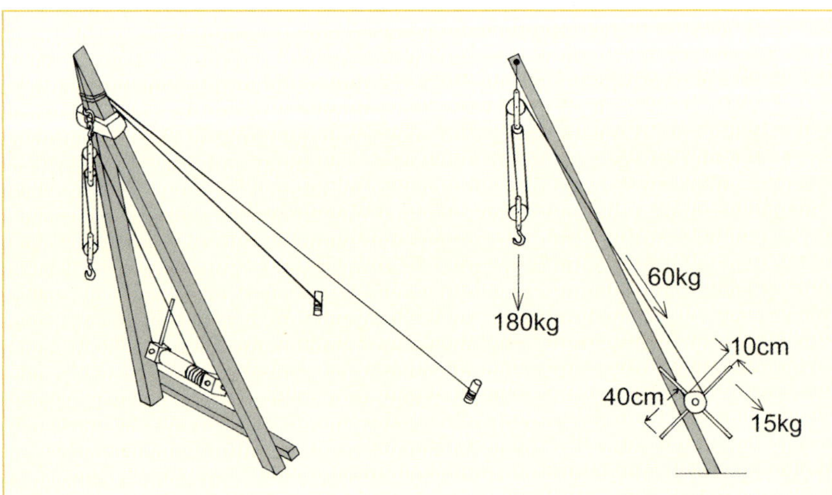

Die gängigste Form antiker Krane, wie sie aus Reliefdarstellungen und Vitruvs Beschreibungen (Vitr. 10, 2,1–7) bekannt ist, besteht aus zwei Pfosten, die an der Spitze mit Eisenklammern zusammengehalten werden (Kranausleger) und mit Hilfe eines Flaschenzuges und einer Winde wie ein umgekehrtes V aufgestellt werden und mit Halteseilen im Boden verankert werden. Bei einem Dreirollenzug, von Vitruv *trispastos* (Abb. 41) genannt, ist an der Spitze des Krans ein Kloben mit zwei Rollen festgebunden. Das Hebeseil führt über die obere Rolle dieses Klobens nach unten zu einem zweiten Kloben mit nur einer Rolle, an dem die zu hebende Last befestigt wird. Um diese Rolle herumgeführt, führt das Hebeseil wieder hinauf zum oberen

Abb. 42

Relief eines Hochleistungskrans im Grab der Haterii an der Via Nomentana.

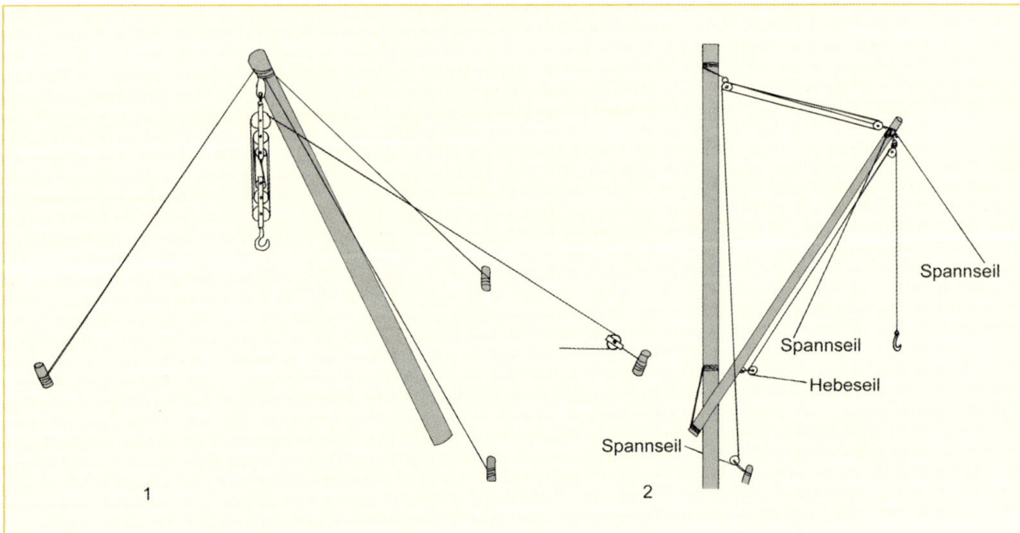

Abb. 43 ▲

1: Kran mit Vielrollenzug (*polyspaston*)
2: Kran mit schwenkbarem Ausleger.

Kloben und wird über dessen untere Rolle zu einem Auge am unteren Kloben geführt, an dem es festgebunden wird. Das andere Ende des Hebeseils führt zwischen den Beinen des Auslegers zu einer Winde mit Hebelstangen.

Mit dem *pentaspaston*, dem Fünfrollenzug, können, wenn die Winde von zwei Mann gedreht wird, Lasten bis 600 kg gehoben werden. Zur weiteren Erhöhung der Kapazität der Krane wurden Kloben mit Doppelrollen, über die das Lastgewicht auf zwei Seile aufgeteilt wird, eingesetzt. Anstelle der Winde mit den Hebelstangen tritt eine Welle mit einer Seiltrommel. Die Enden der beiden Hebeseile werden zu beiden Seiten der Trommel über die Welle gewickelt. Ein weiteres Seil wird um die Trommel gewickelt und zu einer Winde geführt. Wird die Winde mit Hilfe von Hebelstangen gedreht, dreht sie durch das Seil die Trommel und damit auch die Welle. Noch effizienter ist der Kran, wenn die Welle an ein Tretrad angeschlossen ist. Das Tretrad kann in einiger Entfernung vom Kran installiert sein oder direkt an die Welle angeschlossen sein, wie bei dem Kran, der auf einem um 100 n. Chr. entstandenen Relief im Grab der Haterii an der Via Nomentana in Rom dargestellt ist. Bei diesem Hochleistungskran laufen nicht nur die Hebeseile, sondern auch die Halteseile über Kloben. Zum Heben schwerere Lasten, wie zum Beispiel Architrave, wurden mehrere Krane eingesetzt.

Krane mit V-förmigem Ausleger können nur nach vorn geneigt werden und haben eine beschränkte Reichweite, die über die Halteseile reguliert wird. Wenn der Kran zu vertikal aufgestellt wird, besteht die Gefahr, dass die Last beim Hochheben gegen das Krangerüst stößt und es beschädigt. Die auf dem Relief aus dem Grab der Haterii dargestellten vorderen Halteseile verhindern, dass der Kran nach hinten kippt, wenn er nahe an der Vertikalen aufgestellt ist. Je weiter der Kranausleger nach vorn gesenkt wird, desto größer wird die Beanspruchung der rückwärtigen Halteseile.

Vitruv (Vitr. 10, 2,8–10) beschreibt auch einen Kran mit nur einem Pfosten als Ausleger anstelle der V-förmigen Ausleger, den er *polyspaston*, Vielrollenzug, nennt (Abb. 43, 1). Dieser einzelne Pfosten wird mit vier Halteseilen im Boden verankert. Drei Hebeseile werden über zwei Kloben mit je drei nebeneinander und drei untereinander liegenden Rollen geführt. Zum Schluss werden die Seile zu einem dritten, ebenfalls dreifachen Klobenrad geführt, das am Fuß des Krans befestigt ist. Durch Ziehen an den Seilen wird die Last ohne Winde hochgehoben.

Am Ende seines Kapitels über Krane erwähnt Vitruv (Vitr. 10, 2,10) einen Kran mit einem waagrechten Ausleger, den er leider nicht näher beschreibt. Wahrscheinlich handelt es sich dabei um einen Kran, der aus einem mit Halteseilen fixierten einzelnen Pfosten besteht, an dem ein Ausleger angebracht ist, der mit über Kloben geführten Seilen auf und ab und mit Spannseilen nach rechts und links geschwenkt werden kann (Abb. 43, 2).

In weiterer Folge beschreibt Vitruv Vorrichtungen für den Transport monolithischer Säulen und Architraven, deren Erfindung er dem griechischen Architekten Chersiphron und dessen Sohn Metagenes (6. Jh. v. Chr.) zuschreibt. Um die zu transportierende Säule wird ein Holzrahmen gelegt. „In die Enden der Säulenschäfte fügte er mit Bleiverguß starke Eisenzapfen wie Spindeln ein. In den Holzrahmen fügte er eiserne Ringe ein, die die Eisenzapfen umschließen sollten. Die Eisenzapfen aber, in die Ringe eingelassen, bewegten sich ganz frei“ (Vitr. 10, 2,11). An den Rahmen wurden Ochsen gespannt, die die Säule zogen. In die Enden viereckiger Architrave wurden in gleicher Weise Eisenzapfen eingelassen und Holzräder angebracht.

Kleinere Säulen konnten mit Hilfe eines Krans aufgestellt werden, zum Aufstellen großer monolithischer Säulen sind Spezialvorrichtungen erforderlich. Leider gibt es dazu keine antiken Quellen. Ein Hebewerk zum Aufstellen von Säulen wurde von J.-P. Adam anhand von Bilddarstellungen der Renaissance rekonstruiert. Die liegende Säule wird auf einem Holzrahmen festgebunden, der mit einem senkrecht angebrachten Pfosten einen rechten Winkel bildet. Durch Kippen des senkrechten Pfostens wird der Holzrahmen mit der Säule in die Vertikale gebracht.

VI. Straßen- und Brückenbau

1. Straßenbau

Straßen, künstlich angelegte befestigte Wege, die auch mit Wagen befahren werden können, sind erstmals um 2.600 v. Chr. in Mesopotamien archäologisch nachgewiesen. Um 600 v. Chr. können im antiken Griechenland, dessen Wegenetz zum größten Teil auf mykenische Zeit zurückgeht, zwei Arten von Straßen festgestellt werden: 3 bis 4 m breite, teilweise gepflasterte und mit Karrengeleisen versehene Straßen und weniger gut ausgebaute Saumwege von bis zu 1 m Breite. In beiden Fällen vermied man große Steigungen und Gefälle und führte die Trassen so, dass Geländedurchbrüche und Planierungen nicht notwendig waren. Flüsse wurden nach Möglichkeit an Furten überquert.

Die Vorläufer der römischen Straßen in Italien sind die Straßen der Etrusker. Als Beginn des Ausbaus des beeindruckenden und gut dokumentierten römischen Straßennetzes gilt der Bau der Via Appia, „der Königin der Straßen“ (Stat. silv. 2, 2,12). Der Baubeginn der Via Appia, die in ihrer ersten Bauphase von Rom nach Capua führte, fällt in die Zeit der Zensur des Appius Claudius (313/312 v. Chr.), nach dem sie benannt ist (Liv. 9, 29,5–7). Im 3. Jahrhundert v. Chr. wurde sie in mehreren Bauabschnitten bis an die Adria verlängert, und spätestens im Jahr 191 v. Chr. führte sie bis zum Adriahafen Brundisium (Brindisi) (Plut. Cato m. 14). Der Ausbau des römischen Straßennetzes ging, zunächst in Italien und in weiterer Folge in den Gebieten außerhalb Italiens, Hand in Hand mit der römischen Expansion. Zu den bekanntesten Fernstraßen in den ehemaligen Provinzen des römischen Reiches gehören die Via Ignatia und die Via Domitia. Roms Interessen auf dem Balkan führten im Jahr 146 v. Chr. zum Bau der von Byzantium nach Dyrrhachium, dem heutigen Durrës in Albanien, führenden Via Ignatia, die nach Gaius Ignatius, dem Prokonsul von Makedonien, benannt ist. Gnaeus Domitius Ahenobarbus, der Prokonsul der Provinz Gallia Transalpina (heutige Provence in Frankreich), veranlasste um 120 v. Chr. den Bau der nach ihm benannten Via Domitia, die von Ugernum (bei Beaucaire) nach Narbo (Narbonne) führt. In den folgenden Jahrhunderten wurde das Fernstraßennetz weiter ausgebaut und umfasste im 2. Jahrhundert n. Chr. zwischen 80 000 und 100 000 km.

Da römische Straßen in erster Linie als Militärstraßen für schnelle Truppenverschiebungen konzipiert wurden, achtete man auf möglichst gerade Trassenführung und vermied große Steigungen und Gefälle. Zahlreiche der heutigen europäischen Hauptverkehrsadern folgen dem Verlauf historischer römischer Straßen.

Die Bauweise römischer Straßen erfüllt im wesentlichen alle Anforderungen des modernen Straßenbaus: Die Trasse wird für den Unterbau ausgekoffert und mit aus nach oben zu feiner werdendem Material aufgefüllt, das zur Erhöhung der Tragfähigkeit verdichtet wird. Der Straßenbelag aus Pflastersteinen, hydraulischem Mörtel oder Kiesstreuung ist strapazierfähig und gewährleistet die Staubfreimachung. Ein gewölbtes Straßenprofil und parallel zur Straße verlaufende Gräben sorgen für die Entwässerung. Die Straßenränder sind mit Bordsteinen und größeren Ankersteinen befestigt. Bereits im Zwölftafelgesetz (um 450 v. Chr.) wurde die Mindestbreite römischer Straßen gesetzlich geregelt. Sie betrug für gerade Straßenabschnitte 8 Fuß (2,36 m) und in Kurven mindestens 16 Fuß (4,73 m) (dig. Iust. Caius 8, 3,8). Meilensteine gaben die Distanz zur nächsten größeren Stadt an.

Technische Aspekte des Straßenbaus

Eine wichtige Quelle zum Straßenbau ist das Gedicht *Silvae* („Wälder") des Statius, eines Dichters des späten 1. Jahrhunderts n. Chr., der den Bau der Via Domitiana, einer im Jahr 95 n. Chr. unter Kaiser Domitian fertiggestellten Straße, die bei Sinuessa von der Via Appia abzweigt und entlang der Küste nach Neapel führt, mit großer Sachkenntnis beschreibt: „Die erste Arbeit war es hier, Furchen [Entwässerungsgräben] zu ziehen und die Straßenränder zu markieren und die Erde bis zu einer gewissen Tiefe auszuheben; dann mussten die ausgehobenen Gräben mit anderem Material wieder aufgefüllt werden und es musste eine Grundlage geschaffen werden für den obersten Rücken [Wölbung der Straße], damit der Boden nicht nachgibt und damit nicht ein trügerischer Untergrund [beim Befahren] ein zu unsicheres Bett bietet für das belastete Pflaster. Dann fügt man überall Pflastersteine aneinander und befestigt die Straße mit zahlreichen Ankersteinen. Oh, wie viele Hände arbeiten da gleichzeitig! Diese schlagen den Wald, andere behauen mit Eisen Blöcke [Pflastersteine] und Balken; jene binden die Steine

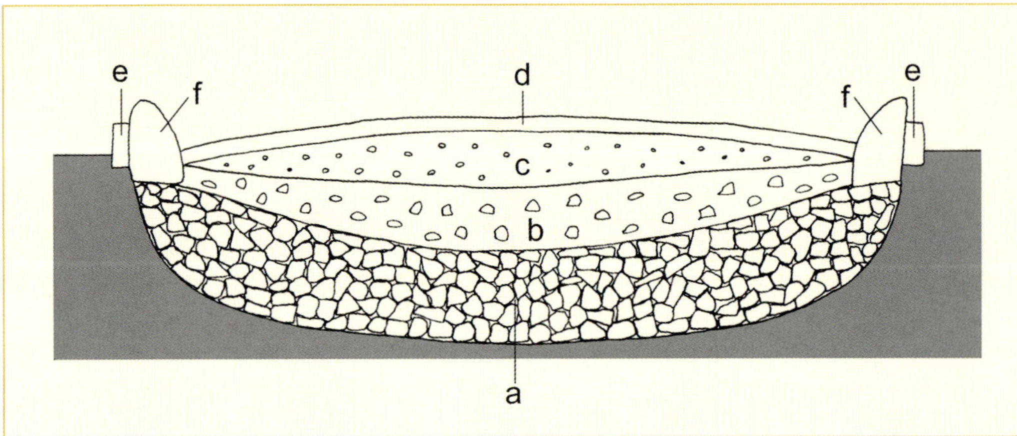

Abb. 44

Aufbau einer römischen Straße:
a: Rollierung aus Steinen (*statumen*)
b: hydraulischer Mörtel und Steine (rudus)
c: hydraulischer Mörtel und Kies (*nucleus*)
d: Straßenbelag aus Pflastersteinen, hydraulischem Mörtel oder Kies (*pavimentum* oder *summa crusta*)
e: Bordsteine
f: Ankersteine.

aneinander und fügen das Werk zusammen mit gebackenem Staub und schwarzem Tuff [hydraulischer Mörtel]; sumpfiges Gelände legt man trocken und Bäche leitet man um" (Stat. silv. 4, 3,40–55).

Der erste Arbeitsschritt beim Bau einer Straße ist das Festlegen der Trasse und das Markieren des Straßenrandes. Dann wird die Trasse für den Unterbau ausgekoffert. In trockenem, unproblematischem Gelände besteht der Unterbau aus drei Schichten, die in Anlehnung an Vitruvs Beschreibung der Bettung für Fußböden als *statumen* (Unterlage), *rudus* (Geröll) und *nucleus* (Kern) bezeichnet werden (Vitr. 7, 1). Das zu unterst liegende *statumen* ist eine Rollierung aus Steinen, auf die das *rudus*, eine Schüttung aus Steinen und hydraulischem Mörtel, aufgebracht wird. Die letzte Schicht des Unterbaus ist der *nucleus*, eine Lage aus Kies mit hydraulischem Mörtel als Bindemittel, die zur Entwässerung oben leicht gewölbt ist und auf die der Straßenbelag (*pavimentum* oder *summa crusta* – oberste Kruste) aufgebracht wird. Die Straße wird von Bordsteinen begrenzt, in regelmäßigen Abständen werden an der Innenseite der Bordsteine Ankersteine gesetzt, die der zusätzlichen Sicherung des Straßenkörpers dienen, aber auch von Reitern als Hilfe beim Auf- und Absteigen benutzt werden können (Abb. 44). Unterbau und Straßenbelag können zusammen bis zu 1 bis 1,4 m mächtig sein. Natürlich gibt es, den örtlichen Gegebenheiten angepasst, zahlreiche Abweichungen von der oben beschriebenen idealen Standardversion.

In felsigem Untergrund verzichtete man meist auf einen Straßenbelag. Wenn die Straßentrasse entlang eines Felsabbruches führte, wurde der Fels abgeschrotet und die Fahrbahn aus dem Fels geschlagen. Ein beeindruckendes Beispiel für diese Straßenbauweise ist ein ausgezeichnet erhaltenes Teilstück der Straße von Mediolanum (Mailand) über den Kleinen beziehungsweise Großen St.-Bernhard-Pass nach Gallien in Donnas, einem Ort im Aostatal. Der hier erforderliche Meilenstein wurde ebenso wie die Straße aus dem Fels

herausgeschlagen. Als etablierte Route durch die Alpen war die Trasse über Jahrhunderte in Benutzung und bildete in Spätantike und Mittelalter einen Abschnitt der Via Francigena, des „Frankenweges“ von Canterbury nach Rom. Im Jahr 1994 wurde dieser Wallfahrtsweg zur Europäischen Kulturstraße erklärt.

In ähnlicher Weise baute man in Trajanischer Zeit die Via Appia aus. Bei Tarracina (Terracina) wurde ein Felssporn des Piso Montana bis zu einer Höhe von etwas über 120 Fuß (35,48 m) abgeschrämt, um die Straße am Meer entlangführen zu können. Im Abstand von 10 Fuß in den Fels geritzte Zahlen geben, von oben ausgehend, die Höhe des abgetragenen Felsens an. Niedrige Felsrücken wurden durchstochen und die Straße hohlwegartig in den Fels

▲ Abb. 45

Teilstück der Straße von Mediolanum (Mailand) nach Gallien in Donnas, Aostatal (spätere Via Francigena).

geschlagen. Felsvorsprünge wurden, wenn sie nicht umgangen werden konnten, mit einem Tunnel durchstoßen. Wenn die Straße entlang eines Abhangs führte, wurde talseitig eine Stützmauer hochgezogen und der Zwischenraum mit verdichtetem Material verfüllt.

Führt der Weg oder die Straße durch feuchtes oder gar sumpfiges Gelände, ist eine andere Bauweise erforderlich. Am einfachsten ist die Errichtung von Knüppel- und Bohlenwegen. Knüppelwege bestehen aus in Längsrichtung verlegten Schwellen, über die, quer zur Straßenrichtung, Holzknüppel gelegt werden. Von Bohlenwegen spricht man, wenn anstelle der Holzknüppel oder auf einen Unterbau aus Holz Bohlen (Bretter) verlegt werden und so eine ebene Fahrbahn geschaffen wird. Im Gegensatz zu diesen einfachen Wegen mussten durch Feuchtgebiete führende Abschnitte von Fernstraßen fundamentiert werden. Eine Möglichkeit ist die Aufschüttung eines Dammes. Nach der Auskofferung der Straßentrasse wurden in Straßenrichtung Stein- oder Holzwände hochgezogen, im Bedarfsfall Gründungspfähle eingerammt, der Zwischenraum zwischen den Pfählen verfüllt, und der Straßenkörper auf

Abb. 46

Aufbau römischer Straßen in feuchtem Gelände: 1: Dammstraße (a: Verfüllung zwischen den Gründungspfählen, b: Rollierung aus Steinen, c: hydraulischer Mörtel mit Kies, d: Pflasterung, e: Schalmauern, f: Böschung) 2: Teilstück der Via Mansuerisca in Belgien.

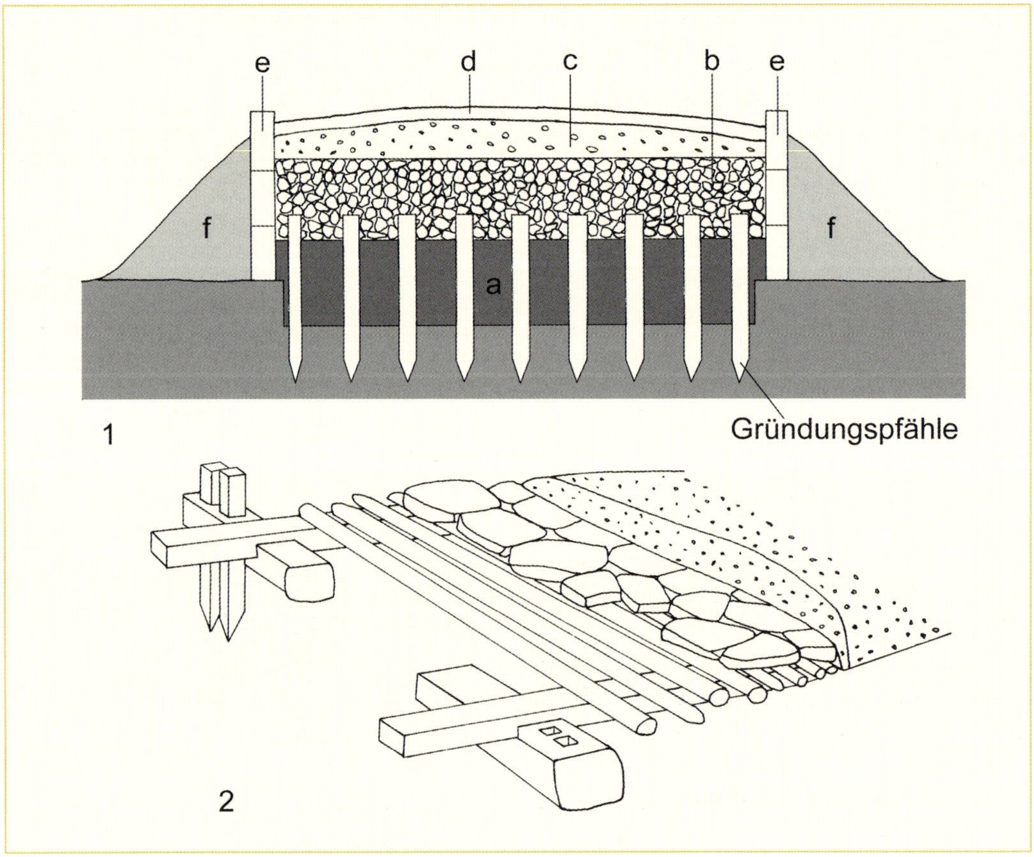

diesem Fundament aufgebaut. Zum Schluß wurden an den Seiten Dammböschungen aufgeschüttet (Abb. 46, 1). An einem Teilstück der Via Mansuerisca im heutigen Belgien wurde folgende Fundamentierung beobachtet: Quer zum Straßenverlauf mit Pfosten im Untergrund verankerte Balken tragen in Längsrichtung gelegte Schwellen. Der auf dieser Fundamentierung liegende Unterbau der Straße besteht aus Holzknüppeln und Kalksteinplatten, auf die der Fahrbahnbelag aus verdichtetem Schotter aufgetragen wurde (Abb. 46, 2).

Abb. 47

Via Appia bei Rom.

Zahlreiche römische Straßen weisen deutliche Karrengeleise unterschiedlicher Spurbreiten auf, die künstlich angelegt wurden beziehungsweise durch Abnutzung entstanden sind. Auf Passstraßen beispielsweise erhöhen zum Teil sehr tief eingeschnittene Karrengeleise die Sicherheit bei der Talfahrt. Seichte, einander zum Teil überschneidende Rillen, wie sie auf zahlreichen römischen Straßen zu sehen sind, sind wohl eher auf Abnutzung zurückzuführen.

Eine Sonderform der Geleisestraße ist der *diolkos*, die berühmte Geleisestraße zum Transport von Fracht und Schiffen über den knapp 6 km breiten

Isthmus von Korinth. Der teilweise noch ausgezeichnet erhaltene, mit harten Kalksteinen gepflasterte Weg hat eine Breite von 3,4 bis 6 m. Die Spurbreite der Geleise für die Karren, mit denen Fracht und Schiffe transportiert wurden, beträgt rund 1,6 m. Der *diolkos* wurde für den Transport von Handelsgütern und kleineren Handelsschiffen (Strab. 8, 2,1 und 8, 6,4), aber auch für den Transport von Kriegsschiffen genutzt. Während des Peloponnesischen Krieges (431–404 v. Chr.) schafften die Spartaner Schiffe über den *diolkos* in den Saronischen Golf (Thuk. 3, 15,1; 8, 7,1 und 8, 8,4), und 31 v. Chr. ließ Octavian nach seinem Sieg in der Schlacht von Actium Kriegsschiffe vom Golf von Korinth in den Saronischen Golf ziehen, um Antonius und Kleopatra möglichst schnell nachsetzen zu können (Cass. Dio 51, 5). Der *diolkos* wurde im 6. Jahrhundert v. Chr. angelegt und war der schriftlichen Überlieferung nach bis ins 1. Jahrhundert n. Chr. in Gebrauch.

2. Brückenbau

Schiffbrücken

Schiffbrücken dienten im militärischen Bereich zum Überqueren breiter Flüsse und Meerengen. Zu den berühmtesten historischen Schiffbrücken gehören die Brücken, über die der Perserkönig Xerxes im Frühjahr 480 v. Chr. sein Heer an der engsten Stelle des Hellespont bei Abydos (Breite rund 750 m) nach Europa übersetzte und deren Bauweise Herodot beschreibt: „Der Bau aber erfolgte in folgender Weise: Sie stellten Fünfzigruderer und Dreiruderer zusammen: als Grundlage nach der Seite des Schwarzen Meeres hin 360, nach der anderen Seite 314, jene dem Pontos entgegen in schräger Richtung, diese in der Strömung des Hellespontos, um die Spannung der Tragtaue zu erhalten. Darauf warfen sie Anker von gewaltiger Größe aus; an der einen Brücke nach dem Pontos hin geschah es wegen der Winde, die von ihm heraus wehen, auf der anderen Brücke aber gegen Westen und das Ägäische Meer hin wegen des Südost- und Südwestwindes. Sie ließen aber eine offene Durchfahrt zwischen den Fünfzigruderern und den Dreiruderern an drei Stellen, damit der Weg zum und aus dem Pontos für kleinere Fahrzeuge nach Belieben frei bleibe. Danach spannten sie die Taue vom Land aus mit Hilfe hölzerner Winden straff; doch sie befestigten nicht jedes Tau gesondert, sondern banden immer zwei Taue aus weißem Flachs für jede Brücke und vier aus Papyrus zusammen. Sie hatten die gleiche Stärke und sahen schön aus; aber natürlich waren die flächsernen im Verhältnis schwerer; denn davon wog eine Elle ein Talent. Als nun die Schiffsbrücke geschlagen war, zersägten sie Baumstämme, machten sie ebenso breit wie die Brücke und legten sie gut geordnet über die gespannten Tragseile. Als sie diese nebeneinander gesetzt hatten, verbanden sie sie noch untereinander. Danach holten sie Bretter herbei und legten auch diese Hölzer

Abb. 48

Schiffsbrücke über die Donau. Relief auf der Trajanssäule.

in guter Ordnung hin. Dann schafften sie Erde hinauf. Als sie diese festgestampft hatten, errichteten sie auf beiden Seiten ein Geländer, damit das Zugvieh und die Pferde nicht scheuten, wenn sie von oben das Meer sahen" (Her. hist. 7, 36).

Auch in den Quellen zur römischen Geschichte gibt es zahlreiche Erwähnungen von Flußüberquerungen mit Hilfe von Schiffbrücken. Cassius Dio beschreibt ihre Bauweise: „Die Schiffe, mit deren Hilfe der Fluss überbrückt werden soll, sind breit gebaut und werden ein kurzes Stück stromaufwärts von der geplanten Übergangsstelle verankert. Auf ein gegebens Zeichen hin lassen sie als erstes ein einzelnes Schiff nahe dem eigenen Ufer flussabwärts treiben. Kommt es dann auf die Höhe des Punktes, wo die Brücke entstehen soll, werfen sie einen mit Steinen gefüllten und an einem Seil befestigten Weidenkorb ins Wasser, der als eine Art Anker dient. Nachdem das Schiff derart vertäut ist, bleibt es in Ufernähe an seinem Ort, und nun legt man sogleich mit Brettern und sonstigen Brückenbaumaterialien, welche das Schiff in großer Menge mit sich führt, ein Verdeck bis zum Landeplatz. Hierauf lässt man ein weiteres Schiff in geringem Abstand vom ersten und wieder ein anderes jenseits davon flussabwärts fahren, bis so die Brücke das Gegenufer erreicht" (Cass. Dio 71 epitome, Suda s. v. Zeugma). Bildliche Darstellungen römischer Schiffbrücken gibt es auf den Reliefs der Trajanssäule und der Mark-Aurel-Säule in Rom.

Holzbrücken

Neben Schiffbrücken wurden im militärischen Bereich auch „echte" Brücken aus Holz zum Überqueren von Flüssen errichtet. Die einzige erhaltene detaillierte Beschreibung einer Holzbrücke ist Caesars berühmte Beschreibung des Baus der Brücke, über die er im Jahr 55 v. Chr., wahrscheinlich zwischen der Mündung der Sieg in den Rhein und dem heutigen Bonn, sein Heer nach Germanien übersetzte. Zwei Jahre später (53 v. Chr.) schlug er, flussaufwärts der ersten Brücke (Caes. bell. Gall. 6, 9), wahrscheinlich in der Gegend des heutigen Koblenz, erneut eine Brücke über den Rhein. Mit großer technischer Sachkenntnis beschreibt Caesar den Brückenbau: „Die Brücke baute er in folgender neuer Art: Er ließ ein Paar Jochpfähle (*tigna bina*) von eineinhalb Fuß (44,4 cm) Dicke, unten etwas zugespitzt und in der Länge der Flusstiefe angepasst, in einem Abstand von zwei Fuß (59,2 cm) miteinander verbinden. Diese wurden mit Hilfe von Vorrichtungen (*machinationes*) heruntergelassen, im Flussbett festgemacht und eingerammt, jedoch nicht senkrecht wie Jochpfähle, sondern schräg wie Dachsparren, und zwar flussabwärts geneigt. Jedem dieser Paare gegenüber wurde ein gleiches, auf dieselbe Weise verbundenes Paar in einem Abstand von vierzig Fuß (11,84 m) flussabwärts eingerammt, das sich gegen den mächtigen Strömungsdruck stemmte. Diese Doppelpfähle wurden mit einem Querbalken (*trabs*) von zwei Fuß (59,2 cm) Dicke verbunden, der von oben zwischen die beiden Pfähle eines jeden

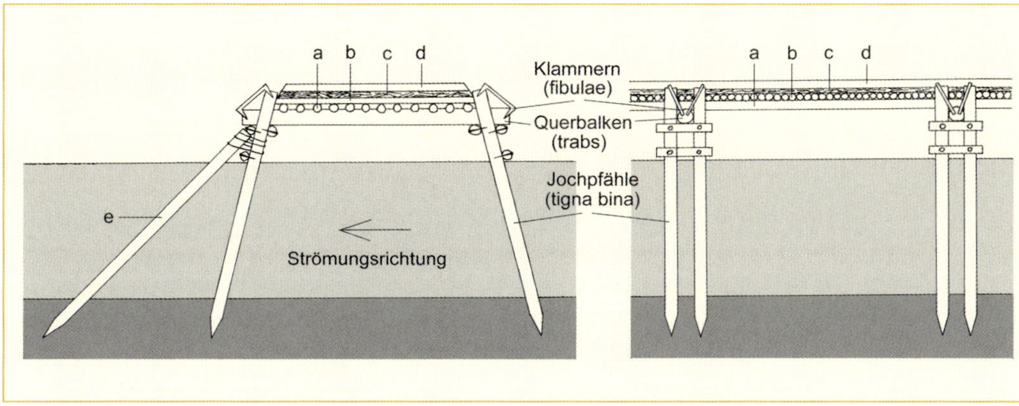

Abb. 49

Rekonstruktion von Caesars Rheinbrücke: a: Streckbalken (*materia directa*), b: lange Stangen (*longurii*), c: Flechtwerk bzw. Reisig und Astwerk (*crates*), d: festgestampfte Erde, e: Stützpfahl für die stromabwärts liegenden Jochpfähle.

Paares (ihr Abstand betrug je zwei Fuß) eingelassen wurde und durch zwei Klammern (*fibulae*) an jedem Ende die Pfahlpaare auseinanderhielt. Indem so die Pfahlpaare durch die Querbalken auseinandergehalten und gegen Bewegung nach beiden Richtungen gesichert waren, erhielt der ganze Bau von Natur eine solche Festigkeit, dass er desto besser zusammenhielt, je heftiger der Strom anprallte. Die fertigen Joche wurden durch Streckbalken (*materia directa*) verbunden und diese mit Stangen (*longurii*) und Flechtwerk (*crates*) bedeckt. Zudem wurden stromabwärts weitere Pfähle schräg eingetrieben, die wie Mauerbrecher die Jochpfähle stützten und, mit dem ganzen Bau verbunden, den Wasserdruck auffingen. Auch oberhalb der Brücke wurden in einiger Entfernung weitere Pfähle eingetrieben, um den Anprall von Baumstämmen oder Schiffen, die etwa die Barbaren zur Zerstörung der Brücke abwärts treiben ließen, zu mildern und um die Brücke zu sichern" (Caes. bell. Gall. 4, 17) (Abb. 49).

Die angenommene historische Breite des Rheins beträgt rund 400 m und seine Maximaltiefe 5 bis 5,6 m. Wenn man annimmt, dass die Joche in einem Abstand von 8 bis 10 m gesetzt wurden, ergibt das 40 bis 50 Joche. Um der Brücke die erforderliche Standfestigkeit zu geben, mussten die Jochpfähle rund 1,5 m tief in den Untergrund gerammt werden. Der Abstand der Brückenfahrbahn zur Wasseroberfläche wird mit 1,5 bis 1,8 m angenommen. Mit diesen Vorgaben waren die Jochpfähle an der tiefsten Stelle des Rheins rund 9,5 m lang. Die miteinander verbundenen Pfähle mussten vor dem Einrammen genau positioniert werden. Die dafür notwendigen technischen Vorrichtungen beschreibt Caesar leider nicht, mit *machinationes* sind wohl Rammen mit Schienen gemeint, mit deren Hilfe die Jochpfähle an den vorgesehenen Stellen schräg in den Fluss gesenkt und in den Untergrund geschlagen wurden. Je zwei Pfahlpaare wurden mit Querbalken miteinander verbunden. Da diese 9 bis 10 m langen Querbalken über 1500 kg wogen, war wohl ein Kran erforderlich, um sie zwischen die Jochpfähle zu heben. Um zu verhindern, dass die Joche durch die Strömung des Flusses auseinandergedrückt werden, wurde das obere Ende jedes Jochpfahls mit eisernen Bauklammern, wie sie noch heute zum Verbinden von Holzpfählen benutzt werden, mit dem Querbalken so miteinander verbunden, dass Pfahl, Klammer und Querbalken ein stabiles Dreieck bilden. Bei dieser Anordnung werden die Spitzen der Klammern durch den Druck, den das anprallende Wasser ausübt, im Holz der Pfähle fest fixiert. Zur zusätzlichen Verstärkung wurde bei jedem stromabwärts gelegenen Joch ein weiterer Pfahl eingerammt und mit dem Joch verkeilt. Allein für die Brücke mussten 200 bis 250 Pfähle zugerichtet und eingerammt werden, dazu kommen pro Joch noch – wahrscheinlich drei Abwehrpfähle. Angesichts der sicher zeitraubenden und schwierigen Positionierung der Flöße zum Setzen und Einrammen der Joche in einem Fluss mit starker Strömung, ist der Brückenschlag, der nach Caesars Angaben (Caes. bell. Gall. 4, 18) in zehn Tagen bewerkstelligt wurde, eine beachtenswerte Leistung. Nach einem achtzehntägigen Aufenthalt in Germanien ließ Caesar die Brücke abreißen (Caes. bell. Gall. 4, 19).

Holzbrücken wurden nicht nur für militärische Zwecke gebaut, sondern waren oft die ersten Brücken für neu angelegte Straßen. Aufgrund der großen Zerstörungsanfälligkeit von Holz wurden sie nach Möglichkeit durch dauerhafte Steinbrücken ersetzt.

Steinbrücken

Römische Steinbrücken kann man mit Recht als „für die Ewigkeit gebaut" bezeichnen. Über den im Jahr 20 n. Chr. fertiggestellten Pons Augustus, der mit fünf Bögen über den Marecchiafluss führt, fließt noch heute der Verkehr in das Zentrum von Rimini, dem antiken Ariminum. Ein weiteres Beispiel ist die römische Brücke in Vaison-la-Romaine in Südfrankreich, eine Einbogenbrücke mit einer Spannweite von 17 m, die ebenfalls in das moderne Straßennetz eingebunden ist.

Römische Steinbrücken bestehen aus *opus caementitium* mit Bruchsteinen und Schalmauern aus Stein. Die Voraussetzungen für den Bau derartiger Brücken ist die Kenntnis des Bogenbaus und der Spundwandtechnik. Der Gefahr der Zerstörung der Brücke durch Hochwasser, Treibholz und Erosion begegneten die römischen Ingenieure mit folgenden Maßnahmen: Um der Strömung eine möglichst geringe Angriffsfläche zu bieten, wurde die Anzahl der Pfeiler so gering wie möglich gehalten, woraus sich eine große Spannweite für die Brückenbögen ergibt, die als Rundbögen oder Segmentbögen mit großer Stichhöhe ausgeführt wurden. Der erhaltene Bogen des in Narnia (Narni in Umbrien) gelegenen Pons Augustus, über den die Via Flaminia führt, hat eine Spannweite von 32 m und gehört damit zu den größten erhaltenen römischen Brückenbögen. Je größer die Spannweite der Bögen ist, desto höher ist auch der Überbau. Um die Brücke in die Straße einzubinden,

waren in vielen Fällen mächtige rampenförmige Brückenköpfe beziehungsweise eine Anrampung des Überbaus der Brücke selbst erforderlich. Zum Schutz vor Unterspülung wurden die Brückenpfeiler auf Pfeilerinseln gesetzt. Oberhalb der Kämpferlinie sind die Pfeiler durch Bögen durchbrochen, um einen Aufstau bei Hochwasser zu verhindern. Der Pons Fabricius in Rom, der das Forum Boarium mit der Tiberinsel verbindet, ersetzte im Jahr 62 v. Chr. eine Holzbrücke und ist die älteste erhaltene Steinbrücke in Rom. Diese Brücke weist alle oben erwähnten Sicherungsmaßnahmen auf. Die Spannweite der beiden Segmentbögen beträgt je 24,5 m. Der mächtige Mittelpfeiler ruht auf einer Pfeilerinsel und ist oberhalb der Kämpferlinie zum Schutz vor Hochwasser von einem Bogen unterbrochen. Die Bögen in den Seitenpfeilern sind heute nicht mehr vorhanden, aber auf einer Photographie aus den späten achtziger Jahren des 19. Jahrhunderts deutlich zu erkennen.

▲ **Abb. 50**

Pons Fabricius in Rom.

Abb. 51 △

Pont St. Martin.

Wenn möglich wurden Flussläufe von geringer Breite mit nur einem Bogen überspannt. Ein beeindruckendes Beispiel für diese Bauweise ist die römische Brücke in Pont St. Martin im Aostatal (Norditalien), die in ihrer heutigen Gestalt in das Jahr 25 v. Chr. datiert wird. Mit einer Spannweite von 31,4 m und einer Stichhöhe von 11,4 m gehört diese Segmentbogenbrücke zu den größten Einbogenbrücken der Antike

Häufig wurden in einer ersten Bauphase nur die Brückenpfeiler in Stein- und *opus caementitium*-Bauweise ausgeführt und der Überbau aus Holz konstruiert. Ein Beispiel dafür ist der Pons Aemilius, die im Jahr 179 v. Chr. erbaute erste Steinbrücke in der Stadt Rom, deren hölzerner Überbau im Jahr 142 v. Chr. durch Steinbögen ersetzt wurde. Von dieser im 13. Jahrhundert durch Hochwasser zerstörten Brücke steht noch ein Bogen, der unter dem Namen „Ponte Rotto“ (zerstörte Brücke) bekannt ist.

Wie der hölzerne Überbau einer derartigen Brücke konstruiert war, ist auf einem der Reliefs der Trajanssäule zu sehen, das die Brücke über die Donau

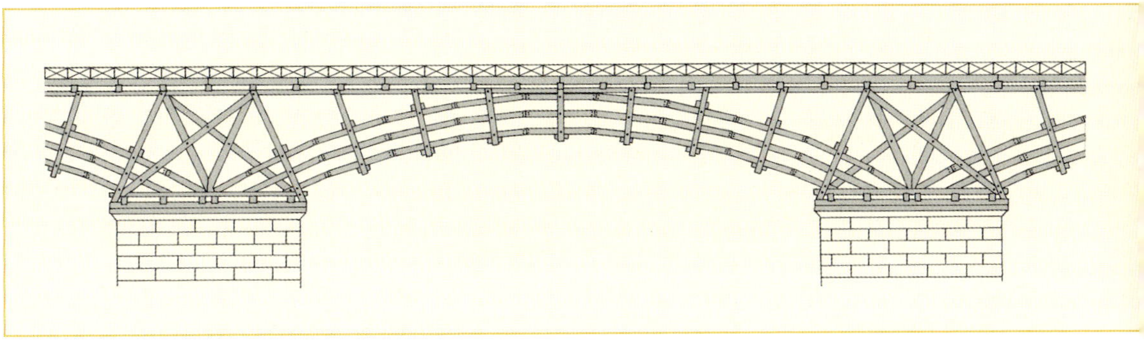

zeigt, die anläßlich des Dakerfeldzuges des Kaisers Trajan im Jahr 104 n. Chr. unter der Leitung des Architekten Apollodorus von Damaskus (Prok. aed. 4, 6,12–13) erbaut wurde (Abb. 52). Nach Angaben im Geschichtswerk des Cassius Dio (Cass. Dio 74, 13) bestand die Brücke aus zwanzig Steinpfeilern, die ohne Fundamente 150 Fuß (44,35 m) hoch und 60 Fuß (17,74 m) breit waren. Der Abstand zwischen den einzelnen Pfeilern betrug 170 Fuß (50,27 m). Der Überbau bestand aus Segmentbögen in Holzbauweise. Archäologische Untersuchungen haben ergeben, dass die Brücke, die in der Nähe des heutigen Ortes Turnu Severin in Rumänien geschlagen wurde, aus insgesamt 26 auf hölzernen Gründungspfählen ruhenden Pfeilern bestand, wobei je drei Pfeiler an den Ufern und die von Cassius Dio erwähnten zwanzig Pfeiler im Fluss standen. Die Gesamtlänge der Brücke wird mit rund 1135 m rekonstruiert.

Abb. 52

Rekonstruktion der Donaubrücke des Kaisers Trajan.

VII. Wassertechnik

1. Dammbau

Antike Staudämme dienten der Umleitung von Flüssen, um Überschwemmungen vorzubeugen, und der Anlage großer Wasserreservoirs, um die Wasserversorgung von Städten in ariden Klimazonen das ganze Jahr über zu gewährleisten. Im Goldbergbau wurde die Kraft des durch schmale Kanäle aus einem Staubecken abgelassenen Wassers zum Abtragen der Humusdecke und der obersten Gesteinsschicht genutzt (Plin. nat. 33, 75–76).

Beim Bau von Staudämmen sind mehrere Faktoren zu beachten. Ist die Konstruktion des Dammes nicht stark genug, sind seine Fundamente nicht ausreichend im natürlichen Untergrund verankert oder ist der Damm auf der Seite des Staubeckens nicht genügend abgedichtet, kann es zu einem Dammbruch stromabwärts kommen. Die Gefahr eines Dammbruches stromaufwärts besteht, wenn diese Seite nicht ausreichend abgeböscht oder durch eine Mauer oder Pfeiler verstärkt ist. Durch das Wegfallen des Wasserdrucks bei Niedrigwasser wird der Damm instabil und stürzt in das Staubecken. Ebenso gefährlich wie Niedrigwasser ist Hochwasser. Bei Starkregenfällen kann es zu einer Überflutung des Dammes und damit zu seiner Zerstörung kommen. Um dem vorzubeugen, wird die Dammkrone mit wasserdichtem Mauerwerk verkleidet, oder es werden Überlaufkanäle angelegt. Ein weiteres Problem ist die Verschlammung. Ein Stausee ist nichts anderes als ein großes Absetzbecken, in dem sich im Lauf der Zeit Schlamm ansammelt. Der Verschlammung der Entnahmekanäle an der Basis der Dämme begegnete man, indem man den mit Schleusentoren versehenen Entnahmekanal über Wartungsschächte zugänglich machte und so regelmäßig von Sedimenten reinigen konnte. Gegen die langsame Verschlammung des Staubeckens jedoch kannte man keine wirksame Gegenmaßnahme. Es gibt zwei Typen von Staumauern, die sich in ihrer Konstruktion wesentlich voneinander unterscheiden, nämlich mehr oder weniger geradlinige Gewichtsstaumauern und Bogenstaumauern.

Gewichtsstaumauern

Gewichtsstaumauern halten dem Druck des aufgestauten Wassers durch ihre massive Bauart stand. Der Wasserdruck wird nicht – wie bei einer Bogenstaumauer – an die Seiten abgeleitet, sondern von der Basis aufgefangen. Die charakteristischen Merkmale sind eine breite Basis, abgeböschte Seiten und Überlaufkanäle an den Enden. Die meisten antiken Staumauern gehören zu diesem Typ.

Talsperre von Alcantarilla in Spanien

Diese im frühen 2. Jahrhundert n. Chr. erbaute, 550 m lange Talsperre diente der Wasserversorgung von Toletum (Toledo). Die dem Staubecken zugewandte Seite des Erd-Steindammes ist durch eine Schalmauer mit einem Kern aus *opus caementitium* abgesichert, die stromaufwärts vertikal und stromabwärts leicht nach außen geneigt ist, so dass ihre Breite von 6 m an der Basis auf 3,2 m auf der Krone abnimmt. Die Wasserentnahme erfolgte über einen Kanal an der Basis, der über einen Wartungsschacht zugänglich war. Noch in der Antike kam es durch Absinken des Wasserspiegels im Staubecken zu einem Dammbruch stromaufwärts (Abb. 53, 1).

Abb. 53

Römische Talsperren; Gewichtsstaumauern
1: Alcantarilla
2: Proserpina
3: Cornalvo
4: Bogenstaumauer von Glanum.

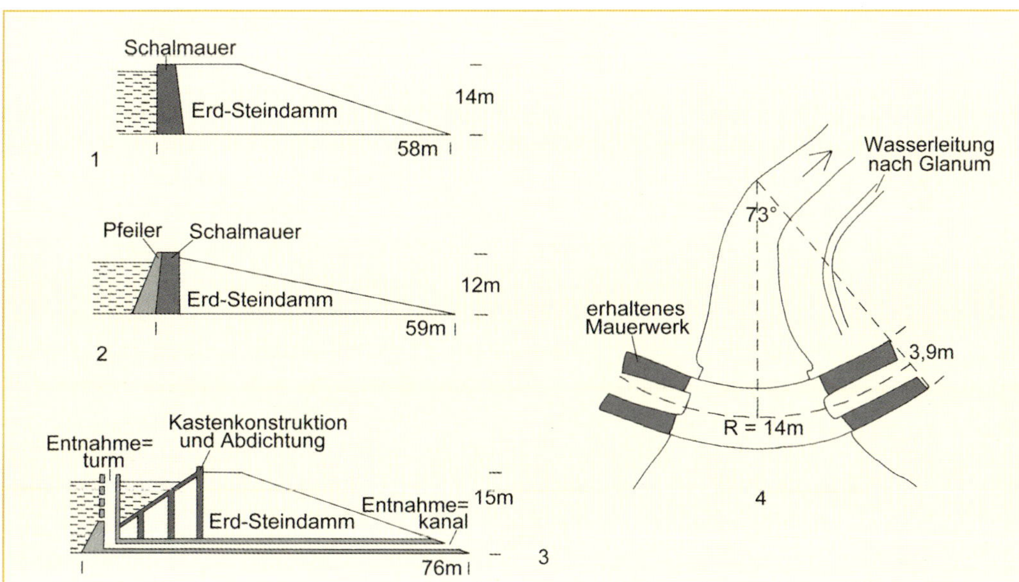

Talsperre von Proserpina in Spanien

Dieser ebenfalls im frühen 2. Jahrhundert n. Chr. erbaute, 427 m lange Damm diente der Wasserversorgung von Mérida. Seine Konstruktion ist der des Dammes von Alcantarilla sehr ähnlich, weist jedoch Verbesserungen auf, die zeigen, dass die römischen Ingenieure erkannt hatten, wie ein Dammbruch stromaufwärts zu verhindern ist. Die Breite der Schalmauer nimmt gleichmäßig nach beiden Seiten hin von 5,7 m an der Basis auf 1,6 m Breite auf der Krone ab. Zur weiteren Stabilisierung des Dammes wurden neun Pfeiler in Abständen von 20 m an die Mauer angebaut. Die Wasserentnahme erfolgte über zwei Kanäle, die über Wartungsschächte zugänglich waren. Die Tatsache, dass dieser Damm noch heute in Funktion ist, ist ein beredtes Zeugnis römischer Ingenieurskunst (Abb. 53, 2).

Talsperre von Cornalvo in Spanien

Dieser in hadrianischer Zeit erbaute 194 m lange Damm diente ebenfalls der Wasserversorgung von Mérida. Seine Konstruktion unterscheidet sich grundsätzlich von der der oben genannten Beispiele. Der Damm besteht zur Gänze aus einer Erd-Steinaufschüttung, die durch eine Kastenkonstruktion aus Mauerwerk stabilisiert wird. Als Schutz gegen einen Dammbruch stromaufwärts wurde diese Seite stark abgeböscht und mit einer Steinverkleidung abgedichtet. Die Wasserentnahme erfolgte über einen an der Basis verlaufenden Kanal. Um seiner Verschlammung vorzubeugen, wurde das Wasser über Einlasskanäle im oberen Teil eines Turmes, der mit einer Bogenbrücke mit dem Damm verbunden war, in den Kanal geleitet. Auch dieser Damm ist noch in Funktion (Abb. 53, 3).

Bogenstaumauern

Bogenstaumauern haben einen bogenförmigen Grundriss mit der konvexen Seite stromaufwärts. Aus statischer Sicht sind Staumauern dieses Typs ein um 90° gedrehtes, auf der Seite liegendes Tonnengewölbe. Analog dazu wird der Druck des aufgestauten Wassers auf die Seiten des Bogens abgeleitet. Nahezu alle modernen Staumauern gehören diesem Typ an. Aus der Antike gibt es zwei Quellen, die zeigen, dass diese Bauweise wahrscheinlich bereits bekannt war. Prokopios beschreibt die Talsperre von Daras, einer Grenzstadt in Syrien, die Kaiser Justinian im 6. Jahrhundert anlegen ließ: „Zwischen den beiden Felsen, aus deren Mitte der Fluß hervorströmt, führte Chryses eine Sperrmauer von beträchtlicher Höhe und Breite auf. Ihre Flügel fügte er durchwegs so dicht an beide Felsen, dass das Wasser des Flusses auch bei stärkstem Andrang hier keinen Ausweg fand. […] Nun ist aber diese Sperrmauer nicht in gerader Richtung angelegt, sondern halbmondförmig geschwungen, damit die Krümmung, welche in der Flußrichtung liegt, noch mehr dem gewaltigen Andrang widerstehen kann“ (Prok. aed. 2, 3,16–19).

Im Jahr 1765 dokumentierte E. Calvet im Vallon-de-Baume in Südfrankreich die Fundamente einer Talsperre des 1. Jahrhunderts v. Chr., die zur Wasserleitung der Stadt Glanum unweit des heutigen St. Remy gehörte. Leider wurden die noch vorhandenen Reste dieses Bauwerkes im Jahr 1891 mit einem modernen Damm überbaut. Die 18 m lange und 12 m hohe Staumauer bestand aus zwei Mauern von 1,3 m Stärke stromaufwärts und 1 m stromabwärts. Der 1,6 m breite Zwischenraum war mit Erde aufgefüllt. Der Radius des Bogens betrug 14 m und der zentrale Winkel 73°. Wenn man der Skizze und der Beschreibung glauben darf, handelte es sich dabei um eine sehr frühe Bogenstaumauer (Abb. 53, 4).

2. Wasserräder und Wasserkraftnutzung

Die frühesten schriftlichen Quellen zur Nutzung der Wasserkraft zum Antrieb von Schöpfrädern und Getreidemühlen stammen aus dem 1. Jahrhundert v. Chr. (Anth. Pal. 9, 418; Strab. 12, 3,40; Vitr. 10, 5). Ein Relief aus Hierapolis (Anhang 5) zeigt die Funktionsweise der von Ausonius, einem Dichter des 4. Jahrhunderts n. Chr. (Auson. Mos. 326–364) erwähnten von Wasserrädern getriebenen Steinsägen am Fluss Eurubis, der heutigen Ruwer.

Nach der Art der Triebwasserzuleitung unterscheidet man unterschlächtige und oberschlächtige Wasserräder. Bei unterschlächtigen Wasserrädern trifft das Triebwasser am untersten Teil des Rades auf Schaufeln, während es bei oberschlächtigen von oben in Kammern stürzt. Die einfachere Form sind unterschlächtige Wasserräder, wie sie Vitruv beschreibt: „Ringsum werden an den Mänteln (der Räder) Schaufeln befestigt, und wenn diese von der Wasserströmung erfasst werden, zwingen sie durch ihr Vorrücken das Rad, sich herumzudrehen" (Vitr. 10, 5). Unterschlächtige Wasserräder haben den Vorteil, dass, im Gegensatz zu oberschlächtigen, keine Radstube erforderlich ist und dass das Triebwasser nicht in die für die Zuleitung erforderliche Höhe gehoben werden muss. Die einzige Voraussetzung ist ein schnell genug fließendes Gewässer mit ausreichender Wasserführung. Es ist also aufgrund seiner Bauart wesentlich kostengünstiger als ein oberschlächtiges Wasserrad. Allerdings ist seine Leistung geringer als die eines oberschlächtigen. Grundsätzlich ist die Leistung von Wasserrädern von der Geschwindigkeit, mit der das Triebwasser fließt, und von der Größe der Schaufeln abhängig. Bei einer Fließgeschwindigkeit von 150 l/sec. und einer Schaufelfläche von 1000 cm^2 erreicht ein unterschlächtiges Wasserrad eine theoretische Leistung von $^1/_4$ PS. Tatsächlich beträgt der Wirkungsgrad unterschlächtiger Wasserräder jedoch nur rund 22 % der theoretischen Leistung, das heißt $^1/_{20}$ PS, was der halben Leistung eines Mannes auf dem Tretrad entspricht. Oberschlächtige Wasserräder hingegen haben einen Wirkungsgrad von 65 bis 70 %, wenn das Rad schnell genug läuft und die Kammern groß genug sind, um alles aus dem

Abb. 54

Rekonstruktion der Mühlenanlage von Barbegal im Museum von Arles.

Gerinne kommende Wasser aufzunehmen. Unter den oben genannten Rahmenbedingungen beträgt die theoretische Leistung eines oberschlächtigen Wasserrades mit einem Durchmesser von 2,13 m 4 PS, seine tatsächliche 2 bis 2,5 PS.

Ein beeindruckendes Beispiel für effiziente Wasserkraftnutzung in der Antike sind die Mühlenanlagen von Barbegal bei Arelate (Arles), die zu Beginn des 2. Jahrhunderts n. Chr. erbaut wurden und bis zum Beginn des 4. Jahrhunderts n. Chr. in Betrieb standen. Dieser größte bekannte Mühlenkomplex der Antike deckte die Bedürfnisse der landwirtschaftlichen Betriebe der Umgebung ab, deren Getreide hier gemahlen wurde, und versorgte die Bewohner von Arelate mit Mehl. Um die Anlage in Betrieb nehmen zu können, musste die im 1. Jahrhundert n. Chr. gebaute Wasserleitung von Arelate, die von zwei Zuleitungen gespeist wurde, die über ein Sammel- beziehungsweise Regulierbecken zusammengeführt wurden, umstrukturiert werden. Anlässlich des Baus der Großmühle wurde die östliche Zuleitung vor ihrem Eintritt in das Sammelbecken abgemauert und direkt zu dem mit einem

Gefälle von 30 % (Höhenunterschied 18,2 m) in den Hang gebauten Mühlenkomplex verlängert. Die 61 m lange und 20 m breite Mühlenanlage besteht aus einem Verteiler- und Regulierbecken, von dem das Wasser in zwei Kanäle geleitet wird, die in je acht Radstuben unterteilt sind. Auf beiden Seiten einer großen Treppe waren je acht Mühlen untergebracht. Von den Zuleitungen aus beaufschlagte das Wasser die ersten beiden Wasserräder, wurde zu den nächsten weitergeleitet, bis es unten über zwei Auslaufkanäle und Gräben abgeleitet wurde. Der Außendurchmesser der sechzehn oberschlächtigen Wasserräder betrug 2,10 m und ihre Breite 0,7 m. Die Leistung der Gesamtanlage betrug 30 bis 40 kW, und Berechnungen zufolge konnten 300 bis 500 kg Mehl pro Stunde produziert werden.

3. Wasserhebung

Die einfachsten mechanischen Vorrichtungen zur Wasserhebung sind Seil, Eimer und Rolle beziehungsweise Schwingbalken zum Ziehen des Wassers aus Brunnen und Zisternen. Die wichtigsten Anwendungsbereiche der von Vitruv (Vitr. 10, 4–7) beschriebenen Schöpfräder und Pumpen sind Wasserhebung in Thermen, aus Bewässerungskanälen auf Felder, Auspumpen des Bilgenwassers auf Schiffen und Heben der Grubenwässer im Bergbau.

Ziehbrunnen

Antike Bildquellen und archäologische Funde belegen drei Arten, Wasser aus Brunnen zu ziehen: mit Seil und Eimer, Schwingbalken und Rolle. Die erstgenannte Methode ist die einfachste, aber auch die beschwerlichste. Etwas effizienter ist das Ziehen des Wassers unter Ausnutzung des Hebelgesetzes mit Hilfe eines Schwingbalkens. Ein Ständer, üblicherweise der Ast eines Baumes mit einer Astgabel, wird rund 3 m vom Brunnen entfernt aufgestellt. Die Astgabel ist der Drehpunkt für den Balken. Das vordere Ende des Balkens, an dem Seil und Eimer befestigt sind, befindet sich direkt über der Brunnenöffnung. Am hinteren Ende des Balkens ist ein Stein als Gegengewicht so befestigt, dass der Balken bei gefülltem Eimer im Gleichgewicht ist. Beim Wasserschöpfen wird das Seil heruntergezogen, bis der Eimer ins Wasser taucht. Ist der Eimer gefüllt, wird das Seil losgelassen und das Gegengewicht hebt den gefüllten Eimer bis über den Brunnenrand. Da der Hub von der Länge des Schwingbalkens abhängig ist, ist diese Methode nur bei Brunnen von geringer Tiefe anwendbar. Bei tieferen Brunnen wird das Seil mit dem Eimer über eine über der Brunnenöffnung befestigte Rolle geführt. Diese Methode hat zwei Vorteile: der Eimer schwebt frei im Brunnenschacht, und es ist leichter, am Seil nach oben zu greifen und nach unten zu ziehen, als umgekehrt.

Archimedische Schraubenpumpe

Die Schraubenpumpe, Vitruv (Vitr. 10, 6) nennt sie *coclea* (Wasserschnecke), besteht aus einem Rohr, in dessen Innerem sich spiralförmig angebrachte Schraubenblätter befinden. Das Rohr wird schräg aufgestellt, mit dem unteren Ende im zu hebenden Wasser. Durch Drehen des Rohres wird das Wasser in der Spirale nach oben gehoben. Die Wassermenge, die pro Umdrehung gehoben wird, ist abhängig von der Zahl der Schraubenblätter, dem Steigungswinkel der Spirale und dem Aufstellungswinkel der Schraube. Je größer der Aufstellungswinkel, desto geringer ist die geförderte Wassermenge. Ist der Aufstellungswinkel gleich dem Steigungswinkel der Spirale, arbeitet die Pumpe nicht. Mit der Schraubenpumpe können große Wassermengen über eine geringe Höhe gehoben werden. Ein weiterer Vorteil ist, dass die Gefahr einer Verstopfung nicht gegeben ist. Demgemäß waren die wichtigsten Einsatzbereiche der Schraubenpumpe in Bewässerungsanlagen, im Bergbau und auf Schiffen zum Auspumpen des Bilgenwassers. Noch heute kommt die Schraubenpumpe in Kläranlagen zum Einsatz.

Der Überlieferung nach wurde sie von Archimedes anlässlich eines Aufenthaltes in Ägypten erfunden (Diod. 5, 37,3–4). Tatsächlich ist die Schraubenpumpe vor der Mitte des 3. Jahrhunderts v. Chr. weder in archäologischen noch in schriftlichen Quellen belegt. Für eine Erfindung in Ägypten sprechen folgende Fakten: Die Schraubenpumpe ist einfach zu konstruieren, leicht zu transportieren und aufzustellen, sie eignet sich zum Heben großer Wassermengen über geringe Höhen, und das schlammige Nilwasser konnte die Anlage nicht verstopfen.

Vitruv (Vitr. 10, 6) beschreibt ausführlich, wie eine Schraubenpumpe hergestellt wird (Abb. 56). Das Ausgangsmaterial ist ein Holzpfahl, dessen Durchmesser $^1/_{16}$ seiner Länge beträgt. Der Umfang wird in acht gleiche Abschnitte geteilt, die durch Linien über die gesamte Länge des Pfahles markiert werden. Die Länge des Pfahles wird ebenfalls in Abschnitte von $^1/_8$ des Umfangs unterteilt. Entlang der Schnittpunkte des so entstandenen Netzes von Quadraten [Seitenlänge $^1/_8$ des Umfangs] werden die aus dünnen, mit flüssigem Pech bestrichenen Weidenholzstreifen bestehenden Schraubenblätter spiralförmig befestigt. Der erste dieser Streifen wird an einem Ende des Rundholzes an einem der Schnittpunkte befestigt und diagonal über die Schnittpunkte der Quadrate geführt. Dabei ergibt sich eine gleichmäßig vorrückende Spirale, die nach fünf Umdrehungen mit einer Steigung von 45° genau gegenüber dem Schnittpunkt, an dem sie beginnt, endet. In gleicher Weise werden durch alle Schnittpunkte insgesamt acht Spiralen gelegt. Auf die erste Lage der Weidenholzblätter werden weitere Lagen aufgebracht, bis die Schraubenblätter eine Dicke von $^1/_8$ der Länge des Pfahls [doppelter Durchmesser] haben. Zum Abschluss wird ein Gehäuse aus mit Pech bestrichenen Brettern, die an den Schraubenblättern befestigt und mit Eisenreifen

Abb. 55

Perpetuum mobile mit archimedischer Schraube zum Antrieb einer Schleiferei. Grafik von Jacobo de Strada, um 1580.

zusammengehalten werden, um die Schraube gelegt. Über die Aufstellung der Schraubenpumpe schreibt Vitruv: „Rechts und links der Schnecke aber werden Pfosten aufgestellt, die an beiden Seiten an den Enden Querbalken angeheftet haben. In diese sind eiserne Zapfenlager eingelassen, und in sie werden die Zapfen (der Schnecke) eingeführt. Und so drehen sich die Schnecken dadurch, dass Menschen eine Tretvorrichtung bedienen. Die Aufrichtung der Schnecke aber muss, was ihre Neigung angeht, so angelegt werden, dass sie der Art entspricht, wie ein pythagoräisches rechtwinkeliges Dreieck verzeichnet wird. Das heißt, die Länge soll in fünf Teile geteilt werden und das Ende der Schnecke wird drei dieser Teile hochgelegt. So wird die Entfernung

Abb. 56

Konstruktion der Archimedischen Schraube nach Vitruv.

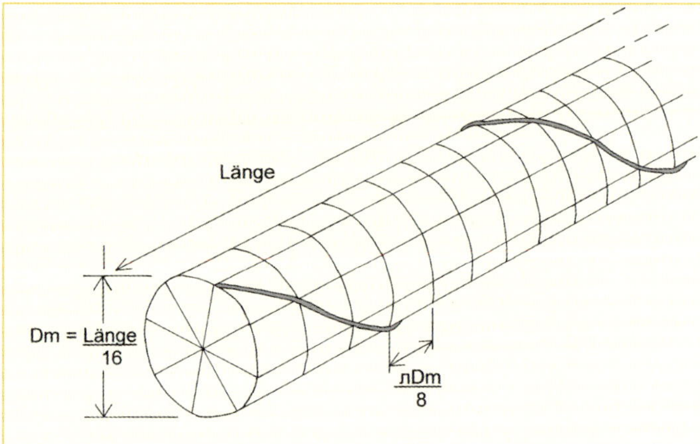

von der senkrechten Linie bis zur unteren Mündung der Schnecke vier dieser Teile betragen“ (Vitr. 10, 6,3–4).

Die von Vitruv beschriebene Schraubenpumpe hat acht Schraubenblätter mit einem Steigungswinkel von 45°. Der Gesamtdurchmesser beträgt rund 30 % der Länge und sie ist in einem Winkel von 37° aufgestellt. Versuche haben gezeigt, dass eine nach Vitruvs Angaben gebaute und aufgestellte Schraubenpumpe bei einem Wirkungsgrad von 40 bis 50 % rund 10 000 l Wasser pro Stunde fördert.

Die Konstruktion der in kaiserzeitlichen Bergbaurevieren in Spanien gefundenen Schraubenpumpen stimmt mit Vitruvs Beschreibung überein. Einzig die Dimensionen und der Aufstellungswinkel wurden den praktischen Anforderungen angepasst. Eine Schraubenpumpe mit acht Schraubenblättern hat eine große Fördermenge, ist jedoch schon in leerem Zustand sehr schwer. Dementsprechend verringerte man die Anzahl der Schraubenblätter. Die Schraubenpumpen aus den spanischen Gruben haben zwei bis drei Schraubenblätter mit einem Steigungswinkel von 40° bis 45°. Sie sind wesentlich schlanker als die von Vitruv beschriebene Pumpe und der Aufstellungswinkel ist geringer. Der von Vitruv beschriebene Antrieb mittels einer Tretvorrichtung wird durch Tretleisten auf den in den Gruben von El Centenillo und Posadas gefundenen Schraubenpumpen bestätigt.

1908 und 1911 wurden in der kaiserzeitlichen Grube El Centenillo bei Linares in Südspanien fünf übereinander angeordnete archimedische Schrauben gefunden. Eine der 1947 durch Brand zerstörten beziehungsweise verschollenen Pumpen wurde dokumentiert. Sie weist eine wesentliche technische Neuerung auf. Die drei Schraubenblätter bestehen nicht aus Weidenholzstreifen, sondern aus 3,2 cm starkem Kupferblech. Sie hat eine Länge von 4,2 m und einen Durchmesser von 60 cm. Bei einem Aufstellungswinkel von 33° beträgt die Förderhöhe dieser Pumpe rund 1,5 m.

Trommelschöpfrad

Das Trommelschöpfrad, Vitruv nennt es *tympanum* (Vitr. 10, 4,1–2), fördert wie die Schraubenpumpe große Wassermengen über geringe Höhen. Es besteht aus einer horizontalen Welle und einem Trommelrad, das im Inneren radial in acht Kammern unterteilt ist. Jede dieser Kammern hat am äußeren Rand einen Schlitz von rund 15 cm Höhe zur Aufnahme des Wassers und in der Nähe der Welle ein Loch, durch das das Wasser in eine hölzerne Rinne abfließt. Der Antrieb erfolgt über eine Tretvorrichtung. Die Förderhöhe ist abhängig vom Durchmesser des Trommelschöpfrades, von der Breite der Trommel und dem Durchmesser der Ausflusslöcher. Die maximale Förderhöhe ist etwas geringer als der halbe Durchmesser. Eine Trommel von 3 m Durchmesser und 20 cm Breite fördert pro Umdrehung rund 400 l Wasser über eine Höhe von rund 1 m. Geht man von zwei Umdrehungen pro Minute aus, ergibt das eine Förderleistung von rund 800 l/min. Um diese Leistung zu erbringen, muss das Tretrad von zwei Mann bedient werden. Die Nachteile gegenüber der Schraubenpumpe sind einerseits die Gefahr der Verstopfung der Ausflusslöcher, wenn schlammiges Wasser gefördert wird, und andererseits die Begrenzung der Drehgeschwindigkeit. Wird die Trommel zu schnell gedreht, hat das Wasser nicht genügend Zeit abzufließen. Vitruv, der die einzige Quelle zu dieser Pumpe ist, nennt zwei Anwendungsgebiete: „So wird eine Menge Wasser zur Bewässerung von Gärten oder an Salinen zum Auslaugen des Salzes geliefert" (Vitr. 10, 4,2).

Schöpfrad

Das Schöpfrad ist ein Speichenrad, an dessen Mantel ringsum viereckige, mit Pech oder Wachs abgedichtete Kammern angebracht sind, die an einer Seite eine Öffnung haben, in die Wasser am Pumpensumpf eintritt und am Scheitelpunkt in eine hölzerne Rinne austritt (Abb. 57). Die oft in der Literatur erwähnte, aus dem Jahr 1876 stammende Rekonstruktion eines Schöpfrades aus der kaiserzeitlichen Grube in Tharsis in Spanien mit geneigten Speichen, um die vollständige Entleerung der Kammern zu gewährleisten, ist unrichtig. Ein so konstruiertes Schöpfrad würde unter dem Gewicht des Wassers und des Mannes, der die Tretvorrichtung bedient, zusammenbrechen. Vitruv beschreibt Schöpfräder mit Tretvorrichtung (Vitr. 10, 4,3) und solche, die an Flüssen nach dem Prinzip unterschlächtiger Wasserräder gebaut und durch die Strömung des Flusses in Drehung versetzt werden (Vitr. 10, 5,1).

Mit Schöpfrädern können geringe Wassermengen über große Höhen gehoben werden. Die Förderhöhe beträgt rund ¾ des Durchmessers des Rades. Die Fördermenge ist abhängig vom Durchmesser des Rades und der Anzahl und Größe der Kammern. Der Raddurchmesser der bekannten Räder liegt

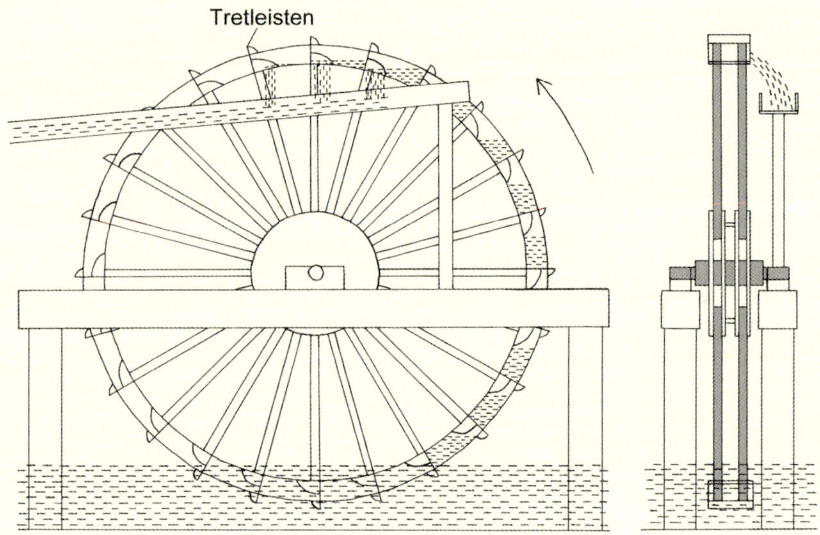

Abb. 57 △

Rekonstruktion eines Schöpfrades. Der Mann, der das Rad drehte, stand auf dem Scheitel des Rades.

zwischen 3 und 7,5 m. Die wichtigsten Anwendungsbereiche sind Wasserhebung im Bergbau und in Thermen.

Der Durchmesser der in kaiserzeitlichen Bergbaurevieren gefundenen Schöpfräder liegt zwischen 3,8 bis 4,87 m und die Zahl der Kammern zwischen 24 und 28. Ebenso wie Schraubenpumpen wurden oft mehrere Räder übereinander installiert. Im Bergbaurevier Río Tinto in Südwestspanien wurde 1919 bis 1921 ein System von acht übereinanderliegenden Paaren von Schöpfrädern gefunden, deren Gesamtförderhöhe 29,6 m beträgt. Markierungen an den Speichen, den Brettern der Radnabe und den Kammern zeigen, dass die Räder in Einzelteile zerlegt in die Grube transportiert und vor Ort anhand der Markierungen zusammengebaut wurden. Die Räder haben einen Durchmesser von 4,63 m. Wenn man die Höhe der Kammern, die Lage der Auslaufrinne und das Gefälle zum nächsten Pumpensumpf berücksichtigt,beträgt die durchschnittliche Förderhöhe eines Räderpaares 3,65 bis 3,7 m. Wie ausgereift dieses System war, zeigt die Lösung des folgenden Problems: Wenn zwei Schöpfräder mit gleicher Drehrichtung ihr Wasser in zwei Rinnen ausschütten, entsteht am Zusammenfluss der Rinnen eine Verwirbelung, die zu Wasserverlusten durch Spritzwasser führt. Eine Möglichkeit, dieses Problem zu beheben, ist, die Rinnen mit stärkerem Gefälle zum nächsten Pumpensumpf zu führen. Dann verliert man allerdings einiges an Förderhöhe. In Río Tinto löste man dieses Problem dadurch, dass man eine Rinne um beide Schöpfräder herumführte und den Rädern eine gegengesetzte Drehrichtung gab. Damit fließt das Wasser aus beiden Rädern in gleicher Richtung in die Rinne.

Es kann zu keiner Verwirbelung kommen und das Gefälle zum Pumpensumpf kann gering gehalten werden. Die gesamte Anlage, deren Förderleistung rund 11 160 l pro Stunde beträgt, wurde von sechzehn Mann betrieben.

Eimerkette

Die Eimerkette, wie sie Vitruv (Vitr. 10, 4,4) beschreibt, besteht aus einem Tretrad auf einer horizontalen Welle, um die eine Kette läuft, an der in regelmäßigen Abständen Eimer von einem *congius* (ca. 3,27 l) Fassungsvermögen befestigt sind. Am tiefsten Punkt tauchen die Eimer ins Wasser und füllen sich. Durch die Kette werden sie auf dem Weg nach oben aufrecht gehalten, an der Welle angekommen, kippen sie um und entleeren sich. Ein Problem, auf das Vitruv in seiner knappen Beschreibung nicht eingeht, ist die Gefahr, dass die Kette zu rutschen beginnt, wenn sie über eine glatte Welle geführt wird. Archäologische Befunde und enthnographische Parallelen zeigen, dass die Eimerkette nicht direkt über die Antriebswelle läuft, sondern über ein Rad geführt wird. Eine weitere Frage, die sich stellt, ist, wie das aus den Eimern austretende Wasser in die Auslaufrinne gelangt. Ethnographische Parallelen zeigen, dass die Eimerkette an einer Seite des Rades geführt wird, so dass sich die Eimer direkt in die darunter angebrachte Auslaufrinne entleeren. In London wurden in zwei kaiserzeitlichen Brunnen Reste von Eimerketten gefunden. In beiden Fällen bestehen die Ketten aus an länglichen eisernen Gliedern befestigten Holzkammern mit einem Schlitz im oberen Teil, aus dem sich das Wasser wie beim Schöpfrad in eine seitlich angebrachte Auslaufrinne ergießt.

Mit der Eimerkette können wie mit dem Schöpfrad geringe Wassermengen über große Höhen gehoben werden. Die Förderhöhe ist nicht wie beim Schöpfrad vom Durchmesser des Rades abhängig, sondern von der Länge der Kette, die naturgemäß vom Gewicht der gefüllten Eimer und der Kette und von der zur Verfügung stehenden Kraft begrenzt wird. Berechnungen haben ergeben, dass mit einer 33,6 m langen Kette, deren maximale Förderhöhe etwas weniger als 16 m beträgt und an der zwölf Eimer mit einem Fassungsvermögen von je 3,28 l befestigt sind, bei einem vollständigen Durchlauf der Eimer rund 39,6 l Wasser gehoben werden können, das heißt, rund 800 l in der Stunde. Eimerketten sind wesentlich weniger effizient als Schöpfräder und im Bau erheblich teurer. Sie wurden nur dort eingesetzt, wo für ein Schöpfrad nicht genügend Platz vorhanden war, wie im Bergbau, oder bei sehr tiefen Brunnen, wie zum Beispiel in Pompeii, wo der Grundwasserspiegel in einer Tiefe von 25 m liegt. Bevor die Stadt eine eigene Wasserleitung erhielt, waren Eimerketten die einzige Möglichkeit, Großverbraucher wie öffentliche Bäder und Wäschereien ausreichend mit Wasser zu versorgen. Drei Schöpfwerke (Stabianer Thermen, Casa del Cambio und Forumsthermen), bestehend aus dem Brunnenschacht, einer Radstube für das Tretrad und Auffangbecken, sind

Abb. 58

Zwei von einem Tretrad angetriebene Eimerketten: A: Radstube mit Tretrad, B: Auffangbecken, C: Brunnenschacht mit Eimerketten, D: Antriebsrad für die Kettenräder.

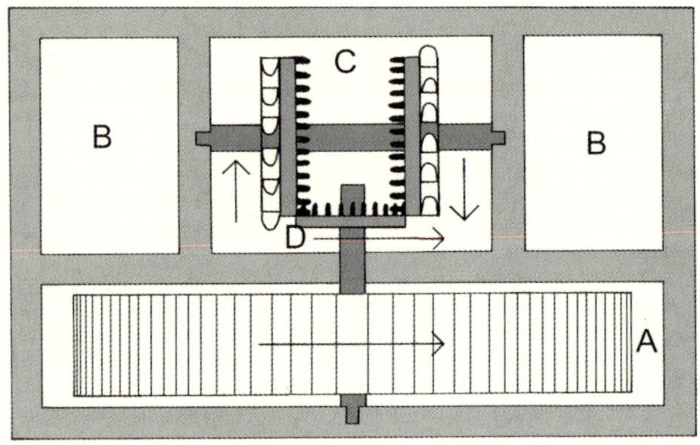

erhalten. Das Vorhandensein von Auffangbecken zu beiden Seiten des Brunnenschachtes der Stabianer Thermen und der Casa del Cambio lässt auf zwei von einem Tretrad angetriebene Eimerketten mit gegenläufiger Drehrichtung schließen. Die Aufteilung der gewünschten Fördermenge auf zwei Eimerketten verringert die Belastung, der die Ketten und der Antriebsmechanismus ausgesetzt sind. Der Antrieb erfolgt über ein vertikales Kronenrad, das in die Zähne der Kettenräder eingreift (Abb. 58).

Die immer wieder in der Literatur abgebildete Rekonstruktion des Schöpfwerkes der Stabianer Thermen mit Kettenrädern gleicher Drehrichtung beruht auf einem Denkfehler. Ein zwischen das vertikale Kronenrad und die Kettenräder zwischengeschaltetes horizontales Kronenrad bewirkt nicht, dass die Kettenräder die gleiche Drehrichtung haben, sondern erhöht lediglich die Reibung. Die von den gefüllten Eimern verursachten Schleifspuren im Sinter an der Nordostwand des Brunnenschachtes, die zu der Annahme geführt haben, dass beide Kettenräder die gleiche Drehrichtung gehabt hätten, lassen sich am ehesten damit erklären, dass man die Drehrichtung in regelmäßigen Abständen änderte, um eine einseitige Abnutzung der mechanischen Teile zu verhindern.

Druckkolbenpumpe

Druckkolbenpumpen sind in den Schriftquellen und im archäologischen Fundmaterial ab dem späten 1. Jahrhundert v. Chr. bekannt. Eine Druckkolbenpumpe besteht aus einem oder zwei senkrechten Zylindern mit Einlass- und Auslassventilen, in denen Kolben mit einem Kipphebel auf und ab bewegt werden. Wird der Kolben nach oben bewegt, öffnet sich das Einlassventil und Wasser strömt in den Zylinder. Wird der Kolben nach unten bewegt, schließt sich durch den ausgeübten Druck das Einlassventil, das Auslassventil öffnet sich, und das im Zylinder stehende Wasser wird in die Auslassleitung gedrückt. Druckkolbenpumpen müssen im zu hebenden Wasser stehen. Die Leistung der Druckkolbenpumpe ist abhängig vom Durchmesser und der Anzahl der Zylinder, der Länge des Pumpenhubs, der Förderhöhe und natürlich der Geschwindigkeit, mit der sie betätigt wird. Die Einsatzbereiche waren Wasserhebung aus Brunnen, Auspumpen des Bilgenwassers auf Schiffen und als Feuerwehrspritze.

Vitruv (Vitr. 10, 7) und Heron von Alexandria (Heron pneu. 1, 28) beschreiben aus Bronze gefertigte Pumpen. In beiden Fällen sind die Einlassöffnungen runde Löcher am Boden der Zylinder mit Scheibenventilen. Diese Scheibenventile werden im Allgemeinen nach Herons Beschreibung der Luftventile einer Wasserorgel (Heron pneu. 1, 10) als mit mehreren Stiften am Boden der Zylinder angebrachte Scheiben rekonstruiert (Abb. 59, 1). Archäologische Funde zeigen jedoch, dass die Scheibenventile der Pumpen einen kleinen senkrechten Stift in der Mitte haben und sich in einem kleinen zylindrischen Gehäuse auf und ab bewegen (Abb. 59, 2) Diese Ausführung ist für Wasserventile, die stärkeren Belastungen als Luftventile ausgesetzt sind, wesentlich besser geeignet als eine Befestigung mit mehreren Stiften.

Vitruvs Pumpe hat an jedem Zylinder eine nach oben gebogene Auslassleitung, die in einer Schale, auf der ein umgestülpter Trichter befestigt ist, mündet. Die Auslassventile, ebenfalls Scheibenventile, befinden sich am Boden der Schale (Abb. 60, 1). Bei Herons Feuerwehrspritze befinden sich die Auslassöffnungen mit Klappventilen an den Seiten der Zylinder und münden über ein T-Stück in die Auslassleitung (Abb. 60, 2). Klappventile (Abb. 59, 3) bestehen aus zwei Platten, die oben mit einem Gelenk verbunden sind. Eine dieser Platten hat in der Mitte ein rundes Loch. Die Ventile werden so an den Zylindern befestigt, dass die Platte mit dem Loch möglichst dicht an die Auslassöffnungen anschließt. Wird der Kolben nach unten gedrückt, klappt das Ventil auf und das Wasser kann ausströmen. Da beide Ventilformen schwerkraftbelastete Einwegventile sind, wirken Scheibenventile nur, wenn

Abb. 59

Pumpenventile: 1: Scheibenventil für Luftpumpe, 2: Scheibenventil für Wasserpumpe, 3: Klappventil.

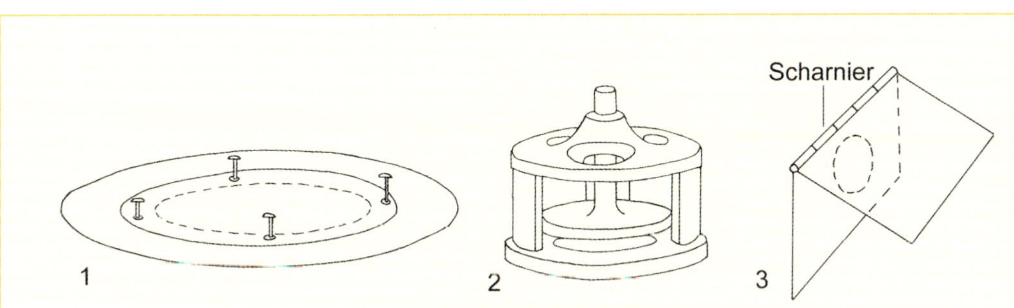

Abb. 60

1: Druckkolbenpumpe nach Vitruv, 2: Feuerwehrspritze nach Heron (A: Einlassventile, B: Auslassventile), 3: Düse der Feuerwehrspritze nach Heron (A: Drehgelenk für horizontales Drehen, B: Drehgelenk für vertikales Schwenken).

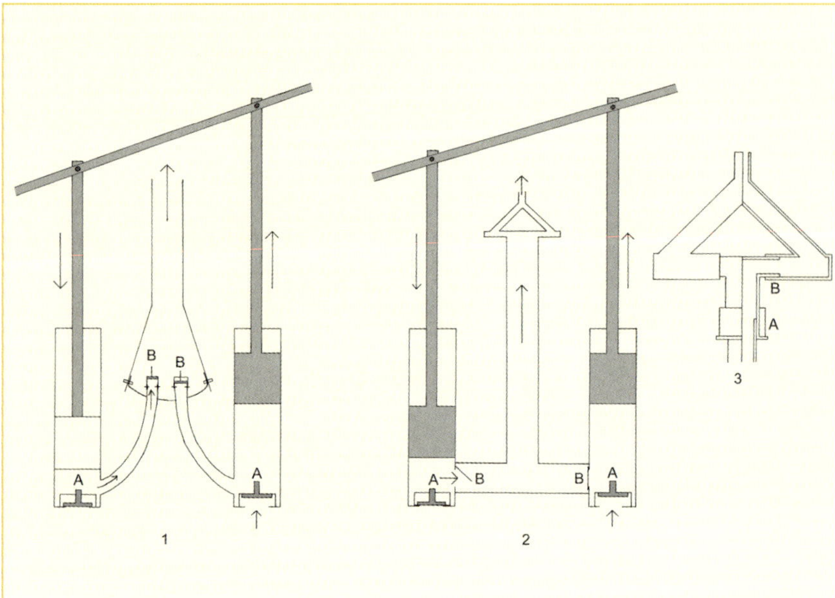

sie horizontal und Klappventile nur, wenn sie vertikal angebracht sind. Herons Feuerwehrspritze besitzt ferner eine horizontal und vertikal schwenkbare Düse am Ende des Auslassrohres, um den Wasserstrahl in die gewünschte Richtung spritzen zu können (Abb. 60, 3). Der bewegliche Teil ist folgendermaßen aufgebaut: Das von unten kommende Auslassrohr wird mit einem etwas stärkeren Rohr so zusammengesteckt, dass der obere Teil horizontal 360° gedreht werden kann. Um zu verhindern, dass das obere Rohr durch den Druck des Wassers davongeschleudert wird, ist am Ende des unteren Rohres ein Ring angebracht. Am oberen, stärkeren Rohr sind L-förmige Klammern angebracht, die das Rohr drehbar am Ring fixieren. Oberhalb dieser Drehverbindung teilt sich das Rohr in zwei Arme, an denen die Düse mit einer Steckverbindung vertikal schwenkbar befestigt ist. Die Feuerwehrspritze war am Boden eines fahrbaren Wasserbehälters montiert.

Die archäologischen Funde von Pumpen stimmen sehr gut mit den Beschreibungen in den Schriftquellen überein, waren jedoch in ihrer Konstruktion den jeweiligen Erfordernissen angepasst. Im kaiserzeitlichen Kupferbergbau von Sotiel Coronada in Südwestspanien wurde im 19. Jahrhundert eine Spritzpumpe mit horizontal und vertikal schwenkbarer Düse gefunden, die bis auf die Auslassventile exakt mit Herons Beschreibung übereinstimmt. Die Auslassventile sind Scheibenventile, die am Ende der von den Zylindern in die Sammelkammer führenden Rohre angebracht sind. Die Pumpe besteht aus 26 Einzelteilen aus gegossener Bronze, die zusammengesteckt und miteinander vernietet oder verlötet sind. Ihre Gesamthöhe beträgt 95 cm. Ein Hub

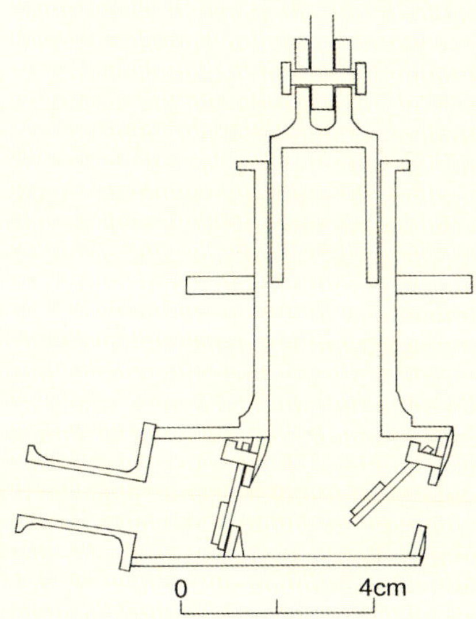

Abb. 61

Lenzpumpe aus dem kaiserzeitlichen Wrack Dramont D.

fördert rund 1,6 l Wasser. Über den Verwendungszweck dieser Spritzpumpe in einem Bergbau gibt es verschiedene Theorien. Druckkolbenpumpen sind zum Wasserheben im Bergbau zu wenig effizient, und eine Spritzpumpe ist für diesen Zweck völlig ungeeignet. Möglicherweise wurde sie beim Feuersetzen zum Abkühlen des heißen Gesteins eingesetzt.

In einem bei Agay an der französischen Mittelmeerküste gefundenen Wrack eines kaiserzeitlichen Handelsschiffes (Dramont D) wurden vier Lenzpumpen aus Bronze (Abb. 61) gefunden, die paarweise auf Holzbalken montiert waren. Jede Pumpe besteht aus einem Zylinder, an den unten ein rechteckiges Gehäuse angeschweisst ist. An einem Ende des Gehäuses ist die runde Auslassöffnung und am anderen Ende die Einlassöffnung, beide sind mit Klappventilen versehen. Die perforierten Platten der Ventile sind an die Schmalseiten des Gehäuses, die in einem Winkel von 15 bis 20° geneigt sind, angelötet und die Ventilklappen an zwei Haken beweglich montiert. Die aus Bronzeblech bestehenden Einzelteile der Pumpen weisen Markierungen auf, die das Zusammenbauen erleichterten. An einer Pumpe war an der Auslassöffnung der mit einem Bronzering befestigte Rest einer Bleileitung erhalten. Eine dieser Pumpen wurde versuchsweise wieder in Betrieb genommen. Ihre Leistung beträgt 630 l pro Stunde.

In kaiserzeitlichen Brunnenschächten wurden aus Holz gefertigte Druckkolbenpumpen gefunden, die die gleiche Funktionsweise wie die Pumpen aus Bronze aufweisen. Holzpumpen sind in der Herstellung einfacher und wesentlich kostengünstiger als Pumpen aus Bronze. In einen Holzblock werden zwei durchgehende Zylinder für die Kolben gebohrt. Von einer Seite des Blocks aus werden zu jedem Zylinder Auslassleitungen und eine Sammelkammer gebohrt. Bohrungen von der Unterseite des Holzblocks aus verbinden die Sammelkammer mit den Auslassleitungen der Zylinder. Von oben wird das Auslassrohr zur Sammelkammer gebohrt. Die Einlassventile sind im unteren Teil der Zylinder und die Auslassventile an den Mündungen der Auslassleitungen in die Sammelkammer angebracht. Sie bestehen aus Lederscheiben, in deren Mitte zur besseren Abdichtung Bleinieten befestigt sind. Zum Schluss werden alle Bohrlöcher bis auf die Zylinder und das Auslassrohr mit Stöpseln oder einer Holzplatte verschlossen. An den hölzernen Kolben werden Stangen angebracht, die bis zum oberen Ende des Brunnenschachtes reichen, und das Auslassrohr wird an ein Rohr aus Holz oder Metall angeschlossen.

4. Qanate

Das Wort Qanat bezeichnet einen Kanal, kommt aus dem Akkadischen (*qanu* = Schilfrohr) und bedeutet „geformt wie ein Rohr". Es ist verwandt mit dem griechischen *kanna* und dem lateinischen *canna* beziehungsweise *canalis* (Rinne, Röhre).

Das Fehlen größerer Flüsse und die hohe Verdunstungsrate oberflächlicher Süßwasserquellen in semiariden bis ariden Klimazonen führte nach dem derzeitigen Forschungsstand vor dem 8. Jahrhundert v. Chr. im persischen Hochland zur Entwicklung des Qanatsystems, das sich in weiterer Folge in den syrisch-palästinensischen Raum, nach Arabien, Ägypten und Nordafrika und schließlich über die Seidenstraße nach Mittel- und Ostasien ausbreitete. Die Voraussetzungen dafür sind bestimmte klimatische und geologische Bedingungen. Heiße, feuchte, vom Flachland an Gebirgshängen aufsteigende Luft führt zu Steigungsregen, deren Wasser versickert und sich oberhalb wasserundurchlässiger Gesteinsschichten in wasserleitenden Schichten ansammelt. Da diese wasserführenden Schichten für Brunnen in den Hochebenen zu tief liegen, ging man dazu über, das Wasser im Gebirge, wo der Grundwasserspiegel auf der geologischen Schichtung höher liegt, abzufangen und über Stollen (Qanate) in die Hochebene zu leiten. Zunächst wird über Schächte nach Grundwasser gesucht. Sobald man fündig geworden ist, führt man über Sammelstollen möglichst viel Wasser zu den Mutterschächten. Dann wird obertägig die Trasse festgelegt. Um möglichst lange im Trockenen arbeiten zu können, werden zunächst, vom Zielort ausgehend, im Abstand von 20 bis 50 m Schächte abgeteuft, die durch einen Stollen mit gleichbleibendem Gefälle miteinander verbunden werden (Abb. 62). Diese Schächte, die in der Nähe der Mutterschächte beträchtliche Tiefen erreichen können, haben mehrere Funktionen. Beim Bau des Qanats erleichtern sie das Einhalten der Vortriebsrichtung, und der Abraum kann über sie entsorgt werden. Ist der Qanat in

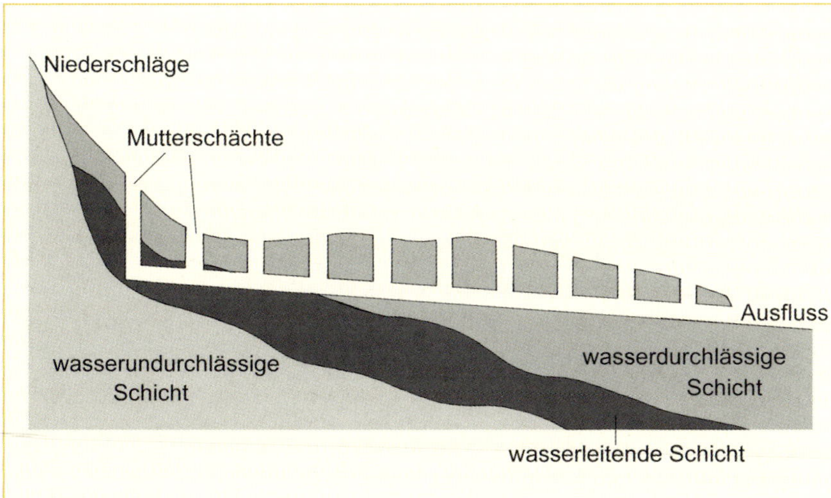

Abb. 62

Schematische Darstellung eines Qanats.

Betrieb, dienen sie als Wetter- und Wartungsschächte. Die Vorteile des Qanatsystems liegen auf der Hand. Da das Wasser obertägig am Zielort ankommt, sind keine aufwendigen Vorrichtungen zur Wasserhebung erforderlich, Verdunstung und Erwärmung sind gering, die Verschmutzung ist weitgehend ausgeschaltet, und man hat ständig fließendes Wasser zur Verfügung. Der Nachteil liegt darin, dass die Menge des zufließenden Wassers nicht reguliert werden kann.

Im Iran gibt es noch heute zahlreiche Qanate, die der Trinkwasserversorgung und der Bewässerung landwirtschaftlich genutzter Flächen dienen, wie zum Beispiel der 35 km lange, aus vorchristlicher Zeit stammende Qanat von Gonabad mit einem Mutterschacht von 350 m Tiefe.

5. Wasserleitungsbau und städtische Wasserversorgung

Römische Wasserleitungen gehören zu den beeindruckendsten Zeugnissen antiker Ingenieurskunst. Frontinus, der im Jahr 97 n. Chr. zum *curator aquarum*, dem Leiter der städtischen Wasserversorgung von Rom ernannt wurde, schreibt in seinem Buch „Über die Wasserversorgung der Stadt Rom“ voll Begeisterung: „Mit einer solchen Vielzahl von unentbehrlichen und gewaltigen Wasserleitungsbauten vergleicht man die ganz offensichtlich nutzlosen Pyramiden und andere unnütze, von den Griechen errichtete Bauwerke, und mögen die Leute noch so viel davon reden“ (Frontin. aqu. 16). Vielleicht eine etwas einseitige, aber angesichts der effizienten Wasserversorgung römischer Städte durchaus verständliche Äußerung.

Antike Hydrogeologie und Beurteilung der Wasserqualität

Antike Hydrogeologie und zwar im Besonderen die Prospektion auf Wasser, beruht auf der Beobachtung von Naturphänomenen wie Verdunstung und Kondensation, Pflanzenbewuchs und Bodenbeschaffenheit. Sie ist der einzige Bereich der Geologie, in dem man bereits in der Antike zu brauchbaren Ergebnissen kam. Auf die Verwendung der Wünschelrute zum Aufspüren von Wasser gibt es in den antiken Quellen keine Hinweise.

Wie genau man über Grundwasservorkommen Bescheid wusste, zeigt eine Episode aus Caesars Alexandrinischem Feldzug. Als die Ägypter Meerwasser in die Wasserleitung des von Caesar besetzten Palastes von Alexandria leiteten, gab er den Befehl, an der Küste Brunnen zu graben, „da von Natur aus alle Küsten Adern süßen Wassers hätten. [...] Man ging sogleich ans Werk, alle strengten sich bei der Arbeit mit aller Kraft an und innerhalb einer Nacht stieß man schon auf große Mengen von Süßwasser" (Bell. Alex. 8–9). Im Mittelmeerraum gibt es zahlreiche küstennahe Grundwasservorkommen. Aufgrund der höheren Dichte des Salzwassers kommt es zur Bildung von „Süßwasser-Linsen" in geringer Tiefe, die auf tiefer liegendem Salzwasser „schwimmen".

Vitruv gibt detaillierte Anweisungen, wie man auf Grundwasser prospektiert: „Man lege sich vor Sonnenaufgang an den Stellen, wo man das Wasser suchen muss, mit zur Erde gewendetem Gesicht platt auf die Erde, lege das Kinn auf die Erde, stütze es und beschaue die Gegend. Dann soll man da, wo sich kräuselnde und in die Luft aufsteigende feuchte Dünste zeigen, graben. Wo sich nämlich kein Wasser befindet, kann dieses Kennzeichen nicht auftreten" (Vitr. 8, 1,1). Oberflächennahe Grundwasservorkommen bewirken eine erhöhte Bodenfeuchtigkeit. Die plötzliche Erwärmung der Luft bei Sonnenaufgang führt zur Verdunstung und damit zum Aufsteigen der von Vitruv erwähnten „feuchten Dünste". Dieses physikalische Phänomen kann ein Hinweis auf das Vorhandensein von Grundwasser sein. Weitere Suchmerkmale sind so genannte Zeigerpflanzen: Binsen, Weide, Erle, Keuschbaum, Schilf und Efeu. Dabei ist allerdings zu beachten, dass diese Feuchtigkeit liebenden Pflanzen auch in Senken wachsen, in denen sich Regenwasser sammelt: „Auf diese Stellen darf man sich nicht verlassen, sondern, wo in Gegenden und an Stellen, die nicht Bodensenkungen sind, diese Pflanzen nicht künstlich angepflanzt sind, sondern durch natürliche Aussaat von sich selbst hervorgebracht wachsen, da muss man Wasser suchen" (Vitr. 8, 1,3). Vitruv betont, dass man sich bei der Suche nach Wasser nicht nur auf ein Merkmal verlassen, sondern es mit einem der anderen überprüfen soll. Die Bodenbeschaffenheit gibt Auskunft über die Ergiebigkeit der Quelle und die Güte des Wassers (Vitr. 8, 1,2). In lehmigen Böden und lockerem grobkörnigen Kies findet man nur wenig trübes und schlammiges Wasser von schlechter Qualität. In schwarzem Erdboden sammelt sich das Wasser im Frühjahr oberhalb wasserundurchlässiger Gesteinsschichten. Diese Vorkommen sind zwar nicht sehr reichlich, aber von guter Qualität. Mittelmäßig ergiebige Wasseradern von guter Qualität findet man in feinkörnigem Kies. Grobkörniger Sand, Tuffgestein und rotes Felsgestein führen ergiebige Wasseradern von ausgezeichneter Qualität. Am ergiebigsten sind Quellen, die am Fuß von Bergen und in kieselhaltigen Felsen entspringen. Im Flachland gelegene Brunnen liefern lauwarmes, salziges, nicht sehr wohlschmeckendes Wasser, außer „wenn es vom Gebirge kommt, unterirdisch weiterfließt, mitten in den Feldern hervorbricht und dort, von Bäumen überschattet, den Wohlgeschmack von Gebirgsquellen bietet“ (Vitr. 8, 1,2).

Hat man so Hinweise auf Wasservorkommen gefunden, sind weitere Untersuchungen zu machen, bevor man mit dem Graben des Brunnens beginnt. Vitruv (Vitr. 8, 1,4–5) beschreibt verschiedene Methoden, um zu prüfen, ob tatsächlich Wasser vorhanden ist. Man gräbt eine drei Fuß breite und fünf Fuß tiefe Grube und legt bei Sonnenuntergang eine innen mit Öl bestrichene Kupfer- oder Bleischüssel umgekehrt auf die Sohle der Grube. Die Grube wird mit Schilf oder Laub bedeckt und mit Erde zugeschüttet. Wenn man am folgenden Tag in der Schüssel Wassertropfen findet, weiß man, dass an dieser Stelle Wasser vorkommt. Anstelle einer Metallschüssel kann man auch ein ungebranntes Tongefäß oder ein Wollbündel in die Grube legen. Eine weitere Möglichkeit ist, eine Öllampe anzuzünden und sie abzudecken. Sind am nächsten Tag noch Reste von Öl und Docht vorhanden und ist die Lampe selbst feucht, ist das ein Zeichen, dass hier Wasser vorhanden ist, „weil alle Wärme die Feuchtigkeit an sich zieht“ (Vitr. 8, 1,5). Bei hochgelegenem Grundwasserspiegel ist die Bodenfeuchtigkeit und damit die Luftfeuchtigkeit in einer Grube so hoch, dass es bei Absinken der Lufttemperatur nach Sonnenuntergang zur Kondensation der Luftfeuchtigkeit kommt und sich Wassertropfen absetzen.

Bevor man mit dem Bau einer Wasserleitung beginnt, muss die Wasserqualität geprüft werden. Vitruv (Vitr. 8, 4,1) und Plinius (Plin. nat. 31, 31–40) geben Anweisungen, wie dabei zu verfahren ist. Der Gesundheitszustand der in der Nähe einer obertägig entspringenden Quelle lebenden Menschen gibt erste Hinweise auf die Wassergüte. Auf etwaige vorhandene Schwebstoffe prüft man Wasser, indem man es in einem Bronzegefäß kocht. Findet man nach dem Auskühlen einen Bodensatz oder wird die Bronze fleckig, ist die Wasserqualität nicht zufriedenstellend. Weiterhin wird empfohlen, Gemüse in diesem Wasser zu kochen. Wenn es schnell gar ist, spricht das für eine gute Wasserqualität. Bei diesem Verfahren handelt es sich um einen einfachen Härtetest. In hartem Wasser gekochtes Gemüse wird langsamer gar. Wasser guter Qualität ist kalt, klar, geruch- und geschmackfrei. Als bestes Wasser galt Quellwasser, gefolgt von Fluss-, See- und Brunnenwasser. Regen- und Zisternenwasser beinhaltet Unreinheiten und wird sehr schnell faulig. Hat man nur derartiges Wasser zur Verfügung, soll man es aufkochen und auf die Hälfte seines Volumens reduzieren.

Wasserleitungen

Eine Wasserleitung besteht im Wesentlichen aus drei Teilen: dem Ursprung, der Wasserleitung und einem Endreservoir beziehungsweise einem *castellum divisorium*, dem Verteilerbecken am Stadtrand. Jeder dieser drei Abschnitte birgt eigene technische Probleme, die es für die antiken Ingenieure bei der Projektierung zu bedenken galt, und die sie mit Findigkeit und noch aus heutiger Sicht beeindruckenden Verfahren zu lösen wussten.

Ursprung

Der Ursprung einer Wasserleitung können Quellen, Flüsse oder Seen sein. Grundsätzlich gibt es drei Arten von Quellen: obertägig entspringende Quellen, durch Schächte und Stollen aufgefahrenes Grundwasser und artesische Brunnen. Artesische Brunnen sind Quellen, in denen das Wasser durch den eigenen Überdruck eine Wassersäule bildet, die an der Tagoberfläche austritt. Wasser aus Quellen wird in einem Quellhaus gesammelt und über ein Absetzbecken, in dem sich im Wasser vorhandene Sedimente absetzen, in die Wasserleitung geleitet. Da der Wasserzufluss über das Quellhaus, das ein Sammelbecken und kein Reservoir ist, nicht reguliert werden kann, ist ein Überlauf notwendig, der in das Quellhaus oder das Absetzbecken integriert ist.

Bei an der Tagoberfläche entspringenden Quellen ist es lediglich notwendig, ein Quellhaus zu bauen, in dem das Quellwasser gesammelt und in die Wasserleitung weitergeleitet wird. Sehr oft trieb man kurze Stollen in den Hang, um nicht nur die Hauptquelle, sondern auch kleinere Nebenquellen zu erfassen. Entspringt die Quelle in Wasser leitendem Fels, legte man, um möglichst viel Wasser aufzufangen, Sickerstollen an. Das im Gestein gespeicherte Wasser tritt an der Oberfläche der Stollen aus und fließt entlang der Stollensohle in ein Sammelbecken.

Wenn keine obertägig entspringenden Quellen vorhanden waren, wurde zunächst nach den im vorigen Kapitel beschriebenen Methoden auf Grundwasser prospektiert. War man fündig geworden, teufte man, wie beim Qanatsystem, einen oder mehrere Mutterschächte ab und leitete das Wasser über Stollen in ein Sammelbecken und weiter in die Wasserleitung.

Das Wasser aus einem Fluss leitete man im allgemeinen mit Hilfe eines Wehrs oder eines kleinen Dammes in den Wasserleitungskanal. Ein aus technischer Sicht beeindruckender Einzelfall ist die Einleitung des Wassers der Dumanlı-Quelle in die Wasserleitung von Side, einer Stadt in der Provinz Pamphilien in der Südtürkei. Die sehr wasserreiche Quelle mündet mit so großer Geschwindigkeit in den Manavgat-Fluss, dass ihr Wasser das gegen-

▲ **Abb. 63**

Quellhaus der Wasserleitung von Köln in Kallmuth.

überliegende Ufer, an dem die Wasserleitung beginnt, erreicht, bevor es sich mit dem Flusswasser vermischt. Da sich die römischen Ingenieure den Bau einer Wasserleitungsbrücke ersparen wollten, nutzten sie diese Strömungsverhältnisse aus, um das Quellwasser in den Wasserleitungskanal zu leiten. Indem man den Wasserleitungskanal parallel zum Fluss, aber etwas flussabwärts von der Quelle plazierte, gelang es, das mit dem Flusswasser noch weitgehend unvermischte Quellwasser in den Kanal zu leiten.

In semiariden und ariden Klimazonen, wie zum Beispiel in Spanien, entschloss man sich zum Bau von Staubecken, um eine konstante Wasserversorgung der Städte zu gewährleisten.

Wasserleitungstrasse

Antike Wasserleitungen sind Gravitationsleitungen mit freiem Wasserspiegel, in denen das Wasser aufgrund der Schwerkraft von der Quelle zum *castellum divisorium* (im Weiteren nur *castellum* genannt) in der Stadt fließt. Dabei darf die Wasserleitungstrasse an keinem Punkt höher als die Quelle und tiefer

Abb. 64 ▲

Die Aqua Claudia südlich von Rom.

als das *castellum* sein, die einzige Ausnahme sind Druckstrecken zum Überwinden tiefer Täler. Der Streckenverlauf der Trasse wird im wesentlichen durch die Lage des *castellum* in der Stadt, die Lage der Quelle und das vom Ingenieur aufgrund der örtlichen Gegebenheiten und seiner Erfahrung bestimmte minimale Gefälle (Gefälle = Höhenunterschied/Entfernung), das an keiner Stelle der Leitung unterschritten werden darf, vorgegeben. Ist das Gefälle auch nur an einer Stelle zu gering, besteht die Gefahr, dass sich das Wasser in der Leitung aufstaut. Vitruv (Vitr. 8, 6,1) und Plinius (Plin. nat. 31, 31) nennen als Richtwert für das geringste Gefälle einen *sicilicus* (6,1 mm) auf 100 Fuß (29,6 m), das heißt 20,6 cm/km. Nach Möglichkeit wird das *castellum* an einen hochgelegenen Standort gesetzt, um die Wasserversorgung der gesamten Stadt zu gewährleisten. Stellt sich beim Nivellement der geplanten Trasse heraus, dass der Höhenunterschied zwischen *castellum* und Quelle, und damit das Gefälle, zu gering ist, kann man das *castellum* tiefer setzen und/oder eine höher gelegene Quelle suchen. Je größer die Entfernung zwischen *castellum* und Quelle ist, desto größer muss auch der Höhenunterschied zwischen beiden sein, um das Minimalgefälle zu gewährleisten. Führte eine Wasserleitung über eine längere Strecke durch Flachland, leitete man sie über Bögen, um die notwendige Höhe bei der Ankunft im *castellum* zu gewährleisten.

Ein Beispiel dafür ist die 68,6 km lange, in der Mitte des 1. Jahrhunderts n. Chr. eröffnete *aqua Claudia*, die von den Bergen bei Tivoli nach Rom führt. Auf den letzten 10,5 km in der Ebene südlich von Rom verläuft sie durchgehend auf zum Teil noch ausgezeichnet erhaltenen Bögen, bevor sie bei der Porta Maggiore die Stadtgrenze von Rom erreicht.

Abb. 65

Die Porta Maggiore, bei der die Aqua Claudia Rom erreicht.

Ein zu großes Gefälle kann durch Verlängerung der Trasse oder auch durch abwechselnde Teilstrecken mit starkem und schwachem Gefälle ausgeglichen werden. Vitruv (Vitr. 8, 6,1) nennt als Richtwert für das größte Gefälle einen halben Fuß (14,8 cm) auf 100 Fuß (29,6 m), das heißt 5 m/km. Bei zu großem

Gefälle besteht die Gefahr, dass der Leitungskanal durch die Kraft des Wassers beschädigt beziehungsweise zerstört wird. Das durchschnittliche Gefälle römischer Wasserleitungen liegt zwischen 1,5 und 3 m/km. Als moderner Vergleich sei die im Jahr 1873 eröffnete 1. Wiener Hochquellenwasserleitung mit einem durchschnittlichen Gefälle von 3,1 m/km erwähnt.

Der Bau einer Wasserleitung ist am einfachsten, wenn das Gefälle ideal ist und auf der Strecke keine hohen Berge oder tiefe Täler zu überwinden sind. In diesem seltenen Fall kann eine Wasserleitung mit gleichbleibendem Gefälle entlang der kürzesten Strecke zwischen Quelle und *castellum* gebaut werden. In den meisten Fällen ist das jedoch nicht möglich, da Berge und Täler überwunden werden müssen. Da eine Trassenführung durch Tunnel und über Wasserleitungsbrücken einerseits einen Kostenfaktor darstellte und andererseits mit den Mitteln der antiken Technik nicht immer machbar war, wechselte man Teilstrecken mit hohem Gefälle mit Strecken mit geringem Gefälle ab. Dabei ist allerdings darauf zu achten, dass der Höhenverlust insgesamt einigermaßen uniform ist. Wird im ersten Teil der Strecke zu viel Höhe verloren, kann es passieren, dass das Gefälle am Ende der Wasserleitung viel zu gering ist und das Wasser nicht im *castellum* ankommen kann.

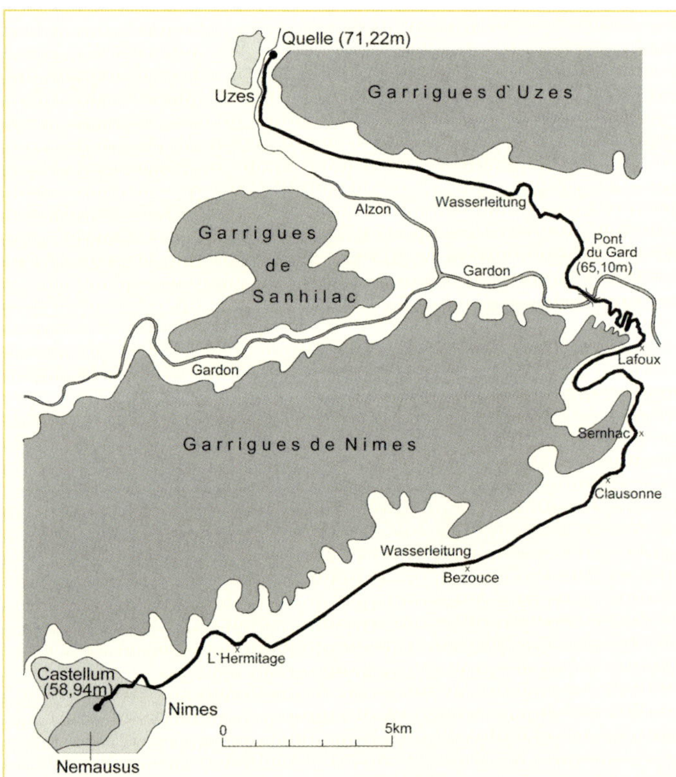

Abb. 66

Der Verlauf der Wasserleitung von Uzès nach Nîmes.

Ein sehr gutes Beispiel dafür, wie diese Probleme in der Praxis gelöst wurden, ist die um die Mitte des 1. Jahrhunderts n. Chr. erbaute Wasserleitung von Nemausus, dem heutigen Nîmes in Südfrankreich, die bei Ucetia (Uzès) beginnt und zu den Meisterwerken römischer Ingenieurskunst zählt. Der Höhenunterschied zwischen der Quelle (71,22 m Seehöhe) und dem *castellum* (58,54 m Seehöhe) beträgt lediglich 12,68 m. Auf eine Luftlinie von 20 km bezogen ergibt dies ein Gefälle von 63,4 cm/km, also eine sehr ungünstige Ausgangslage (Abb. 66).

Aufgrund der Topographie war eine gerade Streckenführung mit gleichbleibendem Gefälle aber nicht möglich. Die tatsächliche Länge der Wasserleitung beträgt 49,5 km bei einem durchschnittlichen Gefälle von 25,6 cm/km. Das tatsächliche Gefälle variiert sehr stark. Das vereinfachte Gefälleprofil (Abb. 67) zeigt, dass die Trasse aus abwechselnd steilen und flachen Teilstrecken besteht. Die erste Teilstrecke zwischen der Quelle und der Wasserleitungsbrücke Pont du Gard, die das tief eingeschnittene Tal des Gardon überspannt, ist unproblematisch. Auf der rund 16 km langen Strecke beträgt das durchschnittliche Gefälle 39,3 cm/km. Allerdings wurde auf diesem ersten Drittel der Gesamtstrecke die Hälfte der Höhe verloren.

Auf einer Seehöhe von 65,10 m wurde die Wasserleitung dann über eine 48,31 m hohe und 456,03 m lange Brücke, den Pont du Gard, über den Gardon geführt, der den Fluss auf einer Länge von 360 m überspannt. Bezogen auf die Geländeverhältnisse ist der Brückenstandort ideal gewählt. Hätte man die Brücke etwas weiter flussaufwärts gesetzt, wäre sie zwar niedriger geworden, der Höhenverlust wäre jedoch gleich geblieben, der erste Abschnitt aber erheblich kürzer geworden, was sich auf das Gefälle der noch verbleibenden Strecke bis Nîmes ungünstig ausgewirkt hätte. Flussabwärts wird das Tal des Gardon immer tiefer, die Brücke hätte damit eine mit den Möglichkeiten antiker Technik nicht zu bewältigende Höhe haben müssen. Mit der Wahl des Brückenstandortes ergibt sich für die noch verbleibenden 34 km nach Nîmes

Abb. 67

Gefälleprofil der Wasserleitung von Uzès nach Nîmes (P: Messpunkt G: Gefälle).

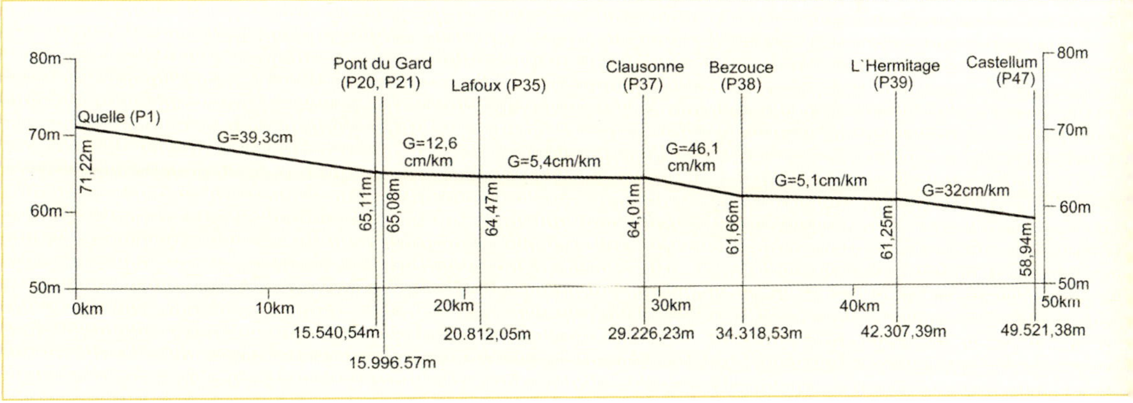

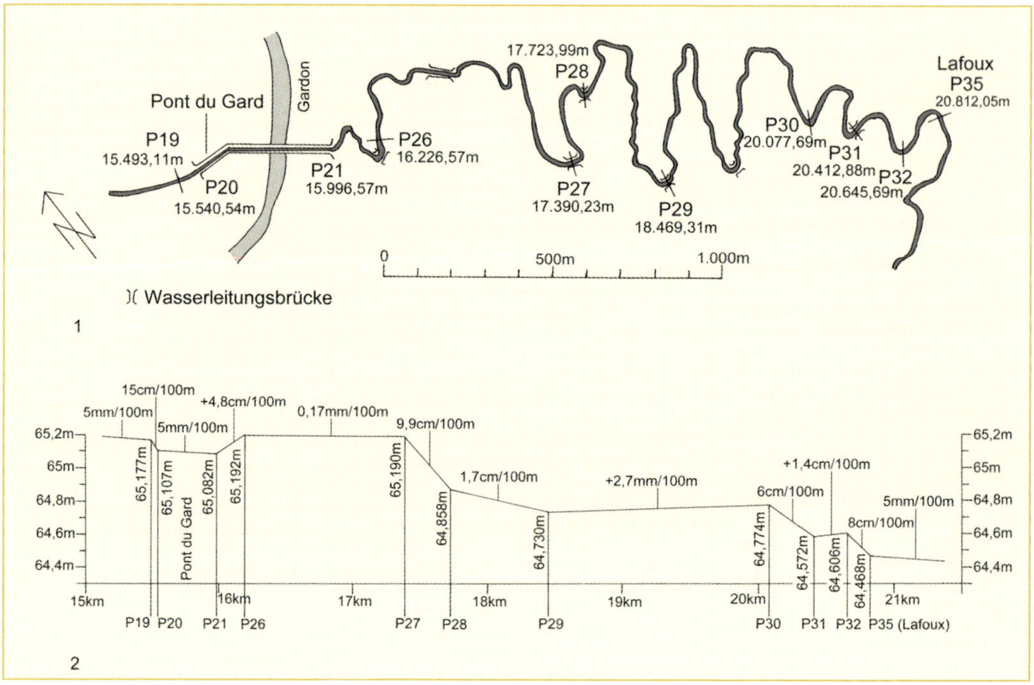

Abb. 68

Wasserleitung von Nîmes: Teilstrecke von Pont du Gard nach Lafoux: 1: Verlauf, 2: Gefälleprofil (P: Messpunkt).

Abb. 69

Der Pont du Gard über den Gardon.

ein durchschnittliches Gefälle von 18 cm/km. Die nächste Teilstrecke, vom Pont du Gard nach Lafoux, führt durch den Bois de Remoulins (Abb. 69, 1). Das durchschnittliche Gefälle dieser Teilstrecke beträgt 12,6 cm/km. Das Gefälleprofil zeigt die Probleme, mit denen die römischen Ingenieure hier konfrontiert waren (Abb. 69, 2). Das Gelände ist dermaßen zerklüftet, dass Visuren nur über maximal 100 m möglich sind. Demgemäß schwankt das Gefälle sehr stark: Auf der Strecke zwischen Messpunkt 26 und 27 beträgt es durchschnittlich lediglich 0,17 mm/100 m, und auf vier Abschnitten steigt die Wasserleitungstrasse an – ein Umstand, der sicher nicht beabsichtigt war, sondern eine Folge von Messfehlern aufgrund der ungünstigen Geländeverhältnisse ist. Das Gefälle des vierten Abschnitts zwischen Messpunkt 35 und 37 ist mit durchschnittlich 5,4 cm/km sehr schwach. Auf den letzten drei Teilstrecken variiert das durchschnittliche Gefälle zwischen stark (46,1 cm/km), schwach (5,1 cm/km) und stark (32 cm/km). Aus heutiger Sicht ist es erstaunlich, dass man sich an ein derart schwieriges Bauvorhaben heranwagte und es erfolgreich zu Ende führte. Die Wasserleitung von Nîmes war bis ins 4. Jahrhundert n. Chr. in Betrieb.

Druckstrecken, Steilschussgerinne und Kaskaden

Wenn es nicht möglich war, sehr tiefe Täler oder Steilstufen zu vermeiden, entschloss man sich zum Bau von Druckstrecken beziehungsweise Steilschussgerinnen und Sturzschachtkaskaden. Es handelt sich dabei um aufwendige Installationen mit äußerst komplexer Hydraulik, deren erfolgreiche Ausführung Ingenieure mit speziellen Kenntnissen und großer Erfahrung erforderte. Die besten Beispiele sind die im 1. Jahrhundert n. Chr. erbauten vier Wasserleitungen von Lugdunum, dem heutigen Lyon in Südfrankreich, mit ihren beeindruckenden Druckstrecken, Steilschussgerinnen und Kaskaden.

Druckstrecken

Eine Druckstrecke beruht auf dem in der Antike bekannten physikalischen Gesetz des Gleichstandes von Flüssigkeiten in kommunizierenden Röhren (Plin. nat. 31, 57). In miteinander verbundenen, oben offenen Röhren ist der Pegelstand einer homogenen Flüssigkeit – wie zum Beispiel Wasser – gleich hoch, weil Luftdruck und Schwerkraft konstant sind. In der archäologischen Literatur werden Druckstrecken oft fälschlich als „Siphon“ bezeichnet, eigentlich ist eine Druckstrecke ein umgekehrter Siphon. Ein Siphon, ein Wasserheber, wie er bei Heron von Alexandria (Heron pneu. I, 7) beschrieben wird, ist ein U-förmig gebogenes Rohr, mit dem Flüssigkeit von einem höher stehenden Behälter in einen tiefer stehenden umgefüllt wird.

Archäologische Befunde aus hellenistischer und römischer Zeit sowie die Beschreibung einer Druckstrecke bei Vitruv zeigen, dass das Prinzip der kommunizierenden Gefäße im Wasserleitungsbau praktische Anwendung fand. „Sind aber ausgedehnte Täler da, dann wird man die Leitung am Abhang

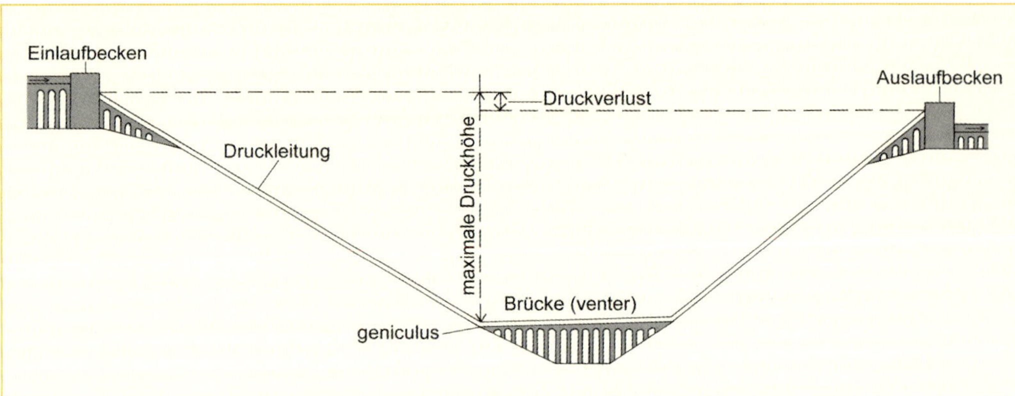

Abb. 70

Schematische Darstellung einer Druckstrecke.

entlang führen. Wenn man ins Tal gekommen ist, wird ein so hoher Unterbau aufgeführt, dass die Leitung eine möglichst lange Strecke die gleiche Niveauhöhe hat. Dies aber wird der Bauch (*venter*) sein. Kommt dann die Leitung an die ansteigende Seite, dann schwillt das Wasser infolge des langen Zwischenraumes, den der Bauch bildet, leicht an und wird bis zum Kamm der Höhe hinaufgedrückt. Auch muss man in dem Bauch *colliviaria* anlegen, damit durch sie der Luftdruck gemindert wird" (Vitr. 8, 6,5–7). Eine Druckstrecke besteht aus einem Einlaufbecken, von dem das Wasser in Rohren, zunächst über eine Rampe, dann dem Geländeprofil folgend, zum Talboden geleitet wird. Am Talboden angekommen, folgen die Rohre entweder weiter dem Geländeprofil oder sie führen über eine Brücke, dem bei Vitruv genannten „*venter*", auf die gegenüberliegende Talseite, von wo sie zunächst wieder dem Geländeprofil folgend, dann über eine Rampe zum Auslaufbecken am Gegenhang aufsteigen (Abb. 70).

Dem Gesetz der kommunizierenden Gefäße folgend, darf das Auslaufbecken auf keinen Fall höher als das Einlaufbecken liegen. Tatsächlich muss es erheblich niedriger liegen, um Reibungsverluste in den Rohren auszugleichen. Der in den Rohren herrschende Druck ist abhängig von der Höhe des Einlaufbeckens über der tiefsten Stelle der Druckstrecke (maximale Druckhöhe). Eine Wassersäule von 10 m Höhe übt einen Druck von 1 bar aus. Die einzige Möglichkeit, den Druck zu verringern, war die Verringerung der Tiefe der Druckstrecke dadurch, dass man am Talboden eine Brücke (*venter*) baute. Diese Brücke verläuft nicht exakt waagrecht, sondern steigt nach der stromabwärts liegenden Seite leicht an. Eine mögliche Erklärung für diese leichte Steigung ist, dass eventuell in den Rohren vorhandene Luft (Strömungsbläschen) leichter nach oben entweichen kann. Die Rohrleitungen haben am Übergang vom Hang auf die Brücke einen *geniculus* (Knick), der eine potentielle Schwachstelle, vor allem bei der Inbetriebnahme und der Entleerung darstellt. Vitruv (Vitr. 8, 6,8–9) empfiehlt die Verwendung von Kniestücken aus Stein, um eine feste Verbindung der Rohre zu gewährleisten. Bei einer laufenden Druckstrecke stellt dieser Knick kein besonderes Problem dar. Die Inbetriebnahme einer Druckstrecke ist, ebenso wie ihre Entleerung, eine heikle Operation. Die Inbetriebnahme hat langsam zu erfolgen, da der *geniculus* dem plötzlichen Druck des Wassers nicht standhalten würde. Ebenso vorsichtig ist bei der Entleerung zu verfahren, die notwendig ist, wenn die Leitungen gewartet werden müssen. Wenn der Wasserzufluss im Einlaufbecken plötzlich gestoppt und damit die bewegliche Wassersäule in den Rohren abrupt angehalten wird, erhöht sich innerhalb von Sekundenbruchteilen der Innendruck, es kommt zu einem Druckstoß, und die dabei entstehenden Schockwellen können die Leitung zerstören.

Die Rohrleitungen der Druckstrecken sind aus Terracotta, Stein oder Blei und unterirdisch verlegt beziehungsweise fest verankert. In römischer Zeit wurden für Druckleitungen bevorzugt Bleirohre eingesetzt. Blei hat den Vorteil, dass es leicht zu verarbeiten und zu formen ist und hohen Drücken standhält. Die Bleirohre der Druckstrecke von Beaunant (Gier-Wasserleitung von Lyon, benannt nach der Gier, einem bei dem Ort Givors in die Rhône mündenden Fluss), die einen Innendurchmesser von 18 cm und eine Wandstärke von 3,1 cm haben, würden einem Druck von 48 bar standhalten. Der Druck am tiefsten Punkt dieser Leitung beträgt rund 12 bar. Für Terracottarohre empfiehlt Vitruv (Vitr. 8, 6, 8) eine Wandstärke von mindestens zwei *digiti* (3,7 cm). Die Druckstrecke der Wasserleitung von Olynthos, einer Stadt auf der Chalkidike (Nordgriechenland), bestand aus einem Leitungsstrang aus Terracottarohren, die immerhin einem Druck von rund 10 bar standhielten. Rohrleitungen aus Stein bestehen aus mit Nut-und-Federverbindungen aneinander gefügten Quadern mit zylindrischer Bohrung. An erhaltenen Quadern wurden vertikal ins Innere der Leitung führende, zylindrische oder trichterförmige Bohrungen mit einem Durchmesser von rund 12 cm festgestellt und in seltenen Fällen zusätzliche zylindrische Bohrungen von nur 1 cm Durchmesser. Beide Arten von Bohrungen waren verschlossen, wenn die Leitung in Betrieb stand. Wahrscheinlich handelt es sich bei diesen Bohrungen um die viel diskutierten *colliviaria*, laut Vitruv (siehe oben) am tiefsten Punkt der Leitung angebrachte, nicht näher beschriebene Vorrichtungen zur Senkung des Luftdrucks in der Leitung. In der Literatur werden die Bohrungen, und damit die *colliviaria*, als Ventile zur Entlüftung oder Entleerung der Leitung interpretiert. Gegen eine Interpretation als Entlüftungsventile spricht, dass eine in Betrieb befindliche Druckleitung einerseits nicht am tiefsten Punkt entlüftet werden kann und dass sich andererseits in ihr außer Strömungsbläschen, die problemlos nach oben entweichen, keine Luft befinden kann. Sehr plausibel ist die Interpretation als Öffnungen zum Entleeren der Leitung, wenn sie gewartet werden muss, da eine Druckstrecke nur an ihrer tiefsten Stelle entleert werden kann. Die kleinen Bohrungen mit nur 1 cm Durchmesser könnten Sicherheitsventile sein, deren Verschlüsse durch den

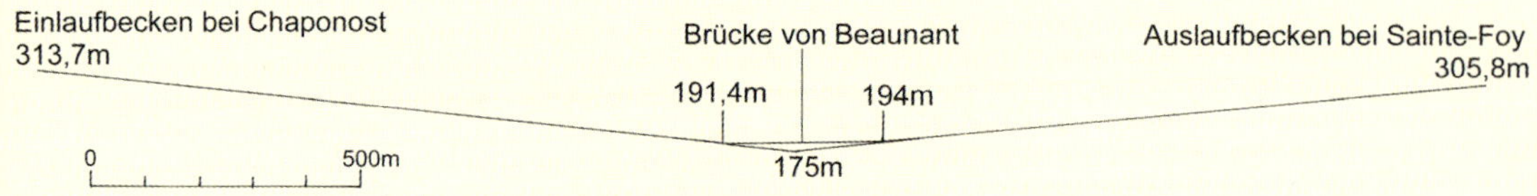

Abb. 71 Gier-Wasserleitung von Lyon: Profil der Druckstrecke von Beaunant, maximale Druckhöhe: 122,3 m, Druckverlust: 7,9 m.

erhöhten Druck in der Leitung im Fall eines Druckstoßes herausgetrieben werden. Die größeren Bohrungen werden auch als Wartungsöffnungen interpretiert, die einen Zugriff ins Innere der Leitung ermöglichen. Am wahrscheinlichsten ist, dass diese Bohrungen mehrere Funktionen hatten.

Die bereits erwähnten vier Wasserleitungen von Lyon weisen insgesamt neun Druckstrecken auf. Dazu gehört die Druckstrecke von Beaunant an der Gier-Wasserleitung, die das tiefe Tal der Yzeron überwindet (Abb. 71). Vom Einlaufbecken beim heutigen Ort Chaponost fließt das Wasser durch elf Druckrohre aus Blei hangabwärts zur 290 m langen, 18 m hohen und 7,35 m breiten Brücke (Brücke von Beaunant) und weiter zum Auslaufbecken beim heutigen Ort Sainte-Foy. Die Gesamtlänge der Druckstrecke beträgt 2660 m, der Höhenunterschied zwischen dem Einlaufbecken und dem tiefsten Punkt 122,3 m.

Da Druckstrecken im Bau und in der Erhaltung nicht nur aufwendig, sondern auch teuer waren, entschloss man sich dazu nur, wenn ein Tal für eine Wasserleitungsbrücke zu tief war und nicht umgangen werden konnte. Der Bedarf an Blei für eine Druckstrecke war enorm. Als Beispiel sei wieder die Druckstrecke von Beaunant an der Gier-Wasserleitung genannt, deren elf parallele Leitungen eine Gesamtlänge von 29,26 km haben. Für den Bau dieser Leitungen benötigte man rund 5600 Tonnen Blei, für die vier Druckstrecken der Gier-Wasserleitung rund 10 000 Tonnen.

Steilschussgerinne und Sturzschachtkaskaden

Geländestufen mit sehr starkem Gefälle wurden durch in den Wasserleitungskanal eingebaute Steilschussgerinne und Sturzschachtkaskaden überwunden. Beim Bau von Anlagen dieser Art ist zu beachten, dass es am Übergang vom steilen Gerinne mit hoher Fließgeschwindigkeit zum flachen Gerinne mit geringerer Fließgeschwindigkeit zum so genannten hydraulischen Sprung, einer abrupten Vergrößerung der Wasseroberfläche, kommt, die zur Bildung von Wellen und Turbulenzen führt, die sich über eine beträchtliche Distanz erstrecken können. Die Stärke des hydraulischen Sprungs ist abhängig von der Steilheit des Gerinnes und der durchfließenden Wassermenge. Durch die beim hydraulischen Sprung freiwerdende Strömungsenergie kann es zur Beschädigung des Wasserleitungskanals kommen. Diese Strömungsenergie

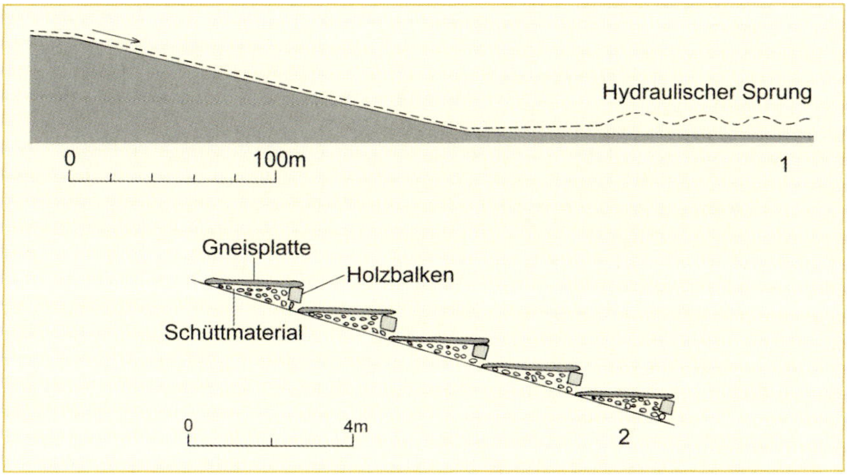

Abb. 72

Brévenne-Wasserleitung von Lyon: 1: Steilschussgerinne von Courzieu, 2: Steilschussgerinne von Chevinay.

kann verringert werden, indem man das Gerinne am Auslauf und den daran anschließenden Kanal stark verbreitert. Römische Steilschussgerinne sind breiter oder schmäler als der Hauptkanal. Die Gestaltung des Auslaufkanals variiert ebenfalls, in manchen Fällen verjüngt sich das Gerinne zum Auslauf hin und wird anschließend langsam wieder weiter, in anderen Fällen sind der Auslaufkanal und der daran anschließende Kanal deutlich schmäler als das Steilschussgerinne, was darauf schließen lässt, dass der Zusammenhang zwischen der Breite des Auslaufkanals und der Strömungsenergie nicht verstanden wurde. Eine weitere Möglichkeit, die Strömungsenergie zu verringern, ist der Einbau von Beruhigungsbecken stromabwärts. Die Effektivität dieser Becken ist abhängig von ihrer Länge und ihrer Tiefe im Verhältnis zur Wassertiefe im darauf zu führenden Gerinne: Je größer die Länge des Beckens im Verhältnis zur Tiefe des darauf zu fließenden Wassers, desto effektiver ist das Becken. Für moderne Beruhigungsbecken gilt ein Mindestverhältnis von 6 : 1 als Richtwert.

Die im 1. Jahrhundert n. Chr. erbaute Brévenne-Wasserleitung von Lyon weist mehrere Steilschussgerinne auf, fünf davon sind ausgezeichnet dokumentiert. Ihre Länge variiert zwischen 150 und 400 m, der überwundene Höhenunterschied zwischen 33 und 87 m und ihr Gefälle zwischen 8,25 und 29 m/100 m. Das Steilschussgerinne von Courzieu hat eine Länge von 200 m und überwindet eine Höhe von 44 m, das Gefälle beträgt 22 m/100 m (Abb. 72, 1). Ebenfalls erwähnenswert ist das Steilschussgerinne von Chevinay mit einer Länge von 300 m, einer Höhe von 87 m und einem Gefälle von 29 m/100 m. Es ist damit das stärkste an den Steilschussgerinnen der Brévenne-Wasserleitung beobachtete Gefälle. Wahrscheinlich war es dieses große Gefälle, das die römischen Ingenieure zum Einbau von Stufen zur Verringerung der Strömungsenergie veranlasste (Abb. 72, 2).

Abb. 73

Sturzschachtkaskade von Oued Ileloiune (Wasserleitung von Cherchell).

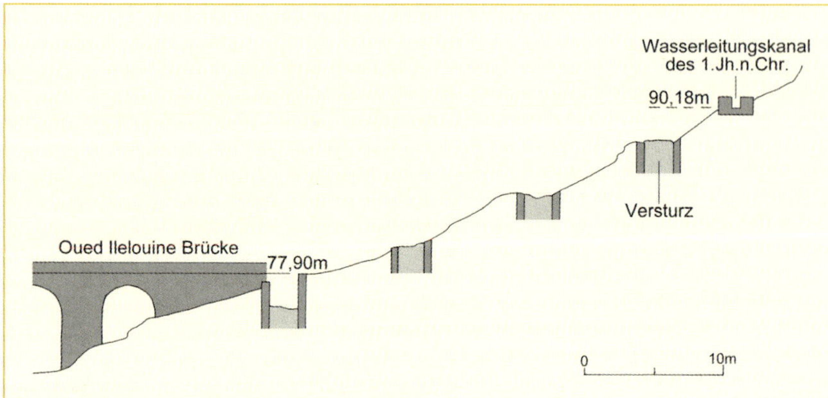

Sind die Gerinne von tiefen Sturzschächten unterbrochen, spricht man von Sturzschachtkaskaden. Durch die Sturzschächte wird die Strömungsenergie so weit verringert, dass Beruhigungsbecken nicht unbedingt erforderlich sind. Man unterscheidet zwei Varianten dieser Kaskaden. Eine Variante sind solche mit Gerinnen, deren Gefälle verhältnismäßig gering ist. In diesem Fall dienen die Sturzschächte einerseits der Reduktion der Strömungsenergie und andererseits, durch den Höhenunterschied zwischen dem Einlauf und dem Auslauf der Gerinne in die Sturzschächte, der Überwindung großer Höhen über eine lange Strecke. Ein beeindruckendes Beispiel dafür ist die „hydraulische Stiege" der Yzeron-Wasserleitung von Lyon, die bei Recret einem Höhenzug folgt, der mit einem Gefälle von 8 m/100 m ins Tal abfällt. Ein 490 m langes Teilstück der wahrscheinlich 2 km langen Anlage, die um die fünfzig Sturzschächte hatte, wurde archäologisch untersucht. Das Teilstück besteht aus zwölf Gerinnen von rund 20 bis 70 m Länge und dreizehn Sturzschächten, die als Wartungsschächte bis an die Tagoberfläche ausgebaut sind. Der überwundene Höhenunterschied beträgt 38 m, wobei 34,45 m über Sturzschächte und lediglich 2,65 m über Steilschussgerinne mit geringem Gefälle überwunden werden.

Die zweite Variante dient der Überwindung großer Höhenunterschiede auf kurze Distanzen. Steilschussgerinne mit starkem Gefälle sind zur Reduktion der Strömungsenergie des Wassers von Sturzschächten unterbrochen. Ein Beispiel dafür ist die Kaskade stromaufwärts der Wasserleitungsbrücke, die das Wadi (Oued) Ilelouine an der Wasserleitung von Caesarea Mauretaniae, dem heutigen Cherchell in Algerien, überspannt (Abb. 73). Im 2. Jahrhundert n. Chr. wurde die im 1. Jahrhundert n. Chr. erbaute Wasserleitung umgebaut. Die ursprüngliche Wasserleitung führte in einer rund 3 km langen Schlinge nach Westen um das Tal des Oued Ilelouine herum. Um die Trasse zu verkürzen, entschloss man sich anlässlich des Umbaus zu einer Wasserleitungsbrücke. Von Osten kommend erreicht die Trasse des 1. Jahrhunderts

n. Chr. auf einer Seehöhe von 90,18 m das tief eingeschnittene Tal des Wadi (Wadi = Trockental). Um den Anschluß an die alte Trasse auf der gegenüberliegenden Talseite zu gewinnen, musste die Wasserleitung auf einer Seehöhe von 77,90 m auf die Brücke geleitet werden. Der Höhenunterschied zwischen der alten Trasse und dem Beginn der Brücke beträgt 12,20 m auf einer Länge von 32 m. Um die starke Strömungsenergie des über ein Gefälle von 3,8 m/10 m fließenden Wassers zu brechen, baute man obertägige, von runden Sturzschächten mit einem Durchmesser von 2 m unterbrochene Steilschussgerinne.

Wasserleitungskanäle und Leitungsrohre

Antike Wasserleitungen wurden in der Regel unterirdisch verlegt. Wasserleitungsbrücken, Tunnelbauten und Arkaden waren Baumaßnahmen, auf die man nur zurückgriff, wenn eine unterirdische Führung aufgrund der Geländebeschaffenheit nicht möglich war. Oberirdisch geführte Wasserleitungskanäle waren im Allgemeinen mit Steinplatten überdeckt. Die unterirdische Führung bietet Schutz vor Verschmutzung, Frost, Erwärmung des Wassers und Verdunstung sowie Beschädigung durch Menschen. Ein von Frontinus (Front. aqu. 127) zitiertes Gesetz aus dem Jahr 11 v. Chr. besagt, dass zu beiden Seiten der nach Rom führenden Wasserleitungen ein Streifen von 15 Fuß (4,44 m) frei von Baulichkeiten und Bäumen, deren Wurzeln den Wasserleitungskanal beschädigen könnten, zu halten ist. Innerhalb der Stadt sollen diese Streifen 5 Fuß (rund 1,48 m) breit sein. Diese Streifen freien Landes schützen nicht nur die Wasserleitung, sondern ermöglichen auch ungehinderten Zugang zu den Wartungsschächten.

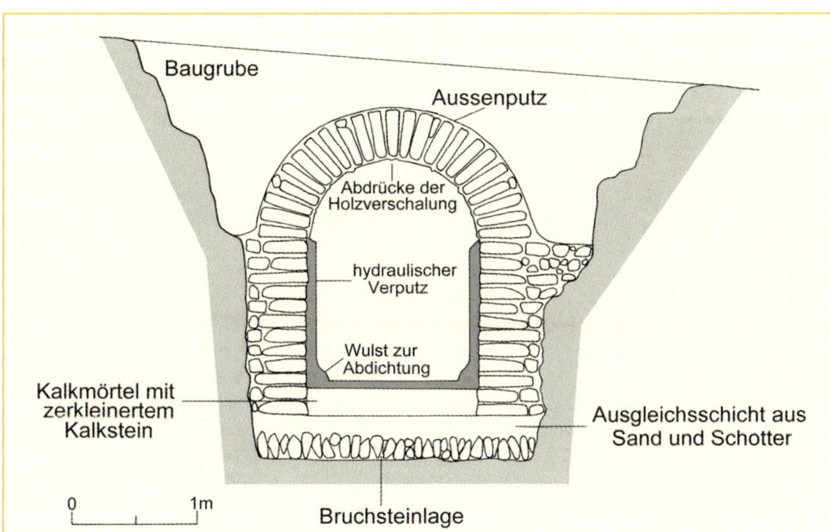

Abb. 74

Römischer Wasserleitungskanal.

Römische Wasserleitungskanäle bestehen im Allgemeinen aus Stein- oder Ziegelmauerwerk. Abbildung 74 zeigt einen typischen Wasserleitungskanal. Auf der Sohle der Baugrube wird eine Bruchsteinlage aufgebracht, die mit einer Ausgleichsschicht aus Sand und Schotter bedeckt wird. Auf dieser Schicht werden die Seitenwände des Kanals aufgemauert. Die Sohle des Kanals besteht aus einer Mörtelschicht. Sohle und Seitenwände werden zur Abdichtung mit hydraulischem Verputz verkleidet, dessen geglättete Oberfläche die Reibung verringert und die Bildung von Sinterablagerungen erschwert. Zum Schluss wird die gewölbte Firste aufgemauert oder der Kanal mit Steinplatten überdeckt. Der Querschnitt der Kanäle ist langrechteckig, die Maße variieren nach den örtlichen Gegebenheiten und sind unabhängig von der Schüttung. Im Normalfall betrug der Wasserstand die Hälfte bis zwei Drittel der Höhe des Kanals. Maßgeblich war die Begehbarkeit, da die Kanäle regelmäßig gewartet und gereinigt werden mussten.

Rohrleitungen wurden nicht nur bei Druckstrecken verwendet, sondern auch anstelle eines gemauerten Kanals. Zum Einsatz kamen Steinrohre, Terracottarohre und, vor allem in den nördlichen Provinzen, Holzrohre. Bleirohre wurden außer in der städtischen Wasserversorgung ausschließlich für Druckstrecken verwendet. Die Herstellung von Bleirohren wird von Vitruv (Vitr. 8, 6,4) und Frontinus (Front. aqu. 25) beschrieben. Blei hat den Vorteil, dass es kalt verformbar ist und daher genormte Rohre hergestellt werden können. Vitruv (Vitr. 8, 6,4) gibt an, welche Gewichtsmenge Blei für welches Normmaß erforderlich ist. Die einzelnen Rohre sind 10 Fuß (2,6 m) lang, ihr innerer Durchmesser liegt zwischen 2,3 cm (*quinaria*) und 23 cm (*centumvicenum*). Bei der Herstellung wird eine entsprechende Menge Blei in eine Form gegossen. Die fast erkaltete Bleiplatte wird um ein Rundholz zu einem Rohr gebogen. Durch das Biegen der Naht erhält das Rohr einen ovalen bis birnenförmigen Querschnitt. Zum Abschluss wird die Naht ver-

Abb. 75

Römisches Bleirohr mit Absperrvorrichtung aus Ostia Antica.

lötet. Dabei werden zu beiden Seiten der Naht Tonwülste aufgebracht, zwischen die das flüssige Blei gegossen wird. Die einzelnen Rohre, die mit der Naht nach oben verlegt wurden, wurden mit flüssigem Blei aneinander gelötet oder mit einer Muffe aus Blei zusammengehalten.

Fließgeschwindigkeit des Wassers

Die in einem Wasserleitungskanal fließende Wassermenge ist an allen Stellen des Kanals die gleiche. Je größer das Gefälle ist, desto geringer ist die Tiefe des durch den Kanal fließenden Wassers. Die Fließgeschwindigkeit in Freispiegelleitungen ist abhängig von Gefälle und Reibung, die ihrerseits von der Oberflächenbeschaffenheit des Kanals und der Größe der Oberfläche des Kanals, mit der das Wasser in Berührung kommt, abhängig ist. Je geringer die benetzte Oberfläche des Kanals ist, desto größer ist die Fließgeschwindigkeit. Sinterablagerungen verengen nicht nur den Kanal, sondern verstärken durch ihre raue Oberfläche auch die Reibung, was eine Verringerung der Fließgeschwindigkeit zur Folge hat. Wie stark der Einfluss der Reibung auf die Fließgeschwindigkeit und damit auf die tägliche Schüttung ist, zeigen Berechnungen für die Mont-d'Or-Wasserleitung von Lyon.

Mont-d'Or-Wasserleitung von Lyon:
Zusammenhang zwischen Reibung, Wassertiefe, Fließgeschwindigkeit und täglicher Schüttung (Breite des Kanals: 0,47 m, Gefälle: 1,4 m/km (nach Burdy 2002, Tabelle 12).

Tabelle 2

Reibungskoeffizient	**Kanal neu: γ = 0,16**		
Wassertiefe	0,30 m	0,50 m	0,70 m
Fließgeschwindigkeit	0,84 m/s	0,91 m/s	0,985 m/s
tägliche Schüttung	9.400 m³	14.000 m³	23.000 m³
Reibungskoeffizient	**leicht versinterter Kanal: γ = 0,46**		
Wassertiefe	0,30 m	0,50 m	0,70 m
Fließgeschwindigkeit	0,535 m/s	0,59 m/s	0,65 m/s
tägliche Schüttung	6.000 m³	9.000 m³	15.000 m³

Da die meisten Wasserleitungen aus Teilstrecken mit unterschiedlichem Gefälle bestehen und die Querschnittsmaße der Kanäle variieren, schwankt auch die Fließgeschwindigkeit. Generell wird für römische Wasserleitungen eine durchschnittliche Fließgeschwindigkeit von 1 bis 1,5 m/s (3,5 bis 5,5 km/h) angenommen. Die durchschnittliche Fließgeschwindigkeit in modernen Wasserleitungen liegt bei 1,2 bis 1,3 m/s.

Abb. 76

Die *Piscina Mirabilis* in Bacoli. Stich von Giovanni Volpato, zweite Hälfte des 18. Jahrhunderts.

Wartungsschächte und Absetzbecken

Mit der Zeit bilden sich in Wasserleitungskanälen Sinterablagerungen, die regelmäßig entfernt werden müssen. Ebenso kann es zu undichten Stellen im Verlauf des Kanals kommen, die behoben werden müssen. Wartungsschächte sind ausgebaute, mit Steinplatten abgedeckte Schächte, die den Zugang zum Wasserleitungskanal von der Tagoberfläche aus ermöglichen. Vitruv (Vitr. 8, 6,3) empfiehlt einen Abstand von 120 Fuß (35,48 m) zwischen den einzelnen Schächten. Tatsächlich waren die Abstände wesentlich länger. An den archäologisch untersuchten Abschnitten der Gier-Wasserleitung von Lyon betragen die Abstände zwischen den Wartungsschächten 36 bis 102 m, wobei Abstände zwischen 75 und 79 m überwiegen und ein Abstand von 102 m eine Ausnahme ist.

Absetzbecken sind in den Wasserleitungkanal integrierte Becken, deren Sohle tiefer liegt als die Sohle des Kanals. Aufgrund dieser größeren Tiefe reduziert sich die Fließgeschwindigkeit des Wassers und im Wasser mitgeführte Schwebstoffe setzen sich ab. Von besonderer Wichtigkeit sind sie kurz nach dem Beginn der Wasserleitung und vor dem *castellum* in der Stadt, das oft ebenfalls die zusätzliche Funktion eines Absetzbeckens hat. Sammelbecken, in denen Wasser aus zwei oder mehreren Leitungen in eine zusammengeführt wird, und Überleitungsbecken bei einer Richtungsänderung im Verlauf des Kanals dienen zusätzlich als Absetzbecken.

Endreservoirs und *castella divisoria*

Der Endpunkt der Wasserleitung ist ein Reservoir oder ein *castellum divisorium*, ein Verteilerbecken am Stadtrand. Im Gegensatz zu modernen Wasserleitungen sind Endreservoirs in der antiken Wasserversorgung eine Ausnahme. Große Endreservoirs als Wasserspeicher wurden nicht nur in semiariden bis ariden Klimazonen angelegt, wo die Schüttung der Quellen beziehungsweise der Flüsse starke Schwankungen aufweist, sondern vereinzelt auch in Landstrichen mit ausreichender Wasserversorgung. Im Gegensatz zu modernen Reservoirs, in denen der Wasserbedarf mehrerer Monate gespeichert werden kann, deckten antike Reservoirs den Bedarf von nur einem bis eineinhalb Tagen. Ein beeindruckendes Beispiel ist das ausgezeichnet erhaltene Reservoir von Misenum, im heutigen Bacoli, in der Bucht von Neapel, das von Petrarca „*piscina mirabilis*" (wunderbares Becken) genannt wurde. Es ist das Ende der 96 km langen Serino-Wasserleitung, die in den Jahren 30 bis 20 v. Chr. erbaut wurde, und an die auch die großen Städte in der Bucht von Neapel und in Kampanien angeschlossen waren. Es wird angenommen, dass das große Endreservoir hauptsächlich zur Deckung des Wasserbedarfs der seit Augustus in Misenum stationierten Kriegsflotte für das Tyrrhenische Meer diente; eindeutige Belege dafür fehlen jedoch. Das in den vulkanischen Tuff eingetiefte Reservoir ist 70 m lang, 25,50 m breit und 15 m hoch und hat ein Fassungsvermögen von rund 12 600 m³. Treppen in der Nordost- und Südwestecke

Tab. LXI.
Baptista Natali del.
Joan Volpato scul. Venetiis
duta interiore d'una conserva d'acqua
etta volgarmente Piscina ammirabile.
Aquarum receptaculi quod vulgo dicitur
Piscina admirabilis interior Prospectus

Abb. 77

Das *castellum*, der Endpunkt der 50 km langen Wasserleitung von Nîmes.

ermöglichen den Zugang ins Innere. Vier Reihen von je zwölf Pfeilern aus Tuffgestein tragen die Tonnengewölbe. Das mittlere Querschiff, dessen Sohle etwas über 1 m tiefer liegt, diente als Absetzbecken und weist einen Abfluss für Reinigungszwecke auf. Der Zufluss erfolgte über die östliche Schmalseite und die Entnahme des Wassers über Luken im mittleren der fünf Längsschiffe.

Endreservoirs sind Ausnahmefälle. Wie bereits erwähnt, mündete der Wasserleitungskanal üblicherweise am Stadtrand in ein *castellum divisorium*, von dem das Wasser über mehrere Leitungsstränge in die einzelnen Stadtviertel gelangte. Vitruv (Vitr. 8, 6,1–2) beschreibt, wie ein ideales *castellum* gestaltet sein soll. Das Becken soll in drei Behälter unterteilt sein, die so untereinander in Verbindung stehen, dass sich das Wasser, wenn es sich in den beiden äußeren Behältern staut, in den mittleren hinüber fließen kann. Über den mittleren Behälter werden die öffentlichen Brunnen mit Wasser versorgt, über die beiden äußeren die Bäder und die Privathaushalte. Zu einem Aufstau des Wassers, der zum Überfließen des Wassers in den mittleren Behälter führt, kann es nur dann kommen, wenn in den Privathäusern und Bädern weniger Wasser verbraucht wird und es daher zu einem Rückstau in den Leitungen kommt. In diesem Fall würde gutes Trinkwasser nicht sinnlos verschwendet werden, indem man es überlaufen lässt, sondern der öffentlichen Nutzung zugeführt. Bislang ist kein einziges *castellum* bekannt, das Vitruvs Angaben entspricht. Am wahrscheinlichsten ist es, dass man beim Bau eines *castellum* keinen festen Regeln folgte, sondern sich den örtlichen Gegebenheiten anpasste.

Die am besten erhaltenen Verteilerbecken sind die *castella* in Nîmes und Pompeii. Das *castellum* von Nîmes ist ein rundes Becken mit einem Durchmesser von 5,5 m und einer Tiefe von 1,4 m. Der Wasserleitungskanal ist 1,18 m hoch und 1,33 m breit, an sechs Aussparungen in der Abdeckplatte war ein Rechen zum Auffangen von Geschwemmsel (biologisches Material, das mit dem Wasser zugeführt und gerinneabwärts transportiert wird) befestigt. Am Eintritt des Kanals in das Verteilerbecken befand sich eine aus zwei Bleiplatten bestehende Schleuse. Eine der Platten war, abgedichtet mit Blei, in einer Rinne auf der Sohle unbeweglich fixiert. Die bewegliche zweite Platte konnte über zwei durch Ausnehmungen auf der Abdeckplatte geführte Seile auf und ab bewegt werden. Wurde diese Platte gesenkt, ruhte sie hinter der fix montierten Platte, und Wasser floss ungehindert, wie bei einem Wehr, über beide Platten in das *castellum*. Zur Funktion der beweglichen Platte gibt es zwei mögliche Interpretationen: zur Absperrung des Wasserzuflusses oder zur Regulierung der Schüttung der Wasserleitung in das *castellum*. Aufgrund der geringen Höhe des Wasserleitungskanals ist eine Kombination beider Funktionen nur schwer möglich. Auf der der Mündung

Abb. 78

links: *castellum divisorium* von Pompeii – ältere Phase: 1: Grundriss, 2: Querschnitt.

Abb. 79

rechts: *castellum divisorium* von Pompeii – jüngere Phase: 1: Grundriss, 2: Querschnitt.

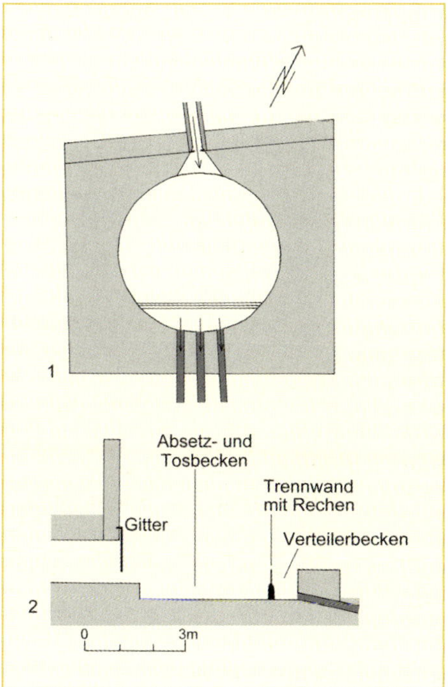

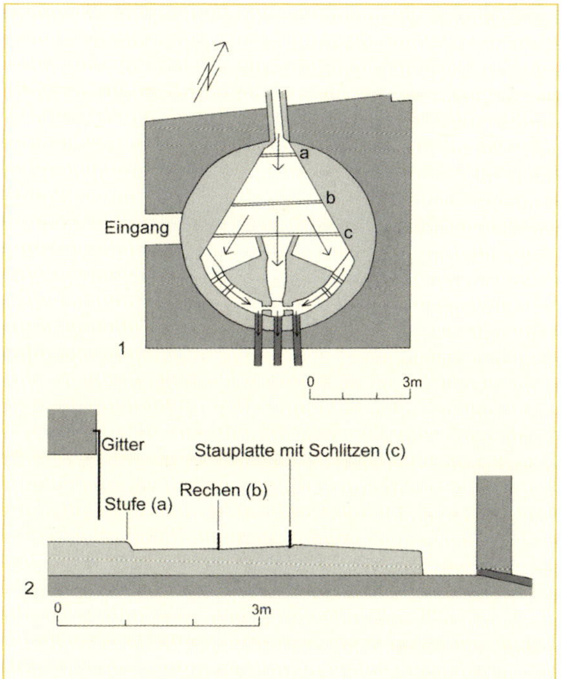

schräg gegenüberliegenden Seite des Beckens befinden sich 56 cm über der Beckensohle zehn Öffnungen mit einem Durchmesser von je 40 cm für die Leitungsrohre. Über diese Rohre, die außerhalb des *castellum* paarweise in fünf je rund 1,5 m breite gemauerte Kanäle liefen, wurde das Wasser in die Stadt weitergeleitet. Die Funktion dreier verschließbarer Abflussöffnungen auf der Sohle des Beckens, die in das Kanalnetz münden, ist nach wie vor ungeklärt.

Für die Wasserversorgung der Stadt Pompeii wurden in den Jahren nach 80 v. Chr. Quellen in den Bergen von Avella, rund 28 km nordöstlich der Stadt, erschlossen. Das zu dieser Leitung gehörende *castellum* (Abb. 79, links) war nicht überdacht und bestand aus einem in einen Sockel eingelassenen runden Becken von 4,73 m Durchmesser. Über eine Stufe floss das Wasser in das Becken, das kurz vor der Mündung der drei Auslaufrohre, deren Innendurchmesser rund 21 cm betrug, mit einer Trennwand mit einem Rechen zum Auffangen von Geschwemmsel versehen war. Diese Installationen machten es möglich, dass das Becken auch die Aufgaben eines Tos- und Absetzbeckens erfüllte, wobei es auch zu einer Anreicherung des Wassers mit Sauerstoff kam.

Nach dem Bau der nach Misenum führenden Serino-Wasserleitung in der Zeit von 30 bis 20 v. Chr. wurde die Avella-Wasserleitung an diese neue Wasserleitung angeschlossen. Da damit die nach Pompeii gelieferte Wassermenge von rund 333 l/Tag/Einwohner auf rund 167 l/Tag/Einwohner reduziert wurde, musste das *castellum* umgebaut werden (Abb. 79, rechts). Die Grundfläche der nunmehr überdachten Anlage war durch den Sockel des älteren *castellum* vorgegeben. Das Becken wurde auf einen Durchmesser von 5,92 m vergrößert und die Sohle höher gesetzt. Über eine niedrige Stufe floss das Wasser aus dem Wasserleitungskanal in das Becken und passierte einen Rechen. Die Wassertiefe im Becken betrug maximal 13 cm. In der Mitte teilt sich das Becken in drei Kanäle, vor die eine Stauplatte mit horizontalen Schlitzen eingebaut war. Durch in diese Schlitze geschobene Keile konnte die Wasserzufuhr in die einzelnen Kanäle reguliert werden. Am südlichen Rand des Beckens, kurz vor der Einmündung der Auslaufrohre, wurden in den Trenn-

Abb. 80

castellum divisorium von Pompeii – Funktionsprinzip: 1: Beaufschlagung aller Auslaufrohre, 2: Beaufschlagung von zwei Auslaufrohren, wobei das mittlere eine höhere Priorität hat (a: Keile).

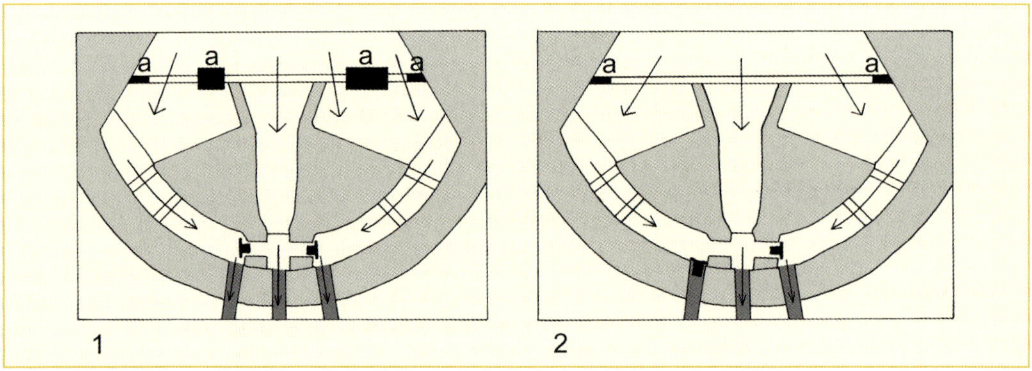

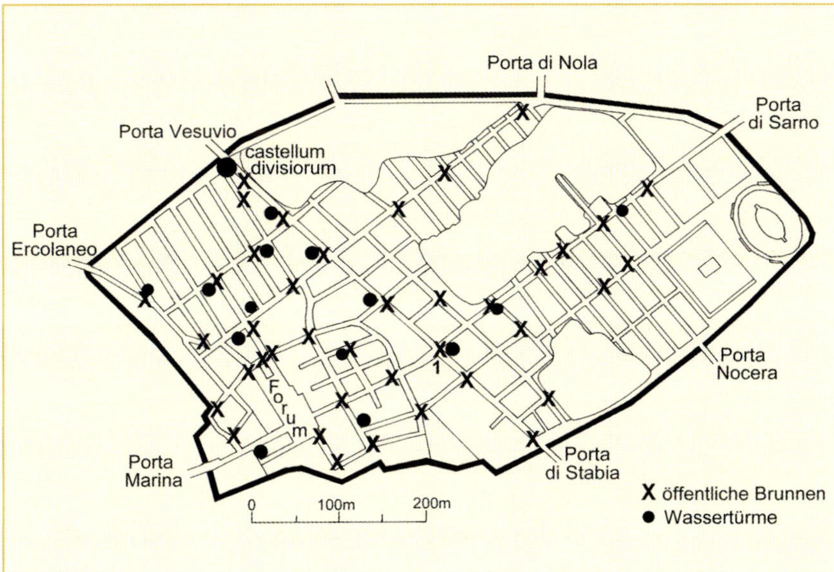

Abb. 81

Plan von Pompeii mit Wassertürmen und öffentlichen Brunnen, 1: Kreuzung der Via Stabiana mit der Via dell'Abbondanza.

mauern des Dreiteilers bei den Auslaufrohren Rohrbetten festgestellt. Durch Öffnen oder Verschließen dieser Rohre konnte die Wasserzufuhr in die einzelnen Auslaufrohre reguliert werden. Abbildung 80, 1 zeigt die Beaufschlagung aller drei Auslaufrohre und Abbildung 80, 2 die Beaufschlagung des linken und des mittleren Rohres, wobei das mittlere eine höhere Priorität hatte.

Städtische Wasserversorgung

Das städtische Verteilersystem: *castella* und *calices*

Aus dem *castellum divisorium* erster Ordnung wurde das Wasser zu *castella* zweiter Ordnung und von diesen zu den öffentlichen Brunnen, Bädern und Privathäusern weitergeleitet. Frontinus (Front. aqu. 105–106) zitiert ein Gesetz aus dem Jahr 11 v. Chr., das besagt, dass private Wasseranschlüsse ausschließlich von *castella* auszugehen haben; das Anzapfen des Wasserleitungskanals wird untersagt. Wer einen Privatanschluss wollte, musste einen schriftlichen Antrag stellen. Die Hauszuleitung wurde im *castellum* an einen *calix*, eine geeichte, gestempelte Normdüse aus Bronze angeschlossen. Über Antrag konnte eine Interessensgemeinschaft von Privatpersonen ein privates *castellum* errichten lassen, dass über eine Zuleitung aus einem öffentlichen *castellum* mit Wasser versorgt wurde. Frontinus (Front. aqu. 24–34) nennt 25 Normmaße für *calices* und die daran angeschlossenen Leitungsrohre, wobei er vom kleinsten Maß, einer *quinaria*, einem Rohr mit einem Durchmesser von 2,3 cm ausgeht. *Quinaria* war nicht nur das Normmaß für Lei-

Abb. 82

Pompeii: Funktionsprinzip der Wassertürme.

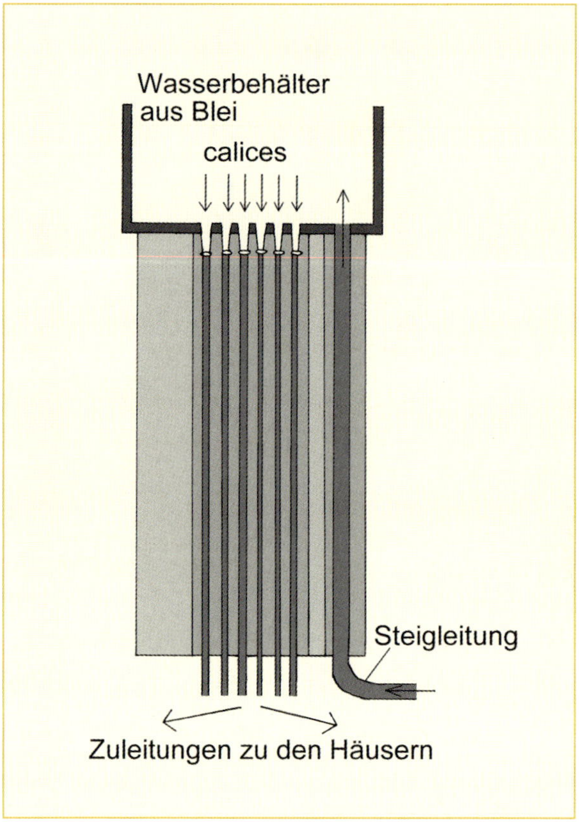

tungsrohre, sondern auch für das Volumen des ausfließenden Wassers. Bei einem angenommenen Leitungsdruck von 0,012 bar (12 cm Wassersäule) beträgt die Ausflussmenge aus einem Rohr mit 2,3 cm Durchmesser 40 m^3/Tag. *Castella* zweiter Ordnung dienten nicht nur der Verteilung des Wassers, sondern auch der Regulierung des Leitungsdruckes.

Am besten untersucht ist die Wasserverteilung in Pompeii. Auf der bisher freigelegten Fläche gibt es vierzehn *castella* zweiter Ordnung (Abb. 81). Es sind bis zu 6 m hohe Türme mit quadratischem Querschnitt und einer Seitenlänge von 118 bis 148 cm. Über eine in einem Schlitz im Mauerwerk geführte Steigleitung gelangte das Wasser in einen offenen Bleitank, an den die *calices* mit den individuellen Rohrleitungen angeschlossen waren (Abb. 82) Da das *castellum* an der Porta di Vesuvio rund 35 m über den tiefstgelegenen Stadtteilen liegt, war es notwendig, den Druck in den Leitungen zu reduzieren, um für alle Verbraucher annähernd gleiche Druckverhältnisse zu schaffen. Der Wasserturm an der Kreuzung der Via Stabiana und der Via dell'Abbondanza (Lage siehe Abb. 81) liegt 18 m tiefer als das *castellum* an der Porta di Vesuvio. Der Druck in der Leitung beträgt hier 1,8 bar, ist also viel

Abb. 83

Wasserturm in Pompeii.

zu hoch für Hausleitungen. Hätte man das Verteilerbecken auf Straßenniveau gesetzt, wäre der Druck in den davon wegführenden Leitungen gleich Null gewesen. In den von der Spitze eines 6 m hohen Wasserturms wegführenden Leitungen herrscht ein Druck von 0,6 bar, der keine Belastung für die Leitungen darstellt, aber auch hoch genug ist, um eine ordnungsgemäße Versorgung der einzelnen Haushalte zu gewährleisten. Für eine Zuleitung in die oberen Stockwerke reichte der Druck allerdings nicht aus.

Abb. 84

Wasserversorgung der Stadt Rom zur Zeit des Frontinus (Ende 1. Jh. n. Chr.).

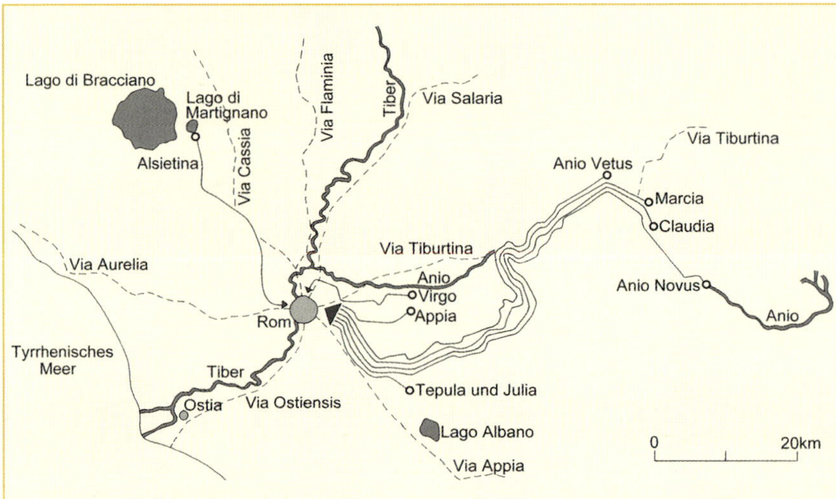

Die Zuleitungsrohre zu den einzelnen Häusern wurden nicht wie heute unterirdisch verlegt, sondern lagen, wie man in Pompeii beobachten kann, ungeschützt auf den Bürgersteigen. Durch diesen etwas unbekümmerten Umgang mit den Leitungen kam es naturgemäß zu zahlreichen undichten Stellen, die mit Blei gelötet wurden.

Die Wasserversorgung der Stadt Rom

Zur Zeit des Frontinus verfügte Rom über neun Wasserleitungen (Abb. 84). Wie er selbst schreibt (Front. aqu. 78–88), gab es in der Stadt 247 *castella* zweiter Ordnung. Wie die *castella* erster und zweiter Odnung ausgestattet waren, ist nicht bekannt. Die immer wieder nach den Angaben des Frontinus (Front. aqu. 64–88) zitierte tägliche Kapazität von 992 Millionen Liter ist irreführend. Tatsächlich gibt Frontinus für jede Wasserleitung drei Zahlen an, die stark voneinander abweichen. Messungen im Bereich des Ursprungs ergaben für alle Leitungen zusammen 992 200 m³/Tag (100 %), am Ende der Leitungen wurden 560 720 m³/Tag (56,5 %) gemessen und in den Akten war eine Kapazität 494 520 m³/Tag (49,8 %) verzeichnet (vgl. die Tabellen in Anhang 6). Als Gründe für diese Diskrepanzen gibt Frontinus (Front. aqu. 74–76) undichte Wasserleitungen sowie illegale Wasserentnahme durch Privatpersonen an, letztere zum Teil mit Wissen der in seinem Amt beschäftigten Sklaven und Freigelassenen, die sich so ein lukratives Nebeneinkommen sicherten. Von den tatsächlich vorhandenen 560 720 m³/Tag flossen 176 040 m³, das sind 176 Millionen Liter Wasser/Tag, in die öffentlichen Brunnen. Wenn man davon ausgeht, dass Rom rund eine Million Einwohner hatte, kamen auf jeden Einwohner pro Tag 176 Liter Wasser aus der öffentlichen Nutzung.

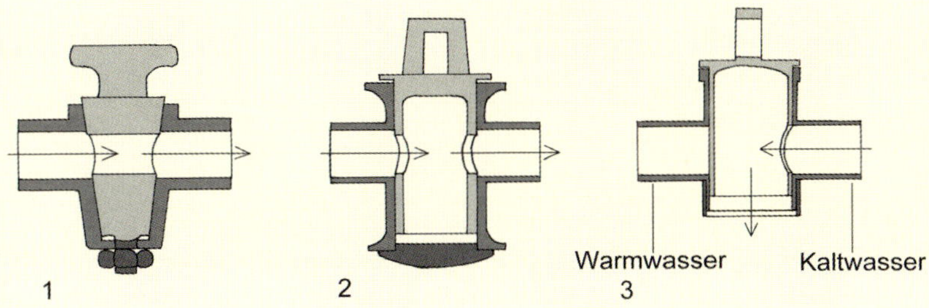

Abb. 85

Wasserhähne:
1: moderner Wasserhahn,
2: römischer Wasserhahn,
3: römischer Mischhahn.

Rohrverzweigungen, Wasserhähne und Warmwasserbereitung

Die einfachste Möglichkeit, an ein Bleirohr eine Verzweigung anzuschließen, besteht darin, ein Loch zu bohren und die abzweigende Leitung daran zu löten. Eine andere Möglichkeit ist, das Wasser über eine Verzweigungsbox auf mehrere Rohre aufzuteilen.

Wasserhähne aus Bronze gab es in den Häusern am Ende einer Leitung, wie bei einem modernen Waschbecken oder eingebaut in eine Leitung als Absperrhähne. Auf den ersten Blick ähneln römische Hähne in ihrer Form und Funktionsweise modernen Wasserhähnen. Bei genauerer Betrachtung erkennt man jedoch grundlegende Unterschiede. Römische Wasserhähne haben einen zylindrischen Körper mit einer ebenfalls zylindrischen Spindel zum Auf- und Abdrehen (Abb. 85, 2). Bei modernen Hähnen sind Körper und Spindel konisch geformt und die Spindel ist an ihrer Unterseite mit einer Mutter versehen (Abb. 85, 1). Diese Mutter verhindert, dass die Spindel bei zu hohem Leitungsdruck nach oben ausfährt. Aufgrund ihrer konischen Form sind moderne Hähne leichter drehbar als römische, aber im Gegensatz zu römischen Hähnen tropfen sie. Selbst bei geringem Überdruck wird die

Abb. 86

Römischer Absperrhahn aus Blei, gefunden in Köln.

Abb. 87

Kesselanlage für Warmwasserbereitung (Villa La Pisanella in Boscoreale): 1: Rekonstruktion, 2: Beispiel für die Funktionsweise: Warmwasser, gemischt mit Kaltwasser, wird in das *labrum* und Warmwasser in das Badebecken geleitet (H: Sperrhahn, W: Warmwasser, K: Kaltwasser, geschl.: geschlossen).

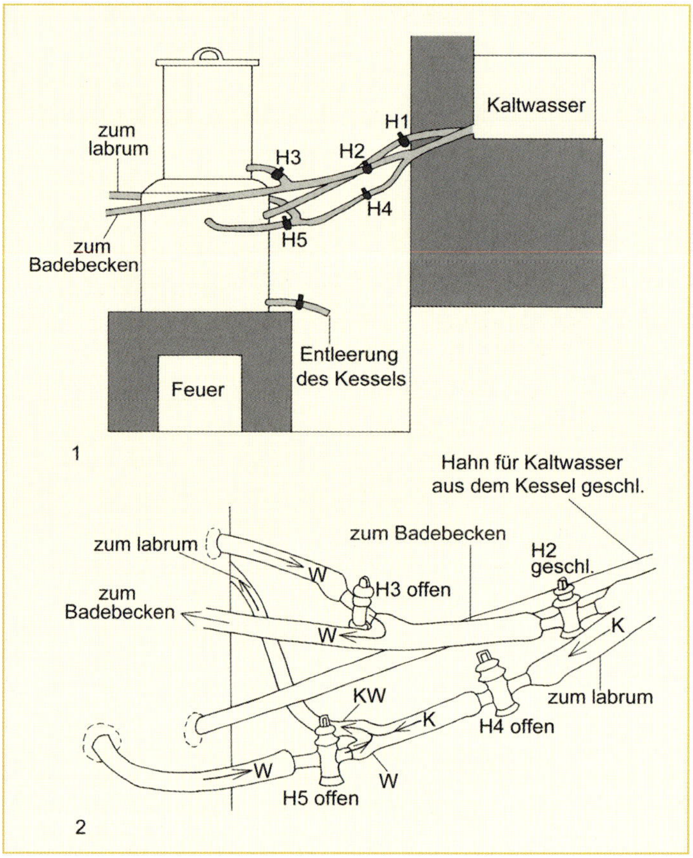

Abb. 88

Kesselanlage für Warmwasserbereitung (L: Leitung, Fe: Eisenträger).

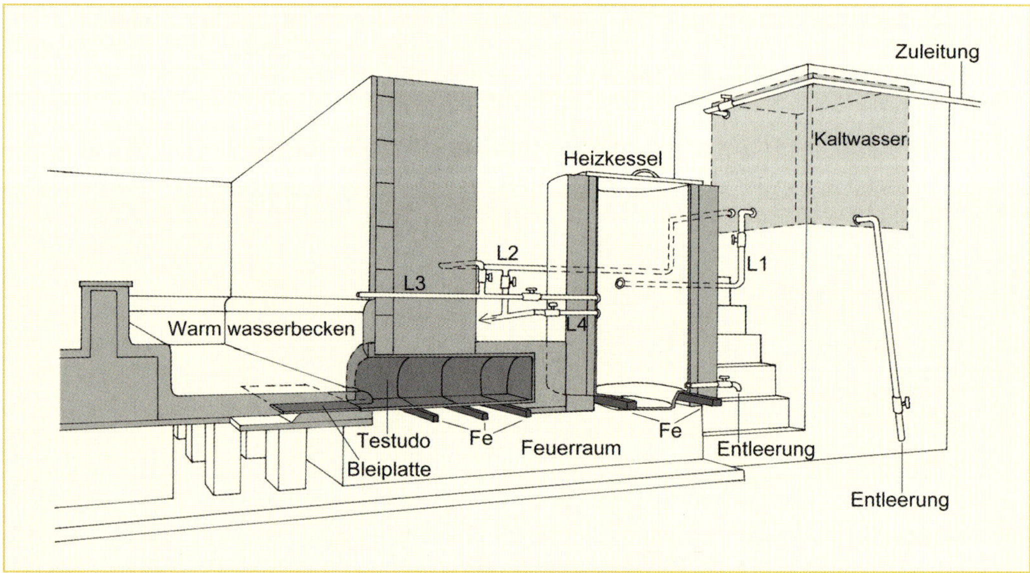

Spindel nach oben gedrückt, der dadurch entstehende Spalt zwischen Spindel und Körper reduziert die Reibung, Wasser dringt in den Spalt ein und tropft an der Mutter ab. Erwähnenswert sind archäologisch nachgewiesene einfache Mischhähne aus Rottweil in Süddeutschland und Studenberg bei Biel in der Schweiz, mit denen eine Kalt- oder Warmwasserleitung geöffnet werden konnte (Abb. 85, 3).

Eine Kesselanlage aus der Villa Pisanella in Boscoreale bot die Möglichkeit, die Wassertemperatur vor dem Einlassen in das Badebecken zu regulieren. Über eine mit einem Sperrhahn (H1) versehene Rohrleitung gelangt Kaltwasser aus dem Zwischenbehälter in den Heizkessel aus Blei. Die zweite vom Zwischenbehälter ausgehende Rohrleitung teilt sich in zwei Äste, wobei ein Ast zum Badebecken (Sperrhähne H4 und H5) und der andere (Sperrhähne H2 und H3) zum *labrum* führt, einem Becken, in dem man sich wusch, bevor man ins eigentliche Badebecken stieg. Abbildung 87, 2 zeigt eine von mehreren Möglichkeiten, die gewünschte Wassertemperatur durch Öffnen und Schließen der Sperrhähne einzustellen.

Auf ähnliche Weise wurde das Warmwasser für die öffentlichen Bäder bereitet (Abb. 88). Über Leitung 1 gelangt Kaltwasser aus dem Zwischenbehälter in den ummantelten und auf Eisenträgern ruhenden Heizkessel aus Blei. Leitung 3 führt vom Heizkessel in das Warmwasserbecken im *caldarium*, dem Warmbaderaum, und Leitung 4 zum *labrum*. Über Leitung 2 wird das Warmwasser mit Kaltwasser aus dem Zwischenbehälter auf die gewünschte Temperatur abgekühlt. Zwischen dem Heizkessel und dem Warmbecken befindet sich die *testudo*, ein zum Becken hin geöffneter, auf Stahlträgern ruhender Kasten aus Blei, in dem das im Becken erkaltende Wasser wiedererwärmt wurde.

Kanalisation

Ausgezeichnete Wasserversorgung erfordert eine ebenso ausgezeichnete Kanalisation. Regenwasser wurde nach Möglichkeit in Zisternen gesammelt, die an das *impluvium*, das Wasserbecken im Atrium, angeschlossen waren. Abwasser aus Bad, Küche und Latrine wurde in den Landhäusern und in den nicht an das Kanalnetz angeschlossenen Stadthäusern über einen hauseigenen Kanal in eine Sickergrube geleitet.

Die innerstädtische Kanalisation bestand aus einem Netz unter- und obertägiger Abwasserkanäle, die in einen Fluss, einen nahe gelegenen Sumpf oder ins Meer mündeten. Unterirdische Kanalisationsanlagen waren gemauert und mit Mörtel ausgekleidet, manchmal auch verrohrt. Die Querschnittsmaße schwanken stark: von kleinen Kanälen mit einem Querschnitt von 15 mal 15 cm bis zu großen, begehbaren Kanälen. Die Kanäle der im 5. Jahrhundert v. Chr. als Entwässerungskanal für tiefer liegende Stadtteile, vor allem den Sumpf auf der Fläche des Forum Romanum, erbauten *cloaca maxima* in Rom sind bis zu 4,2 m hoch und 3,2 m breit. Im Laufe der Jahrhunderte wurde die

Abb. 89

Latrine in Ostia.

cloaca maxima zu einem großflächigen Netz von Kanälen ausgebaut und im Jahr 33 v. Chr. fuhr Agrippa im Zuge von Sanierungsmaßnahmen auf ihnen in einem Boot unterirdisch bis zum Tiber (Cass. Dio 49, 43).

Die antike Kanalisation war gleich aufgebaut wie moderne Kanalnetze. Die Kanäle der an die Kanalisation angeschlossenen Gebäude führten zu Straßenkanälen, die ihrerseits in Hauptkanäle mündeten. In Großstädten gab es als letzte Stufe einen Hauptsammelkanal. Regenwasser und aus öffentlichen Brunnen überquellendes Wasser floss durch Kanalgitter ab. Das Überschusswasser aus öffentlichen Brunnen sorgte dafür, dass in den Kanälen ständig Wasser floss und Abfälle und Fäkalien weggespült wurden. Neben dieser sehr modern anmutenden unterirdischen Kanalisation gab es auch offene Kanäle entlang der Straßen.

Die öffentlichen Latrinen, *forica* genannt, waren ebenfalls ans Kanalnetz angeschlossen. Eine Wasserzuleitung sorgte für kontinuierliche Spülung im gemauerten Fäkalgraben, und in einer oft an einen Brunnen angeschlossenen Rinne am Boden vor den Sitzen floss Wasser zur Körperreinigung und zum anschließenden Händewaschen. Besser ausgestattete Wohnungen in den Obergeschossen der Häuser verfügten über einen Abfluss für Fäkalien und Abwasser. Über eine in einem Schlitz in der Außenwand des Hauses verlaufende Rohrleitung aus Terracotta gelangten Abwasser und Fäkalien in das Kanalnetz oder einfach auf die Straße, wo sie von überquellendem Brunnenwasser und Regen weggespült wurden.

Bleivergiftung durch Leitungsrohre aus Blei?

Zum Abschluss des Kapitels über Wasserleitungsbau soll noch kurz auf die Frage der in der Literatur viel diskutierten, angeblich durch Wasserleitungsrohre aus Blei verursachten Bleivergiftung der Menschen der römischen Antike eingegangen werden. Den Ausgangspunkt dieser Diskussionen gibt Vitruv, der dazu schreibt: „Auch ist Wasser aus Terracottarohren gesünder als das durch Blei geleitete, denn das Blei scheint deshalb gesundheitsschädlich zu sein, weil aus ihm Bleiweiß entsteht. Dies aber soll dem menschlichen Körper schädlich sein. Wenn nun das, was aus ihm entsteht, schädlich ist, kann es auch selbst zweifellos der Gesundheit nicht zuträglich sein. Ein Beispiel hierfür können uns die Bleiarbeiter liefern, weil sie eine bleiche Körperfarbe haben. Wenn nämlich Blei geschmolzen und gegossen wird, dann entzieht der von ihm ausströmende Dampf, der sich an den Gliedern des Körpers festsetzt und sie von dort ausbrennt, ihren Körperteilen die wertvollen Eigenschaften des Blutes. Daher scheint es ganz und gar nicht gut, dass man Wasser durch Bleirohre leitet, wenn wir der Gesundheit zuträgliches Wasser haben wollen“ (Vitr. 8, 6,10–11).

Folgende Sachverhalte sprechen gegen eine durch Trinkwasser verursachte Bleivergiftung der Menschen der römischen Antike: Ob und in welcher Menge Blei aus den Rohren vom Wasser aufgenommen wird, ist von der Wasserhärte, der Verweilzeit des Wassers in der Leitung und der Wassertemperatur abhängig. Je härter das Wasser, desto geringer ist die Löslichkeit des Bleis. Dazu kommt, dass sich bei hartem Wasser in den Leitungen eine schützende Sinterschicht bildet. Liegt der pH-Wert allerdings unter 6,5, geht Blei im Wasser in Lösung. Aus den in antiken Wasserleitungskanälen und Leitungsrohren vorhandenen Sinterablagerungen kann geschlossen werden, dass es sich in den meisten Fällen um hartes Wasser handelte. Da die öffentliche römische Wasserversorgung auf ständigem Durchfluss beruhte, kam es in den Zuleitungen der Brunnen nicht zur Stagnierung des Wassers und damit zur Lösung des Bleis. Einzig in den Häusern konnte die Wasserzufuhr mit Wasserhähnen unterbrochen werden. In Heizkesseln aus Blei bereitetes Warmwasser diente als Wasch- und Badewasser und nicht als Trinkwasser. Leider haben wir keine Möglichkeit festzustellen, wie hoch der Bleigehalt im römischen Trinkwasser tatsächlich war. Die WHO empfiehlt heutzutage einen Höchstwert von 10 µg/l (μg Mikrogramm = ein millionstel Gramm). Zu einer Beeinträchtigung der Gesundheit kommt es ab einem Bleigehalt von 100 μg/l im Blut. Erst die Einnahme von mindestens 1 mg (Milligramm) Blei pro Tag über einen längeren Zeitraum hinweg führt zu chronischer Bleivergiftung.

Wesentlich mehr Blei als mit Trinkwasser wurde über Kosmetika, Arzneimittel und Lebensmittel eingenommen. Bleiweiß (Pb_2CO_3), ein weißes Farbpigment, diente den Damen als Schminke, um die begehrte weiße Hautfarbe zu erzielen (Ov. medic. 73). Plinius warnt jedenfalls davor, die Schminke oral einzunehmen, denn „als Trank ist das Bleiweiß [...] tödlich" (Plin. nat. 34, 176). Nicht nur in der Kosmetik, sondern auch in der Medizin wurde Blei verwendet. Plinius (Plin. nat. 34, 173–176) und Dioskurides, ein Arzt des 1. Jahrhunderts n. Chr. (Diosk. mat. med. 5, 95–98), beschreiben die Herstellung und Anwendung von Arzneimitteln aus Blei. Dioskurides warnt jedoch davor, die bei der Herstellung dieser Arzneimittel freiwerdenden Dämpfe einzuatmen, „denn der Rauch ist schädlich". *Defrutum* und *sapa*, durch Kochen in Bleigefäßen auf die Hälfte bis zu einem Drittel seines Volumens reduzierter Traubensaft (Colum. 12, 19–20), wurde nicht nur zum „Verbessern" von Wein verwendet, sondern auch zum Süßen von Speisen. Beim Erhitzen reagiert das Blei mit der Säure des Traubensaftes, und es entsteht Bleiacetat, der so genannte Bleizucker ($Pb(CH_3COO)_2$), der noch im 19. Jahrhundert ein beliebter Süßstoff war. 1883 bereitete K. B. Hoffmann, ein deutscher Physiker, *sapa* nach Columellas Angaben zu und konnte einen Bleigehalt von 240 mg/l messen. Gibt man zwei Teelöffel davon in einen Liter Wein, hat der Wein einen Bleigehalt von 20 bis 30 mg/l. Durch längeres Reduzieren des Traubensaftes erhielt Hoffmann süßen *sapa* mit einem Bleigehalt von 1000 mg, also 1 g, pro Liter.

Abgesehen von Arbeitern in der Blei-/Silberproduktion und bei der Bleiverarbeitung, die den Gefahren der Bleivergiftung in extrem hohem Maße ausgesetzt waren, war die Höhe des individuellen täglichen Bleikonsums im wesentlichen von der gesellschaftlichen Schicht, der man angehörte, und dem damit verbundenen Konsumverhalten abhängig. Schlüssige Aussagen über die tatsächliche Häufigkeit von Bleivergiftungen innerhalb der Bevölkerung des römischen Reiches sind nach derzeitigem Forschungsstand nicht möglich. Umfangreiche Untersuchungen an römischem Skelettmaterial, die zur Klärung dieser Frage beitragen könnten, stehen noch aus.

Agrartechnik

VIII.

Da eine umfassende Behandlung dieses Themenkreises den Rahmen des vorliegenden Buches sprengen würde, wird nur auf Bereiche eingegangen, bei denen mechanische Vorrichtungen zur Anwendung kamen. Es sind dies Pressen, Mühlen und ein Mähgerät.

1. Pressen

Aus der antiken Literatur geht hervor, dass es keinen Unterschied zwischen Wein- und Olivenpressen gab. Oliven müssen vor dem Pressen entkernt werden, da zerbrochene Kerne den Geschmack des Öls beeinträchtigen (Cato agr. 64; Colum. 12, 52,6). Die Früchte wurden vor dem Pressen in einer Mühle zerquetscht und die Kerne, vor allem bei der Produktion von qualitativ hochwertigem Olivenöl, aus der Maische aussortiert. Zum anschließenden Pressen wurde die Maische in flache Körbe, so genannte Pressmatten, gefüllt. Durch Pressen wurde aus der Maische eine Mischung aus Olivenöl und Fruchtwasser gewonnen, die in einen Behälter abgefüllt wurde. Das leichtere, auf dem Fruchtwasser schwimmende Öl wurde in einen weiteren Behälter abgeschöpft und so weiter, bis das Öl nach rund dreißigmaligem Abschöpfen die entsprechende Reinheit hatte (Colum. 12, 52,11–12). Die Maische wurde unter Zugabe von heißem Wasser ein zweites und drittes Mal gepresst, wobei streng darauf geachtet wurde, dass die Öle aus den einzelnen Pressungen nicht miteinander vermischt wurden.

Weintrauben wurden zuerst auf dem gemauerten Stampfboden mit nackten Füssen zertreten und anschließend gepresst. Der Saft der Weintrauben floss in gemauerte Tanks und wurde schließlich in große, in den Boden

Abb. 90

Römische Hebelpresse. Mosaik, 1. Hälfte 3. Jh., aus St. Romain-en-Gal.

eingelassene Gefäße (*dolia*) mit einem Fassungsvermögen von bis zu 1500 l gefüllt, in denen der Gärungsprozess stattfand.

Die frühesten, aus ikonographischen Quellen des 6. und 5. Jahrhunderts v. Chr. bekannten Pressen sind einfache Hebelpressen. Der heruntergezogene und mit Steinen beschwerte Pressbalken drückt das in Körbe oder Kästen aus Holzbrettern gefüllte Pressgut zusammen. Die Weiterentwicklung ist die von Cato dem Älteren im 2. Jahrhundert v. Chr. beschriebene Hebelpresse (Cato agr. 18–19), deren Pressbalken mit Hilfe einer Seilwinde mit langen Hebelstangen heruntergezogen wird und so das Pressgut zusammendrückt (Abb. 92). Das andere Ende des Pressbalkens ist auf Balken (Riegel) gelagert, die zwischen zwei großen Holzstehern liegen. Sobald der Pressbalken an den zuoberst liegenden Riegel anstößt, muss er tiefer gesetzt werden. Dazu muss das Ende mit der Winde so weit hochgehoben werden, dass der jeweils oberste der unteren Riegel herausgezogen und zu den oberen hinzugefügt werden kann. Der Nachteil dieser Presse ist, dass die Winde ununterbrochen betätigt werden muss, um den Druck auf das Pressgut aufrecht zu erhalten.

Abb. 91

Rekonstruierte Presse in Mas-de-Tourelles bei Beaucaire.

Heron von Alexandria (Heron mech. 3, 2,13–21) beschreibt eine Weiterentwicklung dieser Presse: An einem Ende des Pressbalkens hängt ein Stein, der mit Hilfe eines Flaschenzugs und einer Winde angehoben wird. Sobald der Stein hochgehoben ist, wird er mit einem Seil am Pressbalken fixiert und die Seiltrommel mit einem kurzen Holz so am Boden verspreizt, dass sie sich nicht drehen kann. Der Stein zieht durch sein Gewicht den Pressbalken nach unten, der solange Druck auf das Pressgut ausübt, bis der Stein wieder auf dem Boden aufsitzt. Dann wird der Pressbalken an seinem anderen Ende tiefer gesetzt und das oben beschriebene Verfahren wiederholt.

Abb. 92

Funktionsweise einer Hebelpresse:
1: Der Pressbalken wird nach unten gedrückt.
2: Der oberste Riegel der Lagerung wird herausgezogen und der Pressbalken gehoben.
3: Der Riegel wird oberhalb des Pressbalkens hineingeschoben und der Pressbalken wieder nach unten gedrückt.

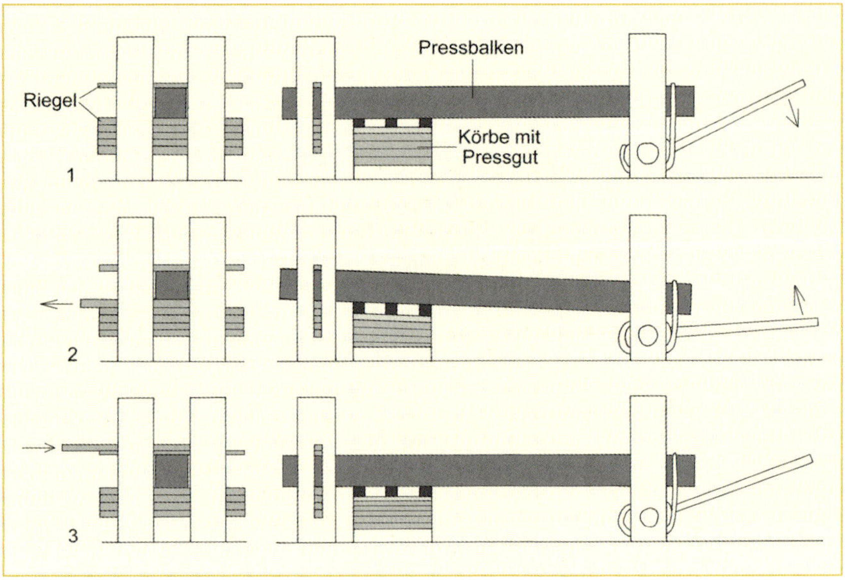

Gegen Ende des 1. Jahrhunderts v. Chr. wurde die Hebelpresse mit einer Spindel kombiniert (Plin. nat. 18, 317). Abbildung 93 zeigt Aufbau und Funktionsweise dieser Presse. Ein Ende des Pressbalkens ist wie bei der einfachen Hebelpresse auf zwischen zwei Holzstehern liegenden Riegeln gelagert, das andere Ende ist mit einem Muttergewinde mit der Spindel verbunden. Das untere Ende der Spindel steckt, damit sie sich frei drehen kann, in einer in einen großen Stein geschlagenen Öffnung. Nachdem das Pressgut in den Holzkasten gefüllt wurde, wird die Spindel mit Handspeichen im Uhrzeigersinn gedreht und so der Pressbalken möglichst weit nach oben bewegt. Die Brustriegel werden entfernt und eine entsprechende Zahl von Riegeln zwischen die Holzsteher geschoben. Dann wird die Spindel gegen den Uhrzeigersinn gedreht. Der Pressbalken bewegt sich nun entlang der Spindel nach unten, bis er annähernd horizontal liegt. Das untere Ende der Spindel wird mit Keilen in der Bohrung des Steins fixiert und die Spindel weiter gegen den Uhrzeigersinn gedreht. Sobald der Pressbalken an die Riegel anstößt, dreht sich die Spindel im Muttergewinde nach oben und der Stein an ihrem unteren Ende wird gehoben. Durch das Gewicht des Steins wird der mit der Spindel verbundene Pressbalken nach unten gezogen und so lange Druck auf das Pressgut ausgeübt, bis der Stein wieder auf dem Boden aufsitzt. Dann wird das gesamte Verfahren wiederholt. Pressen dieser Art wurden noch im 20. Jahrhundert verwendet.

Neben diesen großen Pressen erwähnt Plinius (Plin. nat. 18, 317) auch eine kleinere, direkte Spindelpresse, die aus einem Holzrahmen mit einem oben angebrachten Querbalken mit einem Muttergewinde, durch das die

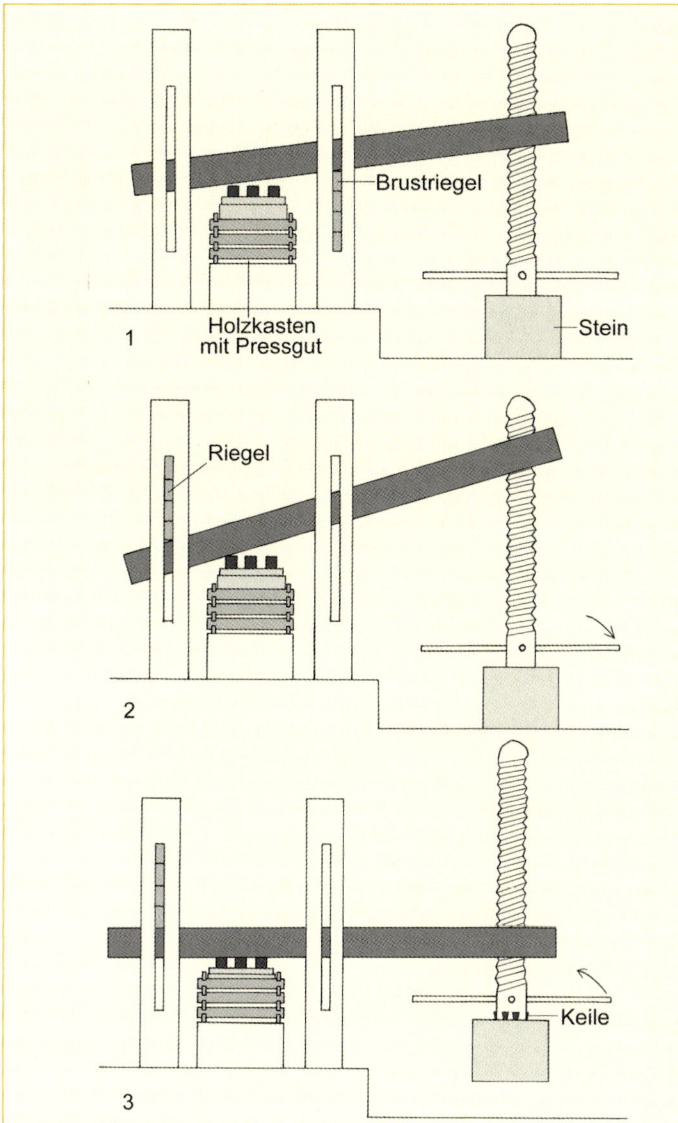

Abb. 93

Funktionsweise einer Hebel-Spindelpresse: 1: Ausgangsstellung. 2: Der Pressbalken wird nach oben gedreht und der Brustriegel entfernt. 3: Der Pressbalken wird nach unten gedreht, bis er an die Riegel anstößt. Wenn die Spindel weitergedreht wird, hebt sich der Stein.

Spindel führt, besteht. Das untere Ende der Spindel steckt in einer in einen Stein geschlagenen Öffnung, so dass sie sich frei drehen kann ohne dass sich die auf dem Pressgut liegenden Pressplatten mitdrehen. Durch Drehen nach unten drückt die Spindel auf die Pressplatten. Größere Pressen dieser Art hatten zwei nebeneinander angebrachte Spindeln. Direkte Pressen wurden nicht nur zum Pressen von Wein und Öl verwendet, sondern auch in Wäschereien als Tuchpressen. Die um 1440 von Gutenberg entwickelte Druckerpresse war nichts anderes als eine etwas modifizierte direkte Spindelpresse.

Abb. 94

Ölmühlen: 1: *trapetum* nach Cato, 2: *olea molinaria* nach Columella.

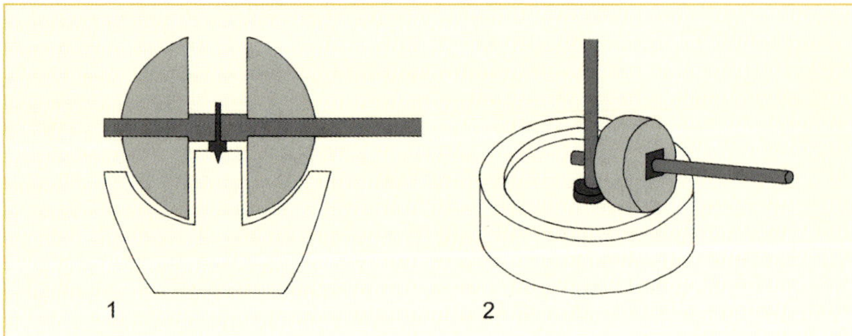

2. Mühlen

Ölmühlen

Oliven werden vor dem Pressen in einem Kollergang (*trapetum*) zerquetscht (Abb. 94, 1). Ein derartiges Mahlwerk, wie es von Cato dem Älteren (Cato agr. 20–22) beschrieben wird, besteht aus einem großen runden Becken aus Stein mit einer senkrechten Achse im Zentrum, um die zwei plankonvexe Läufersteine mit Hilfe eines waagrechten Balkens gedreht werden. Die Nachteile des von Cato beschriebenen *trapetum* sind einerseits die äußerst komplizierte Herstellung, bei der große Präzision erforderlich ist, und die Tatsache, dass die Höhe, in der die Läufersteine mit der Achse verbunden sind, aufgrund ihrer Form nicht verstellbar ist. Columella (Colum. 12, 52,6) erwähnt eine Ölmühle (*olea molinaria*), deren Läufersteine je nach Größe der Oliven in unterschiedlicher Höhe an der Achse angebracht werden können (Abb. 94, 2). Läufersteine für eine derartige Ölmühle müssen scheibenförmig sein. In beiden Fällen kann die Mühle mit einem oder zwei Läufersteinen bestückt sein.

Getreidemühlen

Die ältesten Getreidemühlen waren Reibplatten, auf denen das Getreide mit einem Reibstein gemahlen wurde. In der griechischen Antike wurde aus dieser Mühle die wesentlich effizientere Schiebemühle (Abb. 95) entwickelt, die nach dem Fundort Olynthos, einer Stadt auf der Halbinsel Chalkidike, auch olynthische Mühle genannt wird. Eine Schiebemühle besteht aus einer Bodenplatte und einem rechteckigen Mühlstein, in den ein Trichter mit einem langen Schlitz zur Beschickung eingearbeitet ist. Der Mühlstein weist an den kurzen Seiten je einen Schlitz auf, in dem eine Eisenstange mit Blei eingegossen ist. Ein Ende dieser Stange ist mit einer auf einem Tisch befestigten Achse verbunden. Mit Hilfe der Stange wird der Mühlstein hin- und herbewegt und so das Getreide gemahlen.

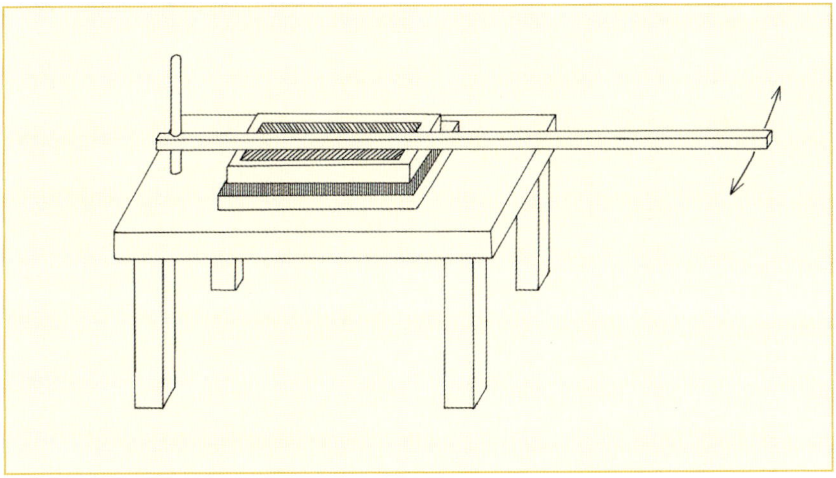

Abb. 95

Schiebemühle, so genannte olynthische Mühle.

Die frühesten Hinweise auf Rotationsmühlen stammen aus dem 2. Jahrhundert v. Chr. Cato der Ältere erwähnt in seinem Buch über Landwirtschaft *molae asinariae* (von Eseln angetriebene Rotationsmühlen) und *molae trusatiles* (Stoßmühlen, gemeint sind Schiebemühlen) (Cato agr. 10, 4 und 11, 4), die auch von Aulus Gellius (Gell. 3, 3,14) erwähnt werden. Eine weitere lateinische Bezeichnung für die Rotationsmühle ist *mola versatilis* (Drehmühle) (Plin. nat. 36, 135). Aus Catos Text geht deutlich hervor, dass zu seiner Zeit sowohl Schiebe- als auch Rotationsmühlen im Einsatz waren.

Die typische römische Getreidemühle ist die von einem Esel angetriebene, so genannte pompeianische Rotationsmühle oder Eselmühle (Abb. 96, 1), wie sie aus zahlreichen Fundstellen bekannt ist. Sie besteht aus einem kegelförmigen Bodenstein und einem Läuferstein in Form von zwei Hohlkegeln. In den Bodenstein ist eine Stange aus Metall oder Holz eingelassen, die ein Holzgestell trägt, auf dem der Läuferstein befestigt ist. Diese Konstruktion verhindert, dass die beiden Steine während des Mahlens miteinander in Berührung kommen und das Mehl durch Steinabrieb verunreinigt wird. Neben diesen industriellen Mühlen gab es auch einfache Handmühlen, die zur Standardausrüstung römischer Legionäre gehörten, aber auch im häuslichen Bereich verwendet wurden. Sie haben einen Durchmesser von rund 35 bis 45 cm, die Mahlflächen sind leicht abgeschrägt. Boden- und Läuferstein sind mit einem Steglager, das auf einem eisernen Zapfen aufgesetzt ist, miteinander verbunden. Der Drehgriff aus Holz steckt in einem Loch auf der Oberseite des Läufersteins (Abb. 96, 2a) oder als Winkelgriff in einem Loch an der Seite des Läufersteins (Abb. 96, 2b).

Ab dem 1. Jahrhundert v. Chr. gibt es auch mit Wasserkraft angetriebene Mühlen: „Nach demselben Prinzip werden auch Wassermühlen getrieben, bei denen sonst alles ebenso ist, nur ist an dem einen Ende der Welle ein Zahnrad

Abb. 96

Rotationsmühlen: 1: Schnitt durch eine römische Eselmühle, 2: Handmühle: 2a: Schrägansicht einer Mühle mit Griff an der Oberseite des Läufersteins, 2b: Querschnitt einer Mühle mit Winkelgriff.

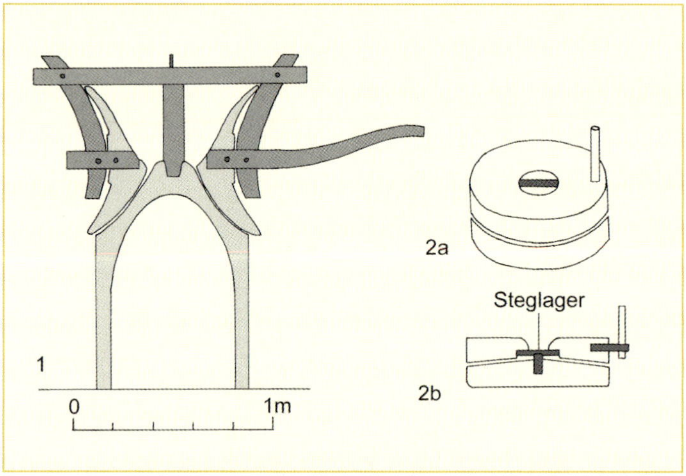

Abb. 97

Mühle auf einem Sarkophag aus dem 3. Jahrhundert v. Chr.

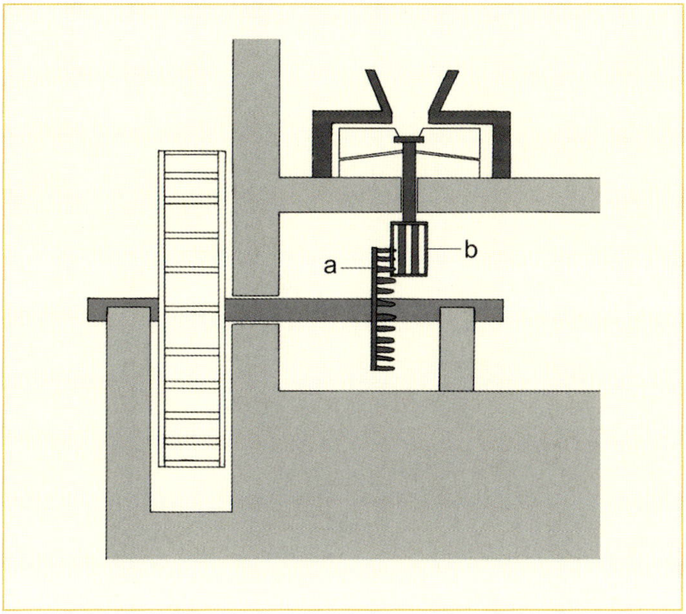

Abb. 98

Mit Wasserkraft betriebene Getreidemühle nach Vitruv (a: Kronrad, b: Spindelrad).

[Kronenrad] angebracht. Dies ist senkrecht auf die hohe Kante gestellt und dreht sich gleichmäßig mit dem Rad in derselben Richtung. Anschließend an dieses größere Zahnrad ist ein [kleineres] Zahnrad [Spindelrad] horizontal angebracht, das in jenes eingreift. So erzwingen die Zähne jenes Zahnrades, das an der Welle [des Schaufelrades] angebracht ist, dadurch, dass sie die Zähne des horizontalen Zahnrades in Bewegung setzen, eine Umdrehung der Mühlsteine. Bei dieser Maschine führt ein Rump [Mühlentrichter], der darüber hängt, das Getreide zu, und durch dieselbe Umdrehung wird das Mehl erzeugt" (Vitr. 10, 5,2). Abbildung 98 zeigt das Funktionsprinzip dieser Mühle, die in beeindruckender Weise in der großen Mühlenanlage von Barbegal in Südfrankreich zum Einsatz kam.

3. Mähmaschine

Die Verwendung einer einfachen, aber effizienten Mähmaschine in den gallischen und germanischen Provinzen des römischen Reiches ist durch schriftliche und ikonographische Quellen belegt. Die Mähmaschine wird bereits von Plinius erwähnt und kurz beschrieben (Plin. nat. 18, 296). Eine ausführliche Beschreibung verdanken wir Palladius, einem Schriftsteller des 4. Jahrhunderts n. Chr.: „Im gallischen Flachland gebraucht man das nachstehend beschriebene Hilfsmittel für die Getreideernte und anstelle von Menschenhand wird damit durch die Kraft eines Ochsen die gesamte Ernteflache abgeräumt.

Man fertigt ein Wagengestell, welches von zwei niedrigen Rädern getragen wird. Der viereckige Boden wird mit Brettern versehen, die nach außen geneigt oben einen weiten Raum schaffen. An der Vorderseite dieses Wagenkastens sind die Bretter etwas weniger hoch. Hier wird eine Reihe zahlreicher Greifzähne angebracht, die für die Getreidehalme nur schmale Lücken lassen und leicht nach oben gekrümmt sind. An der Rückseite dieses Fahrzeuges befinden sich zwei kurze Deichseln wie die Tragstangen einer Sänfte. Hierzu wird ein Ochse mit dem Kopf zum Wagen hin angespannt mit Hilfe von Joch und Strängen, ein sanftes Tier natürlich, welches dem Treiber gehorcht. Sobald dieser das Fahrzeug über das Ährenfeld lenkt, wird jede Ähre von den Zähnen ergriffen und dann in den Wagenkasten geschoben, wobei die Halme abgerissen werden und zurückbleiben. Der Fuhrmann kann von hinten je nach Bedürfnis Höhe und Tiefe der Zähne einstellen. So kann durch wenige Touren hin und her in kurzer Zeit ein ganzes Feld abgeerntet werden. Dieses Gerät ist nützlich in offenem und ebenem Gelände für diejenigen, die keinen Bedarf an Stroh haben" (Pall. agric. 7, 2,2–4). Die Mähmaschine wurde von zwei Mann bedient, wobei einer das Zugtier lenkte und der andere die abgeschnittenen Halme in den Kasten schob. Um zu verhindern, dass sich noch nicht geschnittene Halme in den Rädern verfangen, ist der Kasten nach vorn zu breiter, so dass die Räder über nur bereits abgemähte Halme fahren. Abbildung 99 zeigt die Rekonstruktion einer derartigen Mähmaschine nach Reliefdarstellungen aus Trier und den belgischen Fundorten Arlon und Montauban-Buzenol.

Abb. 99 ▼

Römische Mähmaschine, Nachzeichnung eines Reliefs aus Trier.

IX. Schiffbautechnik

Zur antiken Schiffbautechnik gibt es neben Schriftquellen zahlreiche ikonographische und archäologische Quellen. Darstellungen von Schiffen gibt es beispielsweise in der griechischen Vasenmalerei, auf Mosaiken, Wandmalereien, Münzen und Reliefs. Von großer Bedeutung für die Kenntnis der Schiffbautechnik sind im Mittelmeerraum gefundene Wracks von Frachtschiffen, zum Teil mit intakter Ladung. Wracks von Kriegsschiffen wurden im Mittelmeerraum bis dato nicht gefunden.

1. Bauweise und Ausstattung

Schiffsrumpf

Der Rumpf eines Schiffes kann auf verschiedene Art aufgebaut werden. Ab dem Mittelalter ist die Skelettbauweise üblich. Dabei wird zuerst ein Skelett aus Kiel und Spanten konstruiert, um das die Schale aus Planken herumgebaut wird. Wie die Schiffsfunde aus dem Mittelmeerraum zeigen, wurden Schiffe der griechisch-römischen Antike in der so genannten Schalenbauweise errichtet. Bei dieser Bauweise werden zuerst Kiel und Kielschwein (Gegenstück zum Kiel im Inneren des Schiffes zum Aussteifen des Rumpfes in der Längsrichtung) gelegt und Vorder- und Achtersteven angefügt. Dann wird die Schale aus Planken aufgebaut. Die Planken werden bündig Stoß an Stoß gesetzt und mit Nut-und-Feder-Verbindung zusammengefügt. In die fertige Schale werden die Spanten eingepasst und von außen mit Kupfer- und in späterer Zeit mit Eisennägeln an der Schale befestigt. Von Mischbauweise spricht man, wenn vor dem Aufbau der Schale

Abb. 100

Naumachie, römisches Seegefecht. Wandmalerei des 1. Jhs. n. Chr. aus dem Isistempel in Pompeii.

Abb. 101

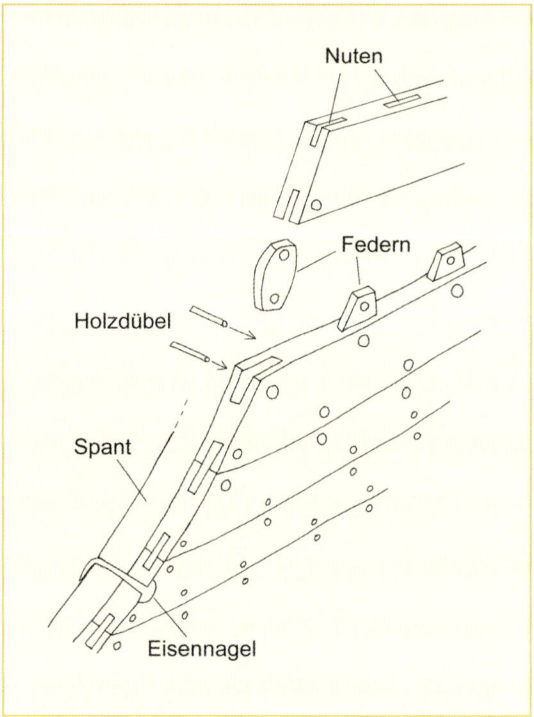

Aufbau der Schale eines Schiffes: Verbinden der Planken mit Nut und Feder.

einige Spanten als „Teilskelett“ aufgebaut werden, um den Aufbau der Schale zu erleichtern.

Der Bau eines Schiffes in Schalenbauweise wird in der Odyssee genau beschrieben. Als die Nymphe Kalypso Odysseus auf Befehl des Zeus von ihrer Insel entließ, baute er ein Schiff. Kalypso führte ihn zu einem Hain und gab ihm die notwendigen Werkzeuge: Axt, Beil und Bohrer. Nachdem er zwanzig Bäume gefällt hatte, schlug er sie mit dem Beil zu Brettern und „durchbohrte alle und passte sie aneinander und verband sie zum Boot mit Bolzen und mit Querhölzern [Aufbau der Schale, Verbindung der Planken mit Nut und Feder]. So groß, wie ein Mann den Boden eines Schiffes rundet, eines breiten Lastschiffes, der sich gut versteht auf die Künste des Zimmerns: So groß in der Breite machte sich das Boot Odysseus. Und indem er Pfosten aufstellte und sie versteifte mit häufigen Streben [Einpassen der Spanten], machte er einen erhöhten Boden und deckte ihn oben ab mit langen Brettern [Aufbau des Decks]. Und auf ihm machte er einen Mastbaum und eine an ihn angepasste Rahe und machte sich dazu ein Steuerruder, damit er lenken konnte, und umzäunte es rundum mit Weidengeflecht, dass es ein Schutz sei gegen den Wogengang, und schüttete darauf viel Laubwerk [um nicht im Wasser stehen zu müssen]. Indessen brachte Kalypso Tücher, um Segel daraus zu machen, und er bewerkstelligte recht mit Kunst auch dieses. Und er band an dem Schiff Brassen [Leinen zum Verstellen der Rah] und Fallen [Leinen zum Aufziehen und Niederholen des Segels] und Schoten [Leinen zum Stellen des Segels] an und zog es auf Walzen hinab in die Salzflut“ (Hom. Od. 5, 244–261).

Die hier beschriebene Nut-und-Feder-Verbindung der Planken (Abb. 101) erfordert in der Ausführung höchste Präzision, gewährleistet jedoch einen festen Zusammenhalt der Schale. Der Aufbau der Schale beginnt am Kiel, in den im Abstand von 5 bis 25 cm Nuten gestemmt werden, in die kleine Holzbretter, die Federn, eingesetzt werden. Die Planken der ersten Lage werden angelegt und die Positionen der Nuten markiert, die Nuten ausgestemmt und die Planken auf die Federn aufgesetzt. Um das Einsetzen zu erleichtern, werden die Federn vor dem Einsetzen eingefettet. Zum Abschluss werden Planken und Federn mit Holzdübeln verbunden. Das Holz für die Planken und die Federn muss sorgfältig ausgewählt werden. Ist es zu frisch, werden die Verbindungen locker, wenn das Holz trocknet. Ist es zu trocken, besteht die Gefahr, dass die Planken beim Einsetzen der Federn reißen.

Eine weitere Art der Verbindung der Planken wurde an antiken Schiffsfunden, vor allem an Wracks bis zum Ende des 6. Jahrhunderts v. Chr., aber vereinzelt auch noch an Wracks des 3. und 2. vorchristlichen Jahrhunderts beobachtet. Die Planken wurden nicht mit Nut und Feder miteinander verbunden, sondern Stoß auf Stoß zusammengenäht. Beispiele für diese Technik findet man unter den bei archäologischen Ausgrabungen auf der Place Jules-Verne in Marseille gefundenen Schiffen des späten 6. Jahrhunderts v. Chr.

Die Beplankung großer Frachtschiffe war oft zweilagig ausgeführt. Bei einem römischen Handelsschiff (75–60 v. Chr.), das bei Madrague de Giens an der Côte d’Azur gefunden wurde, konnte zwischen den beiden Plankenlagen eine Dichtung aus Wolle, Harz und Mastix festgestellt werden. Zur zusätzlichen Stabilisierung des Rumpfes in der Längsrichtung wurden über den Spanten weitere Längsbalken angebracht und am Überwasserrumpf zwischen den Planken Barghölzer eingezogen. Der Unterwasserrumpf war oft zum Schutz gegen den Schiffswurm mit einem Bleimantel versehen oder mit einem Schutzanstrich aus Pech und Wachs überzogen. Der Oberwasserrumpf der Schiffe wurde mit Wachsfarben bemalt.

Steuermechanismus

Der Steuermechanismus antiker Schiffe bestand aus je einem Steuerruder an beiden Seiten des Rumpfes im Bereich des Hecks (Seitenruder). Antike Seitenruder bestehen wie die zur Fortbewegung dienenden Ruder aus einem Stock und den zu beiden Seiten des Stocks angebrachten Ruderblättern. Ab dem Mittelalter tritt anstelle der Seitenruder das noch heute übliche Heckruder, ein einziges Ruderblatt am Achtersteven.

Beide mit einer Pinne versehenen Seitenruder wurden von einem einzigen Rudergänger betätigt. Schiffsdarstellungen zeigen verschiedene Möglichkei-

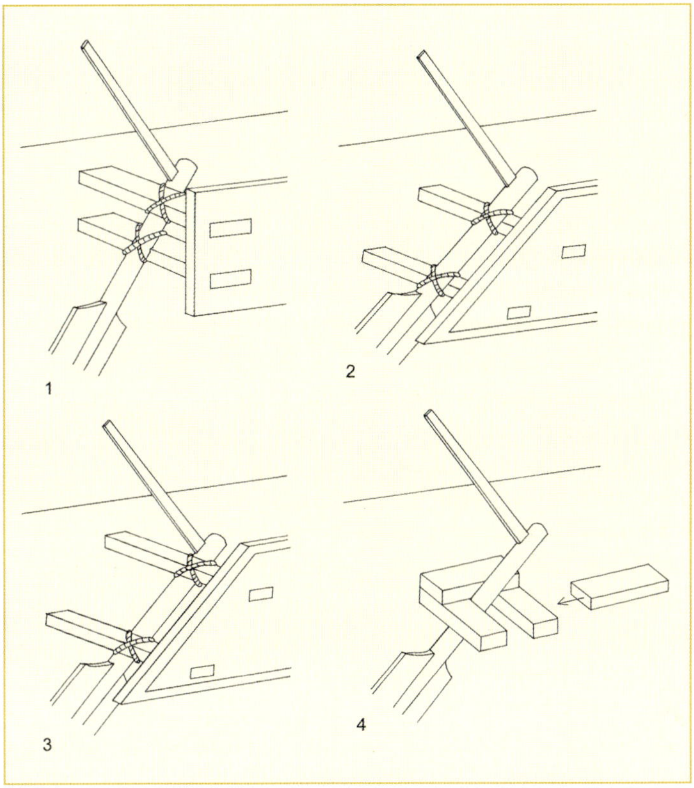

Abb. 102

Lagerung der Steuerruder: 1: zwischen den Querbalken, 2: an der Hinterseite der Querbalken, 3: an der Vorderseite der Querbalken, 4: in einem Ruderkasten.

ten der Befestigung der Pinne am Ruderstock. Sie konnte im rechten Winkel oder parallel zum Ruderblatt angebracht sein. Im zweiten Fall stand der Rudergänger entweder knapp neben der Pinne oder die Pinne war mit einer Verlängerung versehen. Wurde die Pinne in einem leicht ansteigenden Winkel am Ruderstock befestigt, konnte der Sitz des Rudergängers höher liegen, was ihm einen besseren Überblick über Schiff und Segel verschaffte. Bei großen Schiffen war die Distanz zwischen dem Standort des Rudergängers mittschiffs und dem Dollbord oft zu groß, um mit den Pinnen überspannt werden zu können. In diesem Fall verlängerte man die Pinnen ebenfalls mit Längsstangen. Die Größe der Ruder ist beachtlich: die Ruder einer attischen Triere waren 5 m lang und wogen rund 250 kg, die Ruder der großen römischen Getreideschiffe waren bis zu 12 m lang und wogen rund 3 Tonnen.

Die Ruder waren an Querbalken im Bereich des Hecks oder in Ruderkästen gelagert. Abbildung 102 zeigt mögliche Arten der Lagerung auf Querbalken. Die meisten Bilddarstellungen zeigen eine Lagerung des Ruderstocks zwischen den beiden Querbalken (Abb. 102, 1). Eine derartige Lagerung hat den Vorteil, dass sich der Ruderstock zwischen den Querbalken verkeilt und eine zusätzliche Befestigung mit Seilen nicht unbedingt erforderlich ist.

Zudem können bei dieser Art der Lagerung die Ruder leicht in eine horizontale Position gebracht, sowie schnell gehoben und gesenkt werden. Ist es notwendig, die Ruder auf See zu Reparaturzwecken an Bord zu hieven, wird die Pinne abgenommen und der Kopf des Ruderstocks zwischen den beiden Querbalken durchgezogen. Wesentlich seltener sind Darstellungen schwerer Frachtschiffe, deren Ruder an der hinteren Seite (achtern) der Querbalken befestigt sind (Abb. 102, 2). In diesem Fall müssen die Ruder mit Seilen an den Querbalken befestigt werden. Der Vorteil dieser Befestigungsart ist, dass die großen, schweren Ruder der Frachtschiffe wesentlich leichter an Bord gehoben werden können, als im Fall einer Lagerung zwischen den Querbalken. Es müssen lediglich die Befestigungsseile gelöst werden, und das Ruder kann mit einem Flaschenzug an Bord gehievt werden. Für eine Befestigung der Ruder an der Vorderseite der Querbalken gibt es ebenfalls nur wenige Belege (Abb. 102, 3). Auch in diesem Fall müssen die Ruder mit Seilen befestigt werden. Die Nachteile dieser Befestigungsart sind einerseits, dass es unmöglich ist, die Ruder in eine horizontale Lage zu bringen, und andererseits, dass die Ruder, wenn sie an Bord gehoben werden müssen, zunächst in eine vertikale Position gebracht werden müssen, die es erlaubt, sie zwischen der Bordwand und dem seitlichen Ausbau durchzuziehen. Der einzige Vorteil dieses Systems ist, dass anstelle der Befestigungsseile der untere Querbalken am stärksten beansprucht wird.

Einfache Ruderkästen, bestehend aus auf gleicher Höhe am Rumpf angebrachten Querbalken mit Seitenstücken, sind auf spätrömischen Schiffsdarstellungen zu sehen (Abb. 102, 4). Der Ruderstock wird so in den Kasten eingepasst, dass er gedreht werden kann, aber doch so fest sitzt, dass eine Befestigung mit Seilen an den Balken des Ruderkastens nicht notwendig ist. Seile sind eine Schwachstelle der Befestigung der Ruder. Um sie möglichst trocken zu halten und sie leicht zugänglich zu machen, wenn sie ausgetauscht werden müssen, ist es notwendig, die Ruder am oberen Teil der Bordwand zu befestigen. Daraus ergibt sich, dass der Abstand zwischen der Befestigung und dem Ruderblatt relativ groß ist und die Gefahr besteht, dass der Ruderstock bei großer Belastung bricht. Ruderkästen können knapp über der Wasserlinie angebracht werden, der Abstand zwischen Ruderblatt und Befestigung ist gering, und der Ruderstock kann weniger leicht brechen. Entscheidende Nachteile sind, dass die Ruder nicht in die horizontale Lage gebracht und auf See nicht an Bord gehoben werden können.

Die Steuerung eines Schiffes beruht auf dem physikalischen Prinzip des dynamischen Auftriebs (Abb. 103). Wird das Steuerruder gedreht, fließt das Wasser auf der der Strömung abgewandten Seite (Lee) schneller, ein Unterdruck entsteht, und die damit verbundene Sogwirkung zieht das Schiff in die gewünschte Richtung. Will man beispielsweise eine Wendung nach Backbord machen, schwenkt man die Pinne nach rechts. Die Strömung trifft von links auf das Ruder und der Unterdruck auf der Leeseite des Ruders zieht das Heck

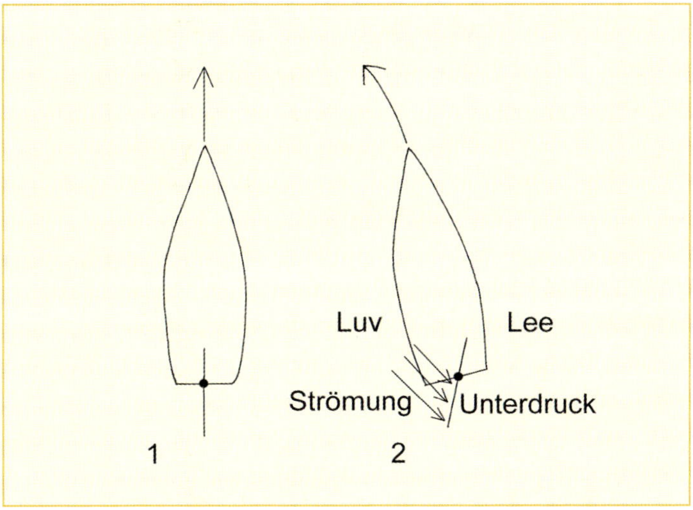

Abb. 103

Prinzip der Steuerung eines Schiffes: Kursänderung nach Backbord.

des Schiffes nach rechts. Wird das Ruder zu stark zur Seite geschwenkt, wird der Angriffswinkel zu groß, der Fluss des Wassers auf der Leeseite wird gebrochen, und es kommt zu Turbulenzen, die den dynamischen Auftrieb verringern. Die Größe des möglichen Angriffswinkels ist abhängig vom Verhältnis der Länge zur Breite des ins Wasser getauchten Teils des Ruderblattes. Je größer der mögliche Angriffswinkel ist, desto leichter und schneller lässt sich das Schiff wenden. Bilddarstellungen antiker Schiffe zeigen Ruderblätter mit einem Längen-Breitenverhältnis von 1 : 1 bis 1 : 2, wobei zu bedenken ist, dass sich dieses Verhältnis durch Heben und Senken der Ruder verändern lässt. Im allgemeinen wird bei antiken Schiffen ein möglicher Angriffswinkel von 25 bis 30° angenommen.

Reibung des Wassers und Turbulenzen am Ruderblatt selbst beeinträchtigen ebenfalls die Effizienz der Ruder und damit das Fahrverhalten des Schiffes. Das ideale Ruder hat eine Form, die möglichst großen dynamischen Auftrieb und möglichst geringen Widerstand gewährleistet. Widerstand und Turbulenzen an einem Seitenruder beeinflussen das Verhalten beim Wenden und die Fahrtgeschwindigkeit. Die durch den aus dem Ruderblatt herausstehenden Ruderstock verursachte Reibung reduzierte man, indem man den Stock entlang des Blattes abschrägte. Die Reibung kann auch beträchtlich verringert werden, wenn nur mit einem der beiden Seitenruder gesteuert wird, wobei das zweite Ruder aus dem Wasser gehoben und horizontal entlang des Rumpfes gelagert wird. Dass dieses Verfahren allgemein üblich war, geht aus antiken Schiffsdarstellungen hervor, wird aber auch von Lukrez, einem lateinischen Dichter des 1. Jahrhunderts v. Chr. beschrieben: „Das (Schiff) auch bei raschester Fahrt nur lenkt ein einziger Handgriff und ein Steuer genügt, es nach allen Seiten zu drehen" (Lucr. 4, 903–904).

Seitenruder werden beim Steuern nicht wie Heckruder geschwenkt, sondern um den Stock als Schwerpunkt gedreht. Um zu erreichen, dass das Ruder bei gerader Fahrt in einem Winkel von 0° zur Fahrtrichtung steht, muss der Stock exzentrisch am Blatt angebracht sein. Dabei ist allerdings darauf zu achten, dass der Schwerpunkt nicht zu weit hinten am Ruder liegt, denn je weiter exzentrisch der Schwerpunkt liegt, desto mehr Kraft muss für die Bedienung des Ruders aufgewendet werden.

Wie bereits gesagt, kann ein Schiff mit beiden oder nur mit einem Ruder gesteuert werden. Bei gerader Fahrt stehen die Ruderblätter parallel zur Fahrtrichtung. Werden beide Ruderblätter nach innen in Richtung des Kiels gedreht, wird die Fahrtgeschwindigkeit reduziert. Werden beide Ruderblätter parallel zueinander nach rechts gedreht, erfolgt eine Wendung nach Steuerbord. Im Allgemeinen kam bei einer Kursänderung nur ein Ruder zum Einsatz. Bei einer Wendung nach Steuerbord wurde das linke Ruder losgelassen, so dass es der Strömung ungehindert folgen konnte, oder aus dem Wasser gehoben und das rechte Ruder in Richtung des Kiels gedreht.

Mast, Segel und Tauwerk

Frachtschiffe hatten mittschiffs einen mächtigen senkrechten Großmast mit einer langen Rah. Oft kommt zum Großmast noch ein Vormast am Bug dazu, der schräg oder vertikal aufgestellt sein kann, und in seltenen Fällen noch ein Besanmast am Heck. Auf dem Großmast großer Frachtschiffe befand sich meist ein Krähennest (Mastkorb).

Die Segel waren aus zusammengenähten Leinenstreifen gefertigt und mit Verstärkungsstreifen aus Leder versehen. Bilddarstellungen von Segelschiffen zeigen, dass vier Typen von Segeln in Verwendung waren. Am häufigsten waren breitrechteckige, quer zum Schiff angeschlagene Rahsegel (Abb. 104, 1).

Abb. 104

Typen von Segeln: 1: Rahsegel (Blick von achtern), 2: Sprietsegel, 3: Lateinsegel.

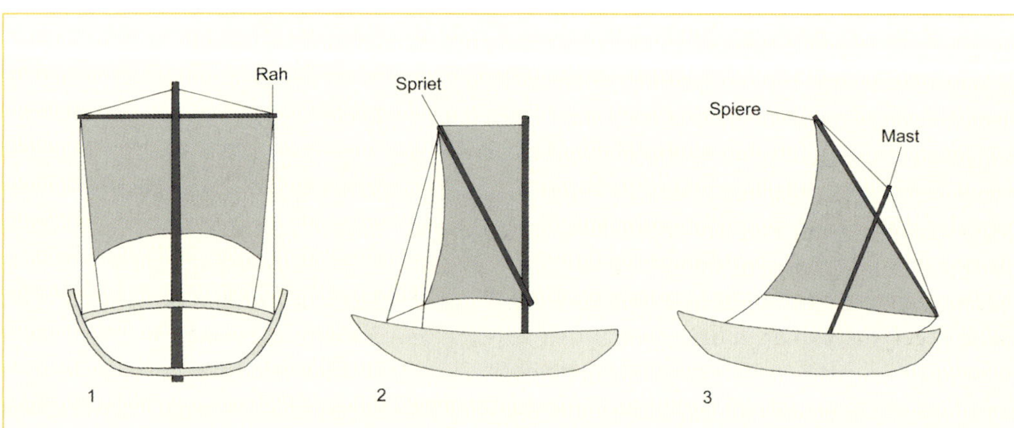

Der Großmast war oft zusätzlich mit einem dreieckigen Obersegel versehen. Rahsegel sind besonders wirksam beim Segeln mit Rückenwind (vor dem Wind). Sprietsegel und Lateinsegel sind in Längsrichtung des Schiffes angeschlagen. In beiden Fällen steht der Mast weiter vorn als bei der Verwendung von Rahsegeln. Das Sprietsegel (Abb. 104, 2) ist ebenso wie das Rahsegel rechteckig. Es ist an einer Seite am Mast befestigt und wird mit der Spriet diagonal vom Mast abgespreizt. Das Lateinsegel (Abb. 104, 3) ist dreieckig und mit der Basis an einer langen gebogenen Spiere befestigt, die in einem Winkel von etwa 45° vom Bug nach achtern reicht. Die Spiere ist ungefähr in der Mitte an einem relativ kurzen Mast befestigt. Sprietsegel und Lateinsegel sind besonders wirksam, wenn der Wind seitlich (halber Wind) oder schräg von vorn (am Wind) kommt.

▲ **Abb. 105**

Römisches Schiff mit Sprietsegel auf einem Sarkophag des späten 3. Jhs. n. Chr., Fundort vermutlich Ostia.

Das Tauwerk war aus pflanzlichen Fasern, zum Beispiel aus spanischem Espartogras oder ägyptischem Papyrus, gefertigt. Das Tauwerk eines Segelschiffes besteht aus stehendem und laufendem Gut (Abb. 106). Das stehende Gut sind die Taue zur Befestigung des Mastes: Vorstag, Achterstag und Wanten. Als bewegliches Gut werden die Taue bezeichnet, mit denen die Rah und das Segel bedient werden. Diese Leinen wurden, so wie heute, über Seilrollen (Blöcke) geführt. Mit den Rahfallen wird die Rah am Mast hochgezogen und in der gewünschten Höhe fixiert. Bei besonders starkem Wind beispielsweise senkte man die Rah bis auf halbe Masthöhe. Mit den Toppnanten wird die Rah parallel zum Deck gehalten, und mit den Brassen wird die Rah waagrecht

Abb. 106

Tauwerk eines Schiffes mit Rahsegel: stehendes Gut: Backstag, Vorstag und Wanten; laufendes Gut: Toppnanten, Geitaue, Schoten, Brassen und Rahfallen.

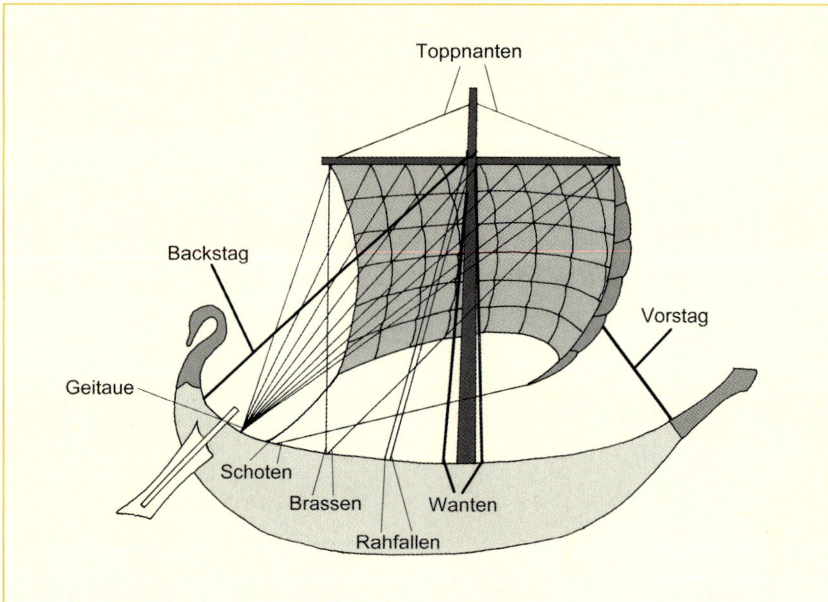

Abb. 107

Kreuzen am Wind mit einem Rahsegel.

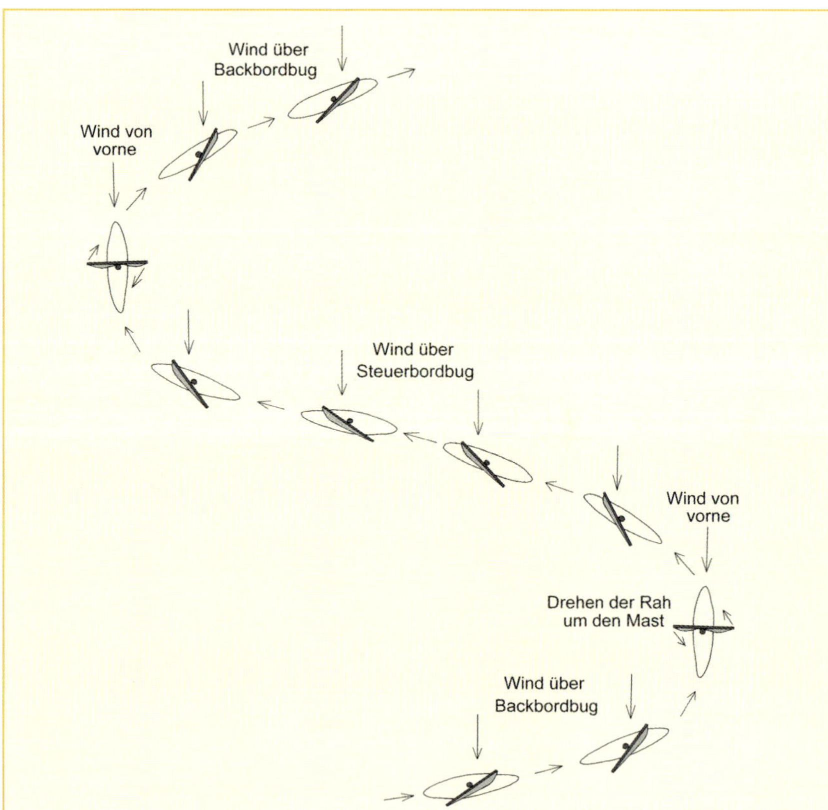

▲ **Abb. 108**

Handelsschiff mit gerefftem Segel. Mosaik in der römischen Kaiservilla Herkulia in Casale bei Piazza Armerina auf Sizilien (spätes 3./frühes 4. Jh. n. Chr.).

geschwenkt. Die Schoten dienen zum Setzen und die Geitaue zum Reffen der Segel. Bei starkem Rückenwind wird das Segel in der Mitte gerefft, um den Druck auf den Mast zu verringern, bei Kreuzen am Wind wird die Rah in Längsrichtung zum Schiff gebrasst, das Segel achtern gerefft und die luvseitige Schot angezogen, wodurch der vordere Arm der Rah zum Deck heruntergezogen wird.

Wie bereits gesagt, sind Rahsegel am effizientesten, wenn vor dem Wind gesegelt wird. Kommt der Wind von vorn oder von der Seite, wird mit in Längsrichtung zum Schiff gebrasster Rah gekreuzt, das heißt, das Ziel wird im Zick-Zack-Kurs angesteuert, so dass der Wind abwechselnd von Backbord und Steuerbord auf das Segel trifft. Mit einem Rahsegel ist Kreuzen ein relativ kompliziertes Manöver, da bei jeder Wendung Rah und Segel um den Mast gedreht werden müssen und daher natürlich auch das Segel jedes Mal neu gerefft werden muss (Abb. 107).

Eine Beschreibung dieser Manöver gibt Vergil: „Alle zugleich lassen nach das Fußseil, lockern bald links im Takte die Segel, bald rechts, drehn vor zugleich und zurück die Rahen“ (Verg. Aen. 5, 830). Ein wesentlicher Faktor beim Kreuzen am Wind ist die Größe des segelbaren Winkels, das heißt, des Winkels zwischen Wind und direktem Kurs. Je steiler dieser Winkel ist, desto geringer ist die Strecke, die zurückgelegt werden muss, und desto geringer ist die durch den Wind verursachte Abdrift nach Lee. Moderne Segelyachten kreuzen in einem Winkel zwischen 30 und 45°, beim Kreuzen mit einem Rahsegel beträgt der segelbare Winkel zwischen 70 und 80°.

Sonstige Ausstattung

Anker wurden an Bord des Schiffes transportiert und hingen nicht wie heute an Ketten, sondern an Tauen. Da die Gefahr bestand, dass die Taue bei starkem Wind oder starker Strömung rissen, und um zu verhindern, dass sich das Schiff um die eigene Achse drehte oder der Anker aus dem Grund gerissen wurde, setzte man mehrere Anker. Die einfachsten Anker waren große pyramidenstumpfförmige Steine mit einem Loch zur Befestigung des Taus. Ab dem 6. Jahrhundert v. Chr. treten aus Metall und Holz gefertigte Stockanker an die Stelle der einfachen Blockanker aus Stein. Ein Anker muss so beschaffen sein, dass er sich in den Meeresgrund eingräbt. Stockanker, wie es sie bis heute gibt, bestehen aus dem Schaft, den Armen und dem Stock. Wird der Anker fallengelassen und langsam über den Meeresgrund gezogen, gräbt sich einer der beiden Arme in den Grund ein. Der quer zu den Armen stehende Stock verhindert, dass der Anker flach auf dem Meeresgrund zu liegen kommt. Um die Anker leichter an Bord des Schiffes lagern zu können, war der Stock meist abnehmbar. Da Eisen ein sehr korrosionsanfälliges Metall ist, bestehen die meisten der bekannten antiken Anker aus Holz und Blei, wobei Schaft und Arme aus Holz und der Stock aus Blei gefertigt sind. In den in die erste

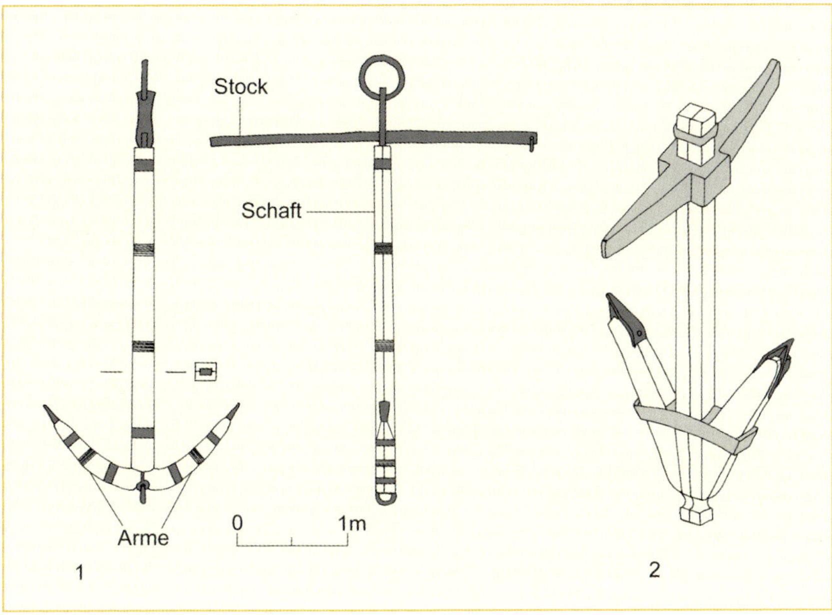

Abb. 109

Römische Anker von den Nemisee-Schiffen.

Hälfte des 1. Jahrhunderts n. Chr. zu datierenden Schiffen vom Nemisee, in den Albaner Bergen südlich von Rom, wurden Stockanker verschiedener Ausführung gefunden. Abbildung 109, 1 zeigt einen Eisenanker mit abnehmbarem Stock, der zum Schutz gegen Korrosion in Holz gefasst ist. Bei einem anderen Anker dieser Fundstelle werden die aus Holz gefertigten Arme und der ebenfalls hölzerne Schaft von einer Bleimanschette zusammengehalten. Der abnehmbare Stock besteht aus Blei (Abb. 109, 2).

Wurde in einem Hafenbecken angelegt, band man die Schiffe mit Festmacherleinen am Kai fest und klappte den Landesteg aus. Jedes Schiff führte mehrere Beiboote, die zum an Land gehen und als Rettungsboote dienten, wobei meist eines der Beiboote auch während der Fahrt zu Wasser gelassen und mit einem Seil am Heck des Schiffes festgebunden wurde.

2. Schiffstypen

Frachtschiffe

Frachtschiffe zum Transport von Handelswaren waren so genannte Rundschiffe mit einem Längen-Breitenverhältnis von etwa 4 : 1 und fuhren unter Segel. Je nach ihrer Größe hatten sie einen, zwei oder drei Masten.

Kleine Frachtsegler für den Überseehandel hatten eine Ladekapazität von 70 bis 100 Tonnen. Die durchschnittlichen Frachtschiffe waren 20 bis 40 m lang und 7 bis 10 m breit mit einer Ladekapazität zwischen 100 und 450 Tonnen. Zwischen Italien und Alexandria verkehrende Getreideschiffe konnten weit größer sein. Das von Lukian beschriebene Getreideschiff „Isis“ (Lukian. navig. 7–10) war 55,5 m lang, 13,9 m breit und der Laderaum von den Bilgen bis zum Deck 13,4 m hoch. Die Ladekapazität betrug rund 1.200 Tonnen. Ein weiteres aus der antiken Literatur bekanntes Beispiel ist der große Frachter, mit dem Caligula den Obelisken, der heute auf dem Petersplatz steht, von Alexandria nach Rom bringen ließ. Der 322 Tonnen schwere Obelisk musste an Deck transportiert werden. Dazu kamen 174 Tonnen des aus vier Teilen bestehenden Sockels und 800 bis 900 Tonnen Linsen als Ballast (Plin. nat. 16, 201). Daraus ergibt sich eine Ladekapazität von 1300 bis 1400 Tonnen. In weiterer Folge kam dieses Schiff nicht mehr zum Einsatz, beim Ausbau des Hafens von Ostia unter Kaiser Claudius wurde es an der Einfahrt zum Hafen versenkt und diente, mit Pfeilern verankert, als Basis für einen Leuchtturm (Suet. Claud. 20).

Das größte aus der Antike bekannte Frachtschiff ist die „Syrakusia“, die um 240 v. Chr. im Auftrag Hierons II. von Syrakus unter der Aufsicht des Archimedes gebaut wurde (Athen. 5, 206D–209B). Die Ladung auf der Jungfernfahrt bestand aus 60 000 Maß Getreide (400 Tonnen), 10 000 Gefäßen (*keramia*) mit Salzfisch (250 Tonnen), 20 000 Talenten Wolle (520 Tonnen) und 20 000 Talenten (520 Tonnen) sonstiger Handelsgüter. Das ergibt eine Ladekapazität von 1740 Tonnen. Die Tragfähigkeit war natürlich weitaus höher, da zur Ladung noch die komplette Ausstattung dazugerechnet werden muss, die nach den antiken Quellen äußerst luxuriös war. Bei der Jungfernfahrt stellte sich leider heraus, dass es keinen Hafen gab, der für die Aufnahme eines derartigen Riesenschiffes ausgelegt war, und Hieron schickte die „Syrakusia“ samt Ladung als Geschenk für Ptolemaios III nach Alexandria.

Erwähnenswert sind auch die beiden riesigen Schiffe aus dem Nemisee in den Albaner Bergen südlich von Rom, die unter Kaiser Caligula (37–41 n. Chr.) gebaut wurden. Obwohl die Schiffe in den antiken Schriftquellen nicht erwähnt werden, wurden sie, basierend auf mündlichen Traditionen, bereits 1446 gesucht und geortet. Zur Bergung kam es jedoch erst in den Jahren 1929 bis 1932, und im Jahr 1944 fielen sie einem Brand zum Opfer. Schiff 1 war 71,3 m lang und 20 m breit und Schiff 2 war 73 m lang und 24 m breit. Beide Schiffe wurden von hochqualifiziertem Fachpersonal nach Art von Kriegsschiffen gebaut, waren seetüchtig und luxuriös ausgestattet. Obwohl sie auf dem kleinen Binnensee nur als schwimmende Plattformen zum Einsatz kamen, zeigten sie deutlich den hohen Stand der Schiffbautechnik der römischen Kaiserzeit.

Neben reinen Frachtseglern gab es auch Frachtschiffe, die zusätzlich zu Mast und Segel einen Ruderapparat hatten. Sie waren weniger von den Windverhältnissen abhängig als reine Segelschiffe und daher auch schneller. Sie wurden zum Transport von Nachrichten, Truppen, Kriegsmaterial und verderblichen Gütern eingesetzt. Ihre Größe variierte stark: Es gab kleine Schiffe mit nur sechs Rudern, aber auch große Frachtschiffe mit einer Ladekapazität von bis zu 450 Tonnen.

Schiffe, die ausschließlich der Personenbeförderung dienten, gab es nicht. Große Handelsschiffe, wie beispielsweise die römischen Getreideschiffe, hatten Kabinen für wohlhabende Passagiere im achternen Deckhaus, die meisten Passagiere fuhren auf „Deckklasse". Die Anzahl der Passagiere konnte sehr groß sein. Josephus Flavius erwähnt, dass das Schiff, auf dem er im Jahr 61 n. Chr. nach Rom reiste, mit 600 Passagieren an Bord in der Adria Schiffbruch erlitt (Ios. vita 15). Die große Zahl der Passagiere lässt darauf schließen, dass der Kapitän sein Schiff auf der Heimfahrt von einer Handelsfahrt mit Passagieren „belud". Das Getreideschiff, auf dem der Apostel Paulus im Jahr 60 n. Chr. als Untersuchungshäftling nach Rom gebracht wurde, hatte zusätzlich zur Ladung 276 Passagiere an Bord (Apg. 27, 37).

Kriegsschiffe

Wie bereits gesagt, wurde bis dato noch kein Wrack eines Kriegsschiffes gefunden. Die Beschreibungen antiker Seeschlachten zeigen die Gründe dafür: Infolge ihrer leichten Bauweise sanken durch Geschosse und Rammstöße kampfunfähig gemachte Schiffe nicht sofort, sondern senkten sich meist nur, lagen tiefer im Wasser und wurden nach der Schlacht an Land geschleppt und ausgebessert. Der Rammstoß durchstach die Bordwand nicht, sondern zersplitterte sie, das heißt, dass selbst ein von mehreren Stößen getroffenes Schiff nicht als ganzes sank, sondern zerbrach.

Bauweise und Ausstattung antiker Kriegsschiffe können anhand ikonographischer und schriftlicher Quellen sehr gut rekonstruiert werden. Kriegsschiffe sind Langschiffe, deren ideales Längen-Breitenverhältnis 10 : 1 beträgt. Bei Kriegsschiffen sind Schnelligkeit und gute Manövrierbarkeit, unabhängig von den Windverhältnissen, von vorrangiger Bedeutung. Sie waren daher leichter gebaut als Frachtschiffe und wurden gerudert. Bei Überfahrten oder wenn sie auf Wache kreuzten, fuhren sie unter Segel. Bei Kampfhandlungen wurde der Mast umgelegt oder entfernt. Das entscheidende Merkmal eines Kriegsschiffes ist der knapp unter der Wasserlinie angebrachte Rammsporn. Ein mit einem Rammsporn versehenes Schiff dient nicht mehr nur zum Transport von Truppen zum Kriegsschauplatz und zur Annäherung an feindliche Schiffe auf See, sondern es wird an sich zu einer Waffe, mit der gegnerische Schiffe gerammt und außer Gefecht gesetzt werden können. Die Entwicklung des Rammsporns führte zu weiteren Neuerungen: Auf der gesamten Länge des Schiffs wurde ein Kampfdeck eingezogen, das im Bug- und Heckbereich erhöht sein konnte. Dieses Deck gab dem Schiff die Stabilität in der Längs- und Querrichtung, um dem Aufprall beim Rammen eines feindlichen Schif-

Abb. 110

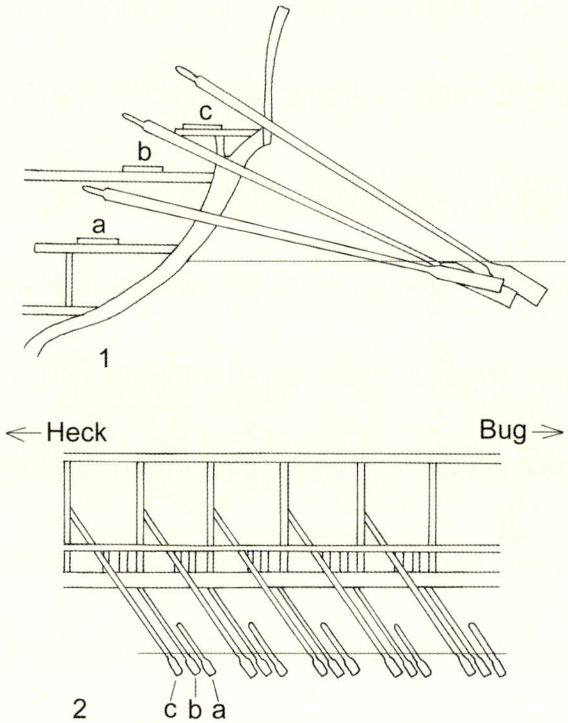

Attische Triere: Anordnung der Ruderbänke: 1: Querschnitt, 2: Seitenansicht (a: *thalamitai*, b: *zygitai*, c: *thranitai*).

fes standhalten zu können. Zum Schutz der Ruderer und gegen den Rammstoß gegnerischer Schiffe wurde der Schiffsrumpf, vor allem im Bereich des Bugs, verstärkt. Da diese neue Art der Kriegführung zur See stärkere Antriebskraft erforderte, wurde die Zahl der Ruderer erhöht, und unter den Ruderbänken auf der Höhe des Dollbords wurde eine zweite Reihe angebracht, wobei die Bänke der beiden Reihen abwechselnd gesetzt waren. Für die Ruder der unteren Reihe wurden Ruderpforten in die Bordwand geschnitten, die mit einem ledernen Beutel abgedichtet waren.

Im Laufe des 6. Jahrhunderts v. Chr. wurde die Triere (Dreiruderer: griechisch *trieres*, lateinisch *triremis*), das „klassische" Kriegsschiff der Antike, entwickelt. Eine klassische griechische Triere mit drei übereinander liegenden Ruderbänken ist 35 bis 36,5 m lang und 4,87 m breit. Die Länge der Ruder beträgt 4,18 beziehungsweise 4,40 m, wobei die längeren Ruder mittschiffs zum Einsatz kamen. Eine Anordnung der Ruderbänke direkt übereinander ist aus verschiedenen Gesichtspunkten ungünstig. Zum einen würden die Ruderer der obersten Bank wesentlich längere Ruder brauchen oder ihre Ruder müssten in einem sehr steilen Winkel ins Wasser gelassen werden, zum ande-

ren liegt bei dieser Anordnung der Ruderbänke der Schwerpunkt des Schiffes relativ hoch. Diese Probleme löste man, indem man an die Seiten des Schiffs einen Ausleger anbaute (griechisch *parexeiresia*: außen entlang laufender Ruderapparat).

Abbildung 110 zeigt die Anordnung der Ruderbänke. Die Ruderer der untersten Reihe (griechisch *thalamitai*: Laderaumruderer) saßen rund 45 cm oberhalb der Wasserlinie. Sie wurden nicht nur, trotz Abdichtung der Ruderpforte, nass, sondern waren auch, wenn das Schiff gerammt wurde, die ersten, die untergingen. Über ihnen, ein wenig nach vorn versetzt, waren die Bänke der mittleren Reihe (griechisch *zygitai*: Ruderbankruderer), und die Ruderer der obersten Reihe (griechisch *thranitai*: Schemelruderer) saßen wieder ein wenig nach vorn versetzt und weiter außen. Aufgrund dieser Anordnung können alle Ruder gleich lang sein und der Schwerpunkt des Schiffes liegt weiter unten, wodurch sich seine Stabilität erhöht. Die Ruder wurden von je einem Ruderer bedient, wobei in der oberen Reihe 31 Ruderer auf jeder Seite und in der mittleren und unteren Reihe je 27 saßen. Einer der vier zusätzlichen Ruderer der obersten Reihe war der Schlagmann. Die gesamte Besatzung (Ru-

▲ Abb. 111

Die Olympias – eine rekonstruierte Triere.

derer, Rudergänger, Kapitän und Offiziere, Matrosen) einer Triere bestand aus ungefähr 200 Mann. Die erreichbare Fahrtgeschwindigkeit betrug rund 7,5 Knoten, beim Angriff konnte über eine kurze Strecke eine Höchstgeschwindigkeit von 9 bis 12 Knoten erreicht werden.

Ein Rammmanöver ist äußerst komplex und setzt eine gut ausgebildete Mannschaft voraus, die die Befehle aufs genaueste befolgt. Am wirkungsvollsten ist der Rammstoß, wenn er den vorderen Teil des gegnerischen Schiffes in steilem Winkel trifft. Der Zeitraum, in dem ein wirkungsvoller Rammstoß gesetzt werden kann, ist relativ kurz. Was im schlimmsten Fall passieren konnte, wenn der ideale Zeitpunkt nicht getroffen wurde, zeigt die Beschreibung einer Episode während der zweiten Seeschlacht vor Massilia im Bürgerkrieg zwischen Caesar und Pompeius (49 v. Chr.): „Zwei Dreiruderer machten das Schiff des Decimus Brutus aus, das an der Flagge leicht kenntlich war, und stürmten von zwei Seiten darauf zu. Brutus, der dies voraussah, entging dank der Schnelligkeit seines Schiffes gerade noch ihrem Rammstoß. Die Feinde aber prallten in voller Fahrt so schwer zusammen, dass beide durch den Rammstoß schwer beschädigt wurden und eines, dem der Sporn abriss, völlig in sich zusammenfiel“ (Caes. bell. civ. 2, 6). Wenn der schwere Rammsporn im Zuge der Kampfhandlungen abbrach, sank er natürlich aufgrund seines Gewichtes sofort, das Schiff selbst wurde kampfunfähig, zerbrach aber nicht zwangsläufig. Ein bei Athlit an der israelischen Küste gefundener Rammsporn des späten 3./frühen 2. Jahrhunderts v. Chr. zeigt den Aufbau dieses wesentlichen Merkmals von Kriegsschiffen. Ein Rammsporn besteht nicht zur Gänze aus Bronze, sondern ist die aus Bronzeguss bestehende Verkleidung des vordersten Teils des Bugs. Der Sporn von Athlit wiegt 465 kg und hat eine Gesamtlänge von 2,26 m. Die Wandstärke im Bereich des 41 cm hohen und 44 cm breiten Kopfes beträgt 6,8 cm.

Ab dem 4. Jahrhundert v. Chr. wurden immer größere Kriegsschiffe gebaut. Von der Triere ausgehend, entwickelte man Vier-, Fünf- und Sechsruderer und in weiterer Folge Vielruderer bis zum Sechzehnruderer. Die Bezeichnung gibt nicht die Zahl der übereinander liegenden Reihen von Ruderbänken an, sondern die Zahl der Ruderer pro Rudereinheit. Die Ruderbänke lagen in zwei oder drei Reihen übereinander.

Bei einer Triere besteht eine Rudereinheit aus drei Mann, ein Vierruderer hat zwei Reihen übereinander liegender Ruderbänke mit je zwei Mann an einem Ruder. Bei einem Fünfruderer werden die oberen und mittleren Ruder von je zwei und die unteren Ruder von einem Mann bedient. Diese Anordnung hat zur Folge, dass die Ruder länger sein müssen, daher einen größeren Kreis beschreiben, beim Rudern mehr Platz erforderlich ist, folglich die Zahl der Ruder reduziert werden muss und die Schiffe breiter werden. Diese Entwicklung ging Hand in Hand mit taktischen Neuerungen. Im 4. Jahrhundert v. Chr. beginnt die Entwicklung der Wurfgeschütze, die in weiterer Folge auch im Seekrieg zum Einsatz kamen. Die Schiffe wurden mit Kampfdecks,

Gefechtstürmen und Enterbrücken ausgestattet und mussten Platz für Marinesoldaten bieten. Sie wurden zu „schwimmenden Festungen". Das Rammen gegnerischer Schiffe war nicht mehr die vorrangige Taktik, wichtiger war die Wirkung der Geschütze. War ein gegnerisches Schiff durch Geschosstreffer manövrierunfähig geworden, wurde es über Enterbrücken oder Gefechtstürme gestürmt, und aus der Seeschlacht wurde eine „Landschlacht". Schnelle Trieren waren nach wie vor Bestandteil der Kriegsflotte. Sie wurden im Nahkampf zum Rammen und zum Übermitteln von Nachrichten eingesetzt.

Erwähnenswert sind zwei Kriegsschiffe von geradezu gigantischen Ausmaßen aus hellenistischer Zeit. Athenaios beschreibt einen von Ptolemaios IV. (245–205 v. Chr.) gebauten Vierzigruderer, bei dem es sich um einen Katamaran handelte. Die Länge des Schiffs betrug 130,5 m, die Gesamtbreite (oder die Breite jedes Schiffskörpers) 16,6 m und die Höhe von der Spitze des Achterstevens bis zur Wasserlinie 24,5 m. Die Ruder der oberen Ruderbänke waren 17,5 m lang. Das Schiff hatte einen doppelten Bug und ein doppeltes Heck, sowie vier Steuerruder von je 13,8 m Länge. Die Besatzung im Lauf eines Versuches umfasste 4000 Ruderer, 400 Matrosen und 2850 Marinesoldaten (Athen. 5, 203e–204c). Wahrscheinlich handelte es sich bei diesem Schiff um zwei mit Auslegern für die obersten Ruderbänke versehene Schiffsrümpfe, wobei allerdings nur die jeweils äußeren Seiten mit Rudern versehen waren. Nimmt man pro Seite fünfzig Reihen von Ruderern an mit je fünf Mann an den untersten Rudern, sieben an den mittleren und acht an den oberen, ergibt das 1000 Ruderer pro Seite. Eine Rudermannschaft gleicher Stärke saß wohl als Reserve auf den inneren Ruderbänken. Der zweite in der antiken Literatur erwähnte Katamaran ist die von Memnon (Jacoby FGrH 434, 8.5) beschriebene, im 3. Jahrhundert v. Chr. gebaute „Leontophoros", deren Besatzung aus zwei Rudergängern, 1600 Ruderern und 1200 Marinesoldaten bestand. Obwohl derartige Monsterschiffe Ausnahmen darstellten, waren große Vielruderer noch bis zur Schlacht von Actium (31 v. Chr.) im Einsatz. Mit dem Sieg des Octavian gegen die Flotte des Antonius und der Kleopatra wurde Rom die einzige Seemacht des Mittelmeerraumes. Die Hauptaufgaben der römischen Mittelmeerflotten waren ab diesem Zeitpunkt hauptsächlich Kommunikation und Unterdrückung der Seeräuberei. Demgemäß wurde auf Schnelligkeit und gute Manövrierbarkeit Wert gelegt. Sechs-, Fünf- und Vierruderer kamen nur selten zum Einsatz, die Mehrzahl der Schiffe waren Trieren und schnelle, schlanke Liburner. Reliefdarstellungen zeigen, dass römische Kriegsschiffe mit einer Kajüte für den Kommandanten, einem Kampfdeck und Gefechtstürmen versehen waren.

Sklaven wurden in keinem Abschnitt der antiken Geschichte als Ruderer eingesetzt. Galeerensklaven, zum Rudern von Galeeren verurteilte Sträflinge, gibt es erst ab dem 15. Jahrhundert. Die Rudermannschaften griechischer und römischer Kriegsschiffe bestanden aus angeheuerten Freien. Wenn aus Mangel an Freien Sklaven zum Ruderdienst herangezogen werden mussten, ließ man sie vorher frei. Als Beispiel sei der Seekrieg zwischen Sextus Pompeius und Octavian erwähnt. Vor der Entscheidungsschlacht im Jahr 36 v. Chr. heuerten beide Kontrahenten Sklaven an, schenkten ihnen die Freiheit und bildeten sie als Ruderer aus (App. civ. 2, 103; Suet. Aug. 16). Wenn in den antiken Quellen von Sklaven auf Schiffen die Rede ist, handelt es sich immer um das Dienstpersonal des Kommandanten und der Offiziere, nicht um Rudersklaven.

3. Navigation, Seewege und Fahrtgeschwindigkeit von Segelschiffen

Sextant und Chronometer zur Bestimmung von Breiten- und Längengrad waren ebenso wie der Magnetkompass in der Antike unbekannt. Einfache Hilfsmittel zur Navigation, die auf jedem Schiff mitgeführt wurden, waren die Sonnenuhr, mit der man zur Mittagsstunde die Nord-Süd-Richtung bestimmen kann, und ein Senkblei mit einer fettgefüllten Öffnung an der Unterseite zum Feststellen der Wassertiefe und der Beschaffenheit des Meeresgrundes. Fuhr man entlang der Küste, konnte man sich anhand von Landmarken orientieren, bei Fahrten über das offene Meer orientierte man sich am Stand der Sonne oder – des Nachts – der Sterne. Wichtige Orientierungshilfen, vor allem bei Fahrten in Sichtweite der Küste, waren *periploi*, Beschreibungen der befahrenen Küsten, die Angaben über Küstenstädte, Landmarken, Leuchttürme, Hafeneinfahrten, Ankergründe und Wasserstellen, aber auch über Entfernungen beinhalten. Derartige Handbücher wurden ab dem 6. Jahrhun-

Abb. 112

Der Seeweg von Ägypten nach Indien.

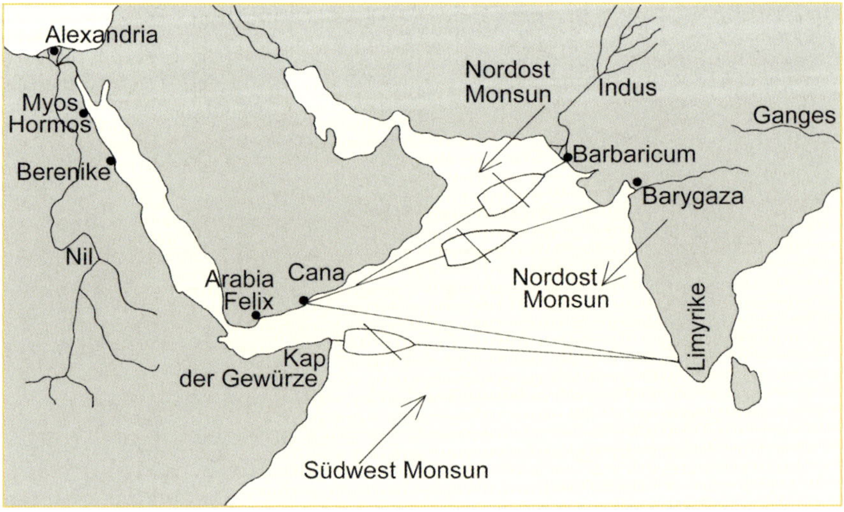

dert v. Chr. zusammengestellt. Als Beispiel sei der *Periplus maris Erythraei* genannt, eine im 1. Jahrhundert n. Chr. verfasste Beschreibung des Seeweges von Myos Hormos am Roten Meer nach Indien. Strabon berichtet, dass am Ende des 1. Jahrhunderts v. Chr. jährlich 120 Schiffe entlang dieser Route von Ägypten nach Indien segelten (Strab. 2, 5,12). Der Seeweg führte von Myos Hormos durch das Rote Meer zum Hafen von Cana oder zum Kap der Gewürze (heute Kap Guardafui), von wo man Anfang Juli, vor dem Südwestmonsun segelnd, die rund dreimonatige Überfahrt über den Indischen Ozean antrat. Vom Kap der Gewürze segelte man auf direktem Kurs nach Limyrike, und von Cana aus steuerte man drei Destinationen an: den Handelsort Barbaricum (im Indusdelta in der Nähe des heutigen Karachi) in Skythia, Barygaza im Golf von Cambay und Limyrike, die Küste von Malabar. In weiterer Folge wird die Weiterfahrt um die Südspitze Indiens bis zur Gangesmündung beschrieben (Abb. 112). Im Dezember/Januar, zur Zeit des Nordostmonsuns, trat man die Rückreise an.

Trotz des Fehlens präziser Navigationsgeräte überquerte man regelmäßig mit einer gewissen Selbstverständlichkeit das Mittelmeer. Die ideale Zeit für Seefahrten im Mittelmeer war der Sommer. Vegetius, ein Schriftsteller des 4. Jahrhunderts n. Chr., berichtet, dass die beste Saison für die Seefahrt die Zeit vom 10. März bis 10. November sei, wobei als Kernperiode die Zeit vom 27. Mai bis 14. September gelte (Veg. mil. 4, 39). Den Gefahren einer Seefahrt im Winter setzte man sich nur aus, wenn es unbedingt notwendig war, wie zum Beispiel im Zuge kriegerischer Auseinandersetzungen.

Frachtsegler, egal ob sie der Küste folgten oder das offene Meer überquerten, waren von den Windverhältnissen abhängig. Bei günstigem Wind konnten Frachtsegler eine Durchschnittsgeschwindigkeit von sechs Knoten (ein Knoten: eine Seemeile pro Stunde = 1,852km/h) erreichen, bei widrigen Windverhältnissen sank die Geschwindigkeit auf drei Knoten und darunter. Geschwindigkeiten von fünf bis sechs Knoten waren eher die Ausnahme.

Fahrzeiten außergewöhnlich schneller Überfahrten (Plin. nat. 19, 3–4).

Tabelle 3

Fahrt	Fahrtdauer	Geschwindigkeit
Ostia-Afrika	2 Tage	6 Knoten
Messina-Alexandria	6 Tage	5,8 Knoten
Ostia-Gibraltar	7 Tage	5,6 Knoten
Ostia-Hispania Citerior	4 Tage	5,3 Knoten
Ostia-Provincia Narbonensis	3 Tage	5,3 Knoten
Messina-Alexandria	7 Tage	5 Knoten
Puteoli-Alexandria	9 Tage	4,6 Knoten

Abb. 113

Der Seeweg von Alexandria nach Rom: 1: nördliche Route, 2: südliche Route; strichliert: die Fahrt der „Isis".

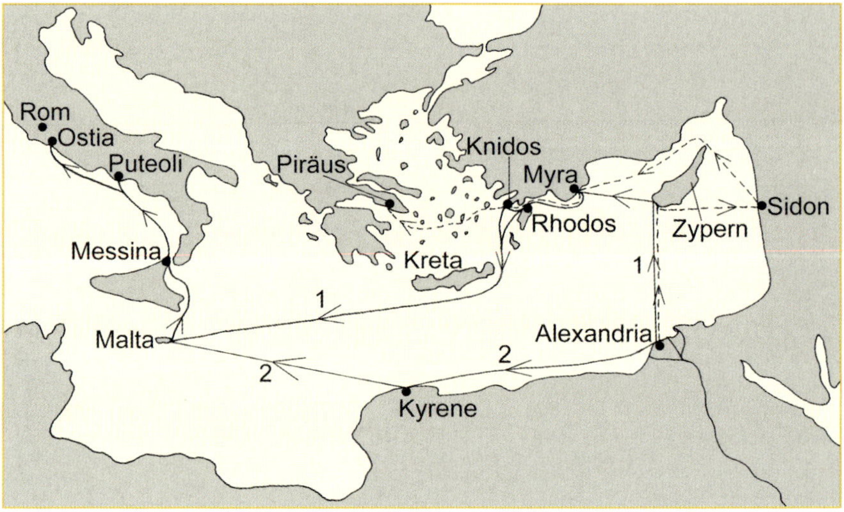

Die von Plinius (vgl. Tabelle 3) angegebenen Fahrzeiten wurden nur in Ausnahmefällen und bei besonders günstigen Windverhältnissen erreicht, im Normalfall dauerten die Überfahrten länger. Aufgrund der im Mittelmeerraum vorherrschenden Nordwestwinde waren Fahrten von Italien nach Afrika relativ problemlos, da man mit direktem Kurs vor dem Wind segeln konnte. Die zwischen Ostia beziehungsweise Puteoli (Pozzuoli) und Alexandria verkehrenden Getreideschiffe verließen den Heimathafen möglichst zeitig in der Saison, meist schon im April, und erreichten nach zehn bis dreizehn Tagen Fahrt Alexandria. Schiffe, die in Alexandria überwintert hatten, stachen ebenfalls zeitig in der Saison in See, um eventuell noch eine zweite Fahrt machen zu können. Da aufgrund der Windverhältnisse auf der Rückfahrt kein direkter Kurs eingehalten werden konnte, dauerte die Fahrt von Alexandria nach Rom 53 bis 73 Tage. Zwei mögliche Routen sind für diese Fahrt überliefert. Die nördliche Route führte über Zypern nach Rhodos oder Knidos, vorbei an der Südküste Kretas nach Sizilien und über die Straße von Messina ins Tyrrhenische Meer. Folgte man der südlichen Route, fuhr man zunächst entlang der nordafrikanischen Küste bis Kyrene, von wo man aufs offene Meer Richtung Sizilien weitersegelte. In beiden Fällen musste am Wind gekreuzt werden, und nicht immer gelang es, den vorgesehenen Kurs einzuhalten.

Lukian, ein Schriftsteller des 2. Jahrhunderts n. Chr., berichtet, wie das bereits erwähnte Getreideschiff „Isis" bei der Fahrt von Alexandria nach Rom vom Kurs abkam und schließlich nach einer Fahrt von siebzig Tagen Dauer in Piräus anlegte (Lukian. navig. 7–10). Nach der Abfahrt von Alexandria erreichte die „Isis", der nördlichen Route folgend, nach siebentägiger Fahrt bei mäßigem Wind Zypern. Hier geriet sie in einen heftigen Sturm, der sie nach Sidon im heutigen Libanon abtrieb. Weiter der Küste Kleinasiens entlang segelnd, erreichte sie nach neun Tagen bei Myra die Südküste Lykiens. Auf der Weiterfahrt geriet sie wieder in einen Sturm und entging nur knapp dem Schiffbruch. Da sie nun sehr weit vom Kurs abgekommen waren, entschloss sich der Kapitän, durch die Ägäis zu kreuzen und den Hafen von Piräus anzusteuern, wo Lukian die „Isis" vor Anker liegen sah und sich vom Kapitän die Geschichte der abenteuerlichen Fahrt erzählen ließ.

4. Binnenschiffe

Die Binnenschifffahrt gewinnt in der Antike, außer auf dem Tiber zwischen Ostia und Portus, dem Hafen der Stadt Rom, erst mit der Eingliederung der nördlichen Provinzen mit ihren großen schiffbaren Flüssen und Seen in das römische Reich an Bedeutung. Ikonographische Quellen und archäologische Funde aus der römischen Kaiserzeit zeigen Segel- und Ruderschiffe in mediterraner Bauweise sowie aus lokalen Traditionen des Schiffsbaus entwickelte Prahme und Treidelkähne. Die inzwischen durch zahlreiche Schiffsfunde, vor allem am Rhein, nachgewiesenen Prahme sind langrechteckige schlanke Kähne mit flachem Boden ohne Kiel und stumpfem Bug und Heck. Zur Steuerung diente ein einziges am Heck angebrachtes Ruder, das jedoch kein eigentliches Heckruder ist, sondern in seiner Bauart und Anwendung einem Seitenruder gleicht. Der Mast für das Segel, der entweder in ein Kielschwein oder in ein starkes Spant eingelassen ist, liegt im vorderen Drittel des Schiffes; Hinweise auf einen Ruderapparat fehlen. Prahme wurden gesegelt, getreidelt, gestakt oder gepaddelt. Ihre Bauweise unterscheidet sich grundsätzlich von der der Mittelmeerschiffe. Der flache Boden ist aus Stoß an Stoß

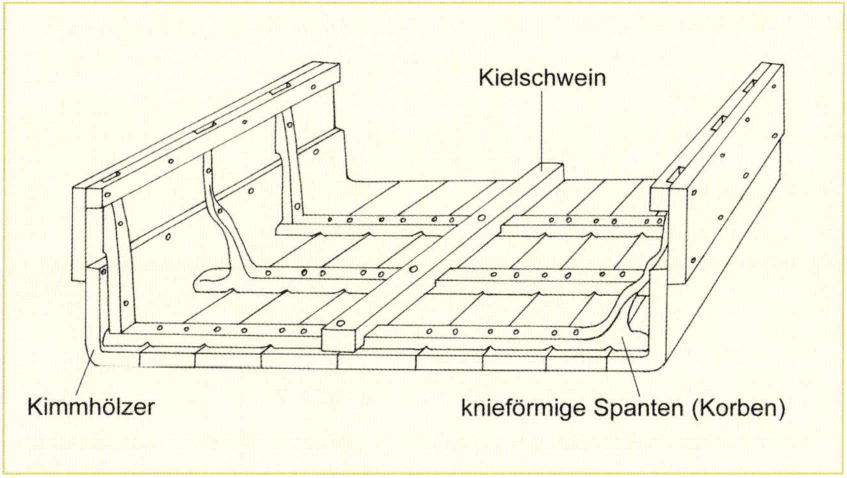

Abb. 114

Aufbau eines Prahm (Schiff Zwammerdam 2).

gelegten Planken aufgebaut, die an den Seiten mit L-förmigen Kimmhölzern abschließen. Die Bordwand besteht aus in Klinkertechnik an die Kimmhölzer angesetzten Planken. Die knieförmigen Spanten (Korben) bestehen aus Stammholz mit Astansatz. Planken und Spanten wurden mit Eisennägeln miteinander verbunden. Nut-und-Federtechnik, wie sie für Mittelmeerschiffe typisch ist, wurde, ebenso wie die Verbindung der Planken durch Nähen, nur vereinzelt beobachtet. Prahme sind aufgrund ihrer schlanken Form mit geringem Tiefgang besonders für den Einsatz auf Flüssen mit zum Teil geringer Wassertiefe geeignet. Die rampenförmige Ausprägung von Bug und Heck ermöglicht ein problemloses Anlaufen der Ufer auch ohne Hafenanlagen. Größe und Ladekapazität der Prahme sind beachtlich. Die ausgezeichnet erhaltenen Prahme der Anlegestelle des kaiserzeitlichen Kastells *nigrum pullum* am Rhein, beim heutigen Ort Zwammderdam in den Niederlanden, geben einen Eindruck von Größe und Ladekapazität dieser Schiffe. Das Schiff Zwammerdam 2 ist 22,75 m lang, hat eine maximale Breite von 3,15 m, eine maximale Bauhöhe von 1,25 m und eine Ladekapazität von rund 35 Tonnen. Wesentlich größer ist Schiff Zwammerdam 4. Mit einer Länge von 34 m, einer maximalen Breite von 5,5 m und einer maximalen Bauhöhe von 1 m hatte es eine Ladekapazität von 105 bis 110 Tonnen.

Bergbau- und Aufbereitungstechnik

X.

1. Bergbautechnik

Lagerstättenprospektion

Grundsätzlich gibt es zwei Typen von Lagerstätten, nämlich Primärlagerstätten und Seifenlagerstätten. Seifenlagerstätten sind sedimentäre Lagerstätten, die durch Verwitterung von Gesteinen entstehen. Dabei werden verwitterungsbeständige Mineralien aus Primärlagerstätten durch Wasser und Wind in Kiesen und Sanden angereichert. Die wichtigsten Typen von Seifenlagerstätten sind eluviale Seifen, die durch Hangrutschungen an Hängen unterhalb eines Lagerstättenausbisses gebildet werden, alluviale Seifen (Flussseifen), flussabwärts der Primärlagerstätte und Strandseifen, durch Brandung und Gezeiten verursachte Anreicherung des Meeressandes mit Mineralien. Unter den in der Antike genutzten mineralischen Rohstoffen wurde Gold und Zinnoxid (Cassiterit) aus Seifenlagerstätten gewonnen. Die in Seifen angereicherten Mineralien wurden durch Waschen in Waschpfannen oder Waschrinnen oder durch Ausschwemmen gewonnen. Primärlagerstätten wurden im Tiefbau oder Tagebau abgebaut. Im Gegensatz zur Prospektion auf Grundwasser, bei der man bereits in der Antike zu brauchbaren Ergebnissen kam, wurden Erzlagerstätten sehr oft durch Zufall gefunden.

Plinius erwähnt Suchmerkmale, anhand derer eine Erzlagerstätte gefunden werden kann. Die wichtigsten Hinweise auf Goldvorkommen sind die goldgelbe Farbe und der Glanz. Bereits in der Antike unterschied man zwischen primärem Berggold und Seifengold im Sand von Flüssen. Besteht der Verdacht, dass der Sand eines Flusses goldhaltig ist, soll man die oberste Schicht abgraben und mehrmals waschen. Aus dem verbleibenden Rückstand kann man Rückschlüsse auf die Goldführung ziehen (Plin. nat. 33, 67). Silber wird nur untertägig gefunden „... und kommt unverhofft vor, nicht, wie Gold, mit leuchtendem Funkeln“ (Plin. nat. 33, 95). Bei der Suche nach Silbererzen wurden Schurfe angelegt. Sobald ein Erzgang aufgeschlossen war, wusste man aus Erfahrung, dass in der nähereren Umgebung weitere Gänge sein mussten. Im Zusammenhang mit den Silbervorkommen beschreibt Plinius auch als erster antiker Autor gediegenes Quecksilber: „Es gibt in diesen Adern auch ein Gestein, dessen stets flüssige Ausscheidung Quecksilber (*argentum vivum*) genannt wird“ (Plin. nat. 33, 99). Bleierz (schwarzes Blei: *plumbum nigrum*) kommt zusammen mit Silbererzen vor (Plin. nat. 34, 158–159). Zinn (weißes Blei: *plumbum candidum*) „kommt an der Erdoberfläche [Seifenlagerstätten] vor, wo diese sandig und von schwarzer Farbe ist. Man erkennt sie nur an ihrem Gewicht“ (Plin. nat. 34, 156). Am einfachsten ist die Prospektion auf Eisenlagerstätten: „Eisenerze findet man fast überall, ja sogar Italiens Insel Elba bringt solche hervor; man erkennt sie ohne die geringsten Schwierigkeiten, da sie sich schon durch die Farbe der Erde anzeigen“ (Plin. nat. 34, 142).

Aufschließen der Lagerstätte in Tagebau oder Tiefbau

Das Aufschließen, das heißt zugänglich machen, der Lagerstätte kann im Tagebau oder im Tiefbau erfolgen. Die Wahl der Vorgehensweise war in der Antike – wie auch heute – von den geologischen Gegebenheiten vor Ort sowie von den zur Verfügung stehenden Mitteln abhängig.

Unter Tagebau versteht man den Abbau obertägig ausbeißender Lagerstätten von der Tagoberfläche aus. Tagebau ist wesentlich kostengünstiger als Tiefbau, da weder Einbauten zur Absicherung des Grubengebäudes, noch Beleuchtung und künstliche Bewetterung erforderlich sind. Aus diesem Grund wurden Lagerstätten solange wie möglich im Tagebau abgebaut, bevor man zum Tiefbau überging. Die Spuren des historischen Tagebaus, so genannte Pingen, sind noch heute deutlich im Gelände zu erkennen. Antike Tagebaue erreichten oft gewaltige Ausmaße. Eine der Abbaupingen des römischen Goldbergbaus in Dolaucothi (Wales) misst 150 mal 100 m und ist 29 bis 36,5 m tief.

Als Tiefbau hingegen bezeichnet man den Abbau von Lagerstätten, die so tief unter der Tagoberfläche liegen oder so steil einfallen, dass sie nur über Stollen und Schächte zugänglich gemacht werden können. Stollen sind annähernd horizontal aufgefahrene Grubenbaue, die entweder von der Tagoberfläche, einem Erzausbiss folgend, zur Lagerstätte führen oder untertägige Schächte miteinander verbinden. Aus ökonomischen Gründen – man wollte die Lagerstätte möglichst schnell erreichen – sind die Querschnitte antiker Stollen im Allgemeinen relativ klein. Schächte sind senkrechte oder steil geneigte Grubenbaue, die von der Tagoberfläche ausgehen oder einzelne

Abbauniveaus miteinander verbinden. Je nach Funktion unterscheidet man Wetterschächte, Förderschächte und Prospektionsschächte. Antike Bergbaue stießen in beeindruckende Teufen vor. Die Teufen der römischen Bergbaue in Spanien betragen zwischen 20 und 300 m, wobei Teufen von über 100 m keine Seltenheit sind. Der wohl berühmteste Bergbau der griechischen Antike ist der Blei-Silberbergbau von Laurion in Attika, dessen Geschichte und Organisation in literarischen und epigraphischen Quellen ausgezeichnet dokumentiert ist (Anhang 7). Die Lagerstätte besteht aus vier übereinander liegenden Schichten von Marmor und Schiefer. Die erzführenden Schichten liegen an den Kontaktzonen zwischen Marmor und Schiefer, wobei die unterste Kontaktzone (dritte Kontaktzone) die reichste ist. An einigen Stellen tritt die erste Kontaktzone zutage, was zur Entdeckung der Lagerstätte führte. Zu Beginn des 5. Jahrhunderts v. Chr. wurde die dritte Kontakzone über Schächte von bis zu 119 m Teufe aufgefahren. Hatte man über Schächte und Stollen eines der oft mehrere Meter mächtigen Erzlager aufgeschlossen, wurde es systematisch abgebaut. Um den Einsturz der großen Abbauhallen zu verhindern, mussten, gesetzlich geregelt, Säulen, so genannte Bergfesten, stehengelassen werden. Im 4. Jahrhundert v. Chr. wurde Diphilos, ein reicher Athener Grubenpächter, von Lykurgos zum Tode verurteilt, weil er aus Gier die Bergfesten abgebaut und damit die Sicherheit untertage gefährdet hatte (Plut. mor. 843 D).

Gewinnungsarbeit

Unter Gewinnungsarbeit versteht man das Herauslösen des Lagerstätteninhalts aus dem Gebirgsverband. Prinzipiell kamen im römischen Bergbau drei verschiedene Gewinnungsmethoden zum Einsatz: die „klassische bergmännische Handarbeit“ mit Schlägel und Eisen, das Feuersetzen, bei dem das Gestein durch Hitze leichter abbaubar gemacht wurde, und die Methode des Ausschwemmens unter Verwendung aufgestauter oder umgeleiteter Wassermassen.

Gezähe für die Gewinnungsarbeit

Spätestens ab dem 6. Jahrhundert v. Chr. wurde im mediterranen Raum ausschließlich Gezähe aus Eisen verwendet. Die wichtigsten Werkzeuge antiker Bergleute waren Schlägel, Eisen, Keilhauen und Kratzen. Schlägel und Eisen sind für die Arbeit der Bergleute so kennzeichnend, dass sie ab dem 15. Jahrhundert zum Symbol des Bergbaus wurden. Sie kamen beim Vortrieb von Stollen, dem Abteufen von Schächten und beim Abbau der Lagerstätte zum Einsatz. Bei der Schlägel- und Eisenarbeit wird das Eisen mit einer Hand am Stiel geführt und mit dem Schlägel in der anderen Hand auf das hintere Ende des Eisens geschlagen. Das drittwichtigste Werkzeug war die Keilhaue, die beim Abbau von weichem oder brüchigem Gestein zum Einsatz kam. Die

Kratze diente zum Zusammenscharren des abgebauten Materials. Gezähe und Gewinnungsmethoden der Antike blieben, trotz des Einsatzes von Schwarzpulver ab dem 17. Jahrhundert, bis ins 19. Jahrhundert unverändert.

Feuersetzen

Diese Gewinnungsmethode kam zum Einsatz, wenn in der näheren Umgebung des Bergbaureviers genügend Holz vorhanden und eine ausreichende Bewetterung der Gruben gewährleistet war. An der Ortsbrust wird ein Holzstoß aufgestapelt und in Brand gesetzt. Sobald das Feuer nach einigen Stunden abgebrannt und der Fels abgekühlt ist, kann das durch die Hitzeeinwirkung mürb gemachte Gestein abgebaut werden. Die oft geäußerte Meinung, dass das heiße Gestein mit Wasser abgeschreckt werden muss, um es mürbe zu machen, ist irrig. Experimente haben gezeigt, dass durch plötzliches Löschen des Feuers, nachdem es ungefähr eine Stunde gebrannt hat und der Fels rotglühend ist, der Fels nur oberflächlich zerspringt und in Folge nur wenig Gestein abgebaut werden kann. Zudem war es unmöglich, sich in den engen Grubenbauten einem brennenden Feuer so weit zu nähern, dass es mit Wasser gelöscht werden konnte. Wasser wurde, wenn überhaupt, nur zum Abkühlen des mürb gemachten Gesteins eingesetzt. Die charakteristischen Merkmale feuergesetzter Grubenbauten sind gewölbte Firsten und große Abbaukammern mit zur Sicherung des Grubenbaus stehengelassenen Bergfesten. Die Technik des Feuersetzens kam bis ins 19. Jahrhundert zur Anwendung.

Ausschwemmen und hydraulischer Abbau

Bei diesen Gewinnungstechniken, die für den römischen Goldbergbau charakteristisch waren, wurde die Kraft des Wassers zum Abbau der Lagerstätte eingesetzt. Diese Gewinnungstechniken kamen vor allem beim Abbau mächtiger sekundärer, Freigold führender, kompakter und mit großen Felsblöcken durchsetzter alluvialer Lagerstätten zur Anwendung. Auf den Hängen oberhalb der Lagerstätte werden Staubecken angelegt, in die über Kanäle Wasser eingeleitet wird. Nun gibt es zwei Möglichkeiten, die Kraft des Wassers zum Abbau der Lagerstätte zu nutzen. In beiden Fällen wird zunächst die Oberfläche der Lagerstätte gerodet und mechanisch gelockert. Beim Ausschwemmen wird das Wasser aus den Staubecken über Gerinne mit großem Gefälle über die Lagerstätte geleitet. Durch die Kraft des herabstürzenden Wassers werden große Steine weggespült beziehungsweise freigelegt und die Oberfläche der Lagerstätte wird gelockert. Das durch das Wasser weggespülte Material wird ebenso wie die neu geschaffene Oberfläche nach Erz abgesucht und der Vorgang wiederholt. Wird das Wasser durch Stollen und Schächte geleitet, bringt es diese zum Einsturz. Dieses vor allem in den römischen Goldbergbaurevieren der iberischen Halbinsel aber auch in Dolaucothi in Wales beobachtete Verfahren wird von Plinius (Plin. 33, 60) „*ruina montium*" (eingestürzte Berge) genannt.

Beim hydraulischen Abbau fließt Wasser kontinuierlich über die Oberfläche der Lagerstätte, löst die Lagerstätte auf und fließt anschließend in Waschrinnen, in denen das Erz vom Taubgestein getrennt wird. Antike Spuren dieser Abbautechnik sind im Gelände kaum erhalten, es ist jedoch anzunehmen, dass Seifenlagerstätten in einer Kombination aus beiden Methoden abgebaut wurden.

Eine ausgezeichnete Beschreibung des Ausschwemmens aus eigener Anschauung verdanken wir Plinius, der im Jahr 73 n. Chr. *procurator* der Provinz Hispania Tarraconensis und als solcher auch für den Goldbergbau verantwortlich war: „Nachdem man Stollen über weite Strecken getrieben hat, höhlt man Berge unter Lampenlicht aus; dies dient auch als Maß für die Dauer der Wachen und viele Monate lang sieht man die Tageshelle nicht. Man heißt diese Art (von Stollen) *arrugiae*. [...] Man läßt häufig Gewölbebögen stehen, um die Berge zu stützen. [...] Nach vollendeter Arbeit schlägt man die Stützen der Bogen, beim entferntesten (beginnend), weg. Das (erste) Zeichen gibt eine Spalte und diese bemerkt allein ein auf dem Gipfel dieses Berges (stehender) Wächter. Dieser läßt mit Stimme und Winken die Arbeiter herausrufen und eilt gleich selbst (vom Berge) herab. Der zerbrochene Berg fällt weithin auseinander mit einem Krachen, das vom menschlichen Sinn nicht erfasst werden kann, zugleich auch mit einem unglaublichen Windstoß. Als Sieger blicken (die Bergleute) auf den Einsturz der Natur. Und doch hat man bis jetzt noch kein Gold und wusste (auch) nicht, als man grub, ob eines vorhanden ist; zu hoffen auf das, was man haben will, war ausreichend Grund für so große Gefahren und Kosten. Nun (folgt) eine andere, gleich schwere und sogar mit noch größerem Aufwand verbundene Arbeit: zum Auswaschen dieser Trümmer leiteten sie über Bergrücken aus einer Entfernung von meist 100 Meilen Flüsse heran. [...] Auch hier gibt es tausenderlei Arbeiten: das Gefälle muss stark genug sein, damit (das Wasser) eher stürzt als fließt, deshalb wird es von sehr hohen Stellen herabgeführt.[...] An der obersten Stelle des Absturzes, am Rande der Berge, werden Wasserbehälter ausgehoben, die nach jeder Seite 200 Fuß (59,2 m) lang und 10 Fuß (2,96 m) tief sind. In ihnen werden fünf Abzugskanäle von ungefähr drei Quadratfuß gelassen, so dass, wenn sich das Becken gefüllt hat und die Zapfen herausgestossen wurden, der Strom mit solcher Gewalt hervorbricht, dass er die Felsbrocken fortwälzt" (Plin. nat. 33, 70–76).

Das so abgebaute goldhaltige Erdreich wurde anschließend in langen Waschrinnen mit Wasser aus den Staubecken gewaschen: „In der Ebene (entsteht) nun noch eine andere Arbeit. Die Gräben, durch die (das Wasser) fließen soll, werden ausgehoben; man nennt sie *agogae*; diese werden Stufe für Stufe mit Heidekraut belegt. Es handelt sich um einen dem Rosmarin ähnlichen Strauch, der rau ist und das Gold zurückhält. Die Seiten werden mit Brettern eingefasst, und über steile Gelände werden die Rinnen abgestützt. So gleitet die fortgeschwemmte Erde ins Meer und der zerbrochene Berg wird

Abb. 115

Römischer Goldbergbau Las Médulas: Die Reste der in „ruina montium"-Technik abgebauten Lagerstätte.

aufgelöst. […] Das aus einer *arrugia* gewonnene Gold wird nicht geschmolzen, sondern es hat auf der Stelle seine Eigenart. Man findet auf diese Weise wie auch in den Schächten Klumpen, die zuweilen mehr als zehn Pfund schwer sind. […] Das Heidekraut wird getrocknet, verbrannt und seine Asche über einer Unterlage von dichtem Rasen gewaschen, damit sich das Gold absetzt" (Plin. nat. 33, 76–78, Auszüge). Plinius beschreibt hier zwei Verfahren, nämlich den Abbau der Lagerstätte durch Ausschwemmen und im Anschluss daran das Waschen der Goldseife. Der wohl bekannteste römische Bergbau dieser Art ist Las Médulas in Nordwestspanien mit seinen im Tertiär entstandenen alluvialen Lagerstätten. Im Zuge des römischen Goldbergbaus in Nordwestspanien wurden ganze Berge abgetragen und die Landschaft nachhaltig verändert.

Grubenausbau und Versatz

Als Grubenausbau bezeichnet man die Sicherung des Grubengebäudes durch Zimmerung oder Mauerung. Bei tragfähigem Gebirge, wie zum Beispiel in den großen Abbauhallen, waren außer den Bergfesten keine weiteren Sicherungmaßnahmen notwendig. Die Verwitterungszonen im Bereich der Mundlöcher und in Tagnähe mussten ebenso wie Stollen oder Schächte in nicht tragfähigem Gebirge durch hölzerne Einbauten gesichert werden. Taubes Gestein wurde, wenn möglich, nicht aus der Grube gefördert, sondern zum Auffüllen aufgegebener und eventuell einsturzgefährdeter Grubenbauten verwendet (Versatz).

Fahrung und Förderung

Als Fahrung bezeichnet man die Fortbewegung des Bergmanns untertage, im Unterschied zum Abtransport des abgebauten Materials, der als Förderung bezeichnet wird. Die einzelnen Abbauniveaus waren durch Schächte miteinander verbunden, durch die man über Steigbäume in die tieferen Grubenbauten gelangte. Das abgebaute Material (Erz und nicht versetztes Taubgestein) wurde in Körbe oder Ledersäcke gefüllt und durch den Förderstollen aus der Grube getragen. Aus tieferen Abbauniveaus transportierte man das Fördergut über Förderschächte mit Hilfe von Winden und Flaschenzügen nach oben. Die Förderung mit Hilfe von auf Schienen laufenden Grubenhunten ist erst seit dem 16. Jahrhundert üblich.

Beleuchtung, Bewetterung und Wasserhaltung

Als Beleuchtung dienten Öllampen oder Fackeln. Die Bewetterung (Versorgung der Gruben mit Atemluft) stellte in antiken Grubenbauten ein nicht unbeträchtliches Problem dar. Sauerstoff wurde nicht nur von den Bergleuten, sondern auch beim Feuersetzen und von Lampen und Fackeln verbraucht. Von den Lampen ausgehende Wärme und Rauch, die beim Feuersetzen entstehende Hitze sowie der allgegenwärtige Mineralstaub und die Körperausdünstungen der Arbeiter sorgten zusätzlich für stickige Luft in den engen Stollen und Schächten. Ein weiterer erschwerender Faktor in tiefen Grubenbauten ist die Tatsache, dass die Temperatur untertage etwa alle 30 m Teufe um 1 °C ansteigt. Wenn die Geländegegebenheiten es gestatteten, fuhr man in den einzelnen Abbauniveaus Stollen an die Tagoberfläche auf. Die Verbindung der Stollen untereinander durch paarweise abgeteufte Wetterschächte sorgte für Luftzirkulation, zu deren Verbesserung manchmal auf der Sohle eines der beiden Schächte ein Feuer entzündet wurde. Die warme Luft steigt nach oben und frische Luft wird im Parallelschacht nach unten gesogen. Beim Abteufen von Schächten half man sich, indem man die Luft durch Schwenken großer Tücher zum Zirkulieren brachte (Plin. nat. 31, 49).

Das Vordringen der Abbaue in größere Teufen erforderte vermehrt systematische Maßnahmen zur Wasserhaltung. In extrem trockenen Klimazonen, wie zum Beispiel in Laurion, stellten Grubenwässer kein Problem dar. In den römischen Bergbaurevieren in Spanien hingegen war Wasserhaltung ein zentrales Problem. Die gängigste Methode war die Ableitung der Grubenwässer über Schächte und Stollen in einen Erbstollen (Stollen zur Wasserhaltung, der die Wässer der darüber liegenden Grubenbaue „erbt") oder in einen in die Sohle des an die Tagoberfläche führenden Förderstollens abgeteuften Graben. Aus tieferen Grubenbauten mussten die Wässer auf das Niveau des Erbstollens gehoben werden. Plinius beschreibt die einfachste Form der Wasserhebung, wie sie im Bergbaurevier Baebelo in Spanien (genaue Lage unbekannt) praktiziert wurde: „Da der Berg bereits 1500 Schritte weit ausgehöhlt ist, sind auf diese Entfernung Männer zum Wasserschöpfen aufgestellt, die Tag und Nacht nach dem Zeitmaß ihrer Lampen das Wasser herausschaffen und (so) einen Fluß erzeugen" (Plin. nat. 33, 97). Wesentlich effizienter ist die Wasserhebung mit mechanischen Vorrichtungen wie Archimedischen Schrauben und Schöpfrädern.

Der Einsatz von Sklaven im Bergbau

In der gesamten Antike wurden Sklaven in Bergbau, Aufbereitung und Verhüttung eingesetzt. In der Blütezeit des Bergbaus von Laurion im 5. und 4. Jahrhundert v. Chr. arbeiteten hier 10 000 bis 20000 Sklaven. Diese Sklaven waren entweder Eigentum des Bergbaubetreibenden oder „Leiharbeiter". Xenophon (Xen. por. 4, 13–17) berichtet, dass sich zahlreiche Athener Bürger ein permanentes Einkommen sicherten, indem sie Sklaven an Bergbaubetreibende vermieteten. Der Athener Politiker und Stratege Nikias, der bei den Friedensverhandlungen zwischen Athen und Sparta im Jahr 421 v. Chr. eine maßgebliche Rolle spielte, verdankte den Großteil seines Reichtums der Vermietung von Bergwerkssklaven an den Bergbaubetreibenden Sosias. Für jeden der 1000 Sklaven, die Nikias vermietete, erhielt er pro Tag einen *obolos* (für 1000 Arbeiter: 0,72 kg Silber pro Tag). Sollte ein Sklave umkommen, musste Sosias sich um adäquaten Ersatz kümmern. Schriftquellen zur Verurteilung von Verbrechern zur Bergwerksarbeit (*ad metalla*), wie es sie aus römischer Zeit gibt (dig. Iust. 48, 19,8.4 Ulpianus und 48, 19, 36 Hermogenianus), sind aus der griechischen Antike nicht bekannt. In römischen Gruben gefundene Fußfesseln sind ein beredtes Zeugnis für die Arbeitsbedingungen römischer Bergwerkssklaven.

2. Aufbereitungstechnik

Aufbereitung ist die Verarbeitung der im Bergbau gewonnenen Erze zu verhüttungsfähigen Konzentraten. Die ersten Schritte sind die Zerkleinerung des Hauwerks mit einem Hammer auf einer Unterlagsplatte aus Stein (Amboss) und das Aussortieren des Taubgesteins (Grobscheidung). Um das Volumen des abzutransportierenden Materials zu verringern, wurde diese Arbeit nach Möglichkeit in unmittelbarer Nähe der Bergbaue durchgeführt. Die weitere Behandlung der Erze, bevor sie verhüttet werden können, ist abhängig vom Erztyp.

Mahlen und Pochen

Um den Schmelzvorgang möglichst wirtschaftlich zu machen, oder wenn es sich um feinkörnig verwachsene Erze handelte, wurden Gold-, Zinn- und Blei-Silbererze nach der Grobscheidung weiter zerkleinert und für die Nassaufbereitung, das so genannte Waschen, auf Sandkorngröße aufgemahlen. Das handgeschiedene Erz wurde zunächst mit Hämmern auf Steinambossen auf Erbsengröße zerkleinert. Im römischen Goldbergbaurevier Três Minas im heutigen Portugal wurden zahlreiche massive, gleich große, leider sekundär verlagerte Granitquader mit je vier regelmäßigen muldenförmigen Vertiefungen auf jeder Seite gefunden. Es handelt sich dabei um auswechselbare Ambosse eines frühen mechanisch betriebenen Pochwerkes. Das zu zerkleinernde Erz wurde auf den Amboss gelegt und von vier im Takt aufschlagenden Pochstempeln zertrümmert. War eine Seite des Ambosses abgenutzt, wurde er umgedreht. Über Konstruktion und Antrieb dieses Pochwerkes können keine Aussagen gemacht werden.

Anschließend an die Zerkleinerung mit Hämmern oder Pochwerk wurde das Erz mit Schiebemühlen und in römischer Zeit mit handbetriebenen Rotationsmühlen (siehe Kapitel Agrartechnik) aufgemahlen.

Nassaufbereitung

Das einfachste Verfahren ist das Waschen in Waschpfannen oder Waschrinnen. Waschpfannen, wie sie noch heute zum Goldwaschen benutzt werden, sind Holzschüsseln, die mit mineralhaltigem Sand und Wasser gefüllt werden. Als erstes wird der Inhalt der Pfanne mit der Hand gut verrührt und größere Steine werden aussortiert. Dann wird die Pfanne geschüttelt, so dass die leichteren Partikel mit dem Wasser über den Pfannenrand weggeschwemmt werden; die schwereren Minerale setzen sich am Boden der Waschpfanne ab. Dieser Vorgang wird so lange wiederholt, bis nur mehr Mineralpartikel in der Pfanne sind. Der Inhalt der Pfanne wird getrocknet und der noch verbliebene feine Sand weggeblasen.

Etwas effizienter ist das Waschen in hölzernen Waschrinnen, deren Boden rau belassen wird und Vertiefungen aufweist. Sie werden leicht schräg aufgestellt und ihr unteres Ende mündet in einen Trog. Mineralhaltiger Sand und Wasser werden in die Rinne geschüttet und das Wasser spült die leichteren Partikel weg; die schwereren Minerale setzen sich am Boden der Rinne ab. Das Wasser fließt in den Trog, in dem sich der Sand absetzt, der entnommen und wieder in die Waschrinne geschüttet wird. Dieser Vorgang wird so lange wiederholt, bis alle Mineralpartikel gewonnen wurden. Die Waschrinnen wurden auch mit Schaffellen ausgelegt, in denen sich die schwereren Mineralpartikel absetzten. Zum Abschluß wird das Fell ausgeschüttelt und, um auch die feinsten Partikel zu gewinnen, zum Trocknen aufgehängt und dann noch einmal ausgeschüttelt. Diese Methode zur Goldgewinnung, die auch in der antiken Literatur Erwähnung findet (zum Beispiel App. Mithr. 103), ist laut Strabon der Ursprung der Sage vom Goldenen Vlies (Strab. 11, 2,19). Für diese Interpretation spricht auch die Beschreibung der Auffindung des Goldenen Vlieses in den *Argonautika* des Apollonios von Rhodos: „Die beiden aber kamen auf einem Pfad zum heiligen Hain und suchten die riesige Eiche auf, an der das Vlies hing, einer Wolke gleichend, die von den gleißenden Strahlen der Morgensonne rot wird" (Apoll. Rhod. 4, 123–126).

Am besten erforscht und dokumentiert sind die Waschanlagen des bereits erwähnten Blei-Silberbergbaus von Laurion. Die für dieses Bergbaurevier charakteristischen zahlreichen rechteckigen Erzwäschen, deren Größe zwischen 5,2 mal 9,5 m und 13 mal 14 m schwankt, sind beeindruckende Zeugnisse des hohen technischen Standes der Aufbereitungstechnik des 5. bis 4. Jahrhunderts v. Chr. in diesem Bergbaurevier. Aufgrund des Wassermangels musste Wasser in Zisternen gesammelt werden und wurde für die Nassaufbereitung im Kreislauf verwendet. Eine Überdachung bot Schutz gegen Verdunstung. Die Erzwäschen von Laurion sind die frühesten bekannten Aufbereitungsanlagen, in denen Erz (Dichte: 6,5 bis 7,5) und Taubgestein (Dichte: 2,6) aufgrund ihrer unterschiedlichen Dichte mit Hilfe von fließendem Wasser voneinander getrennt werden.

Eine große rechteckige Erzwäsche (Abb. 116) besteht aus einem langrechteckigen Becken, in das je nach Größe der Anlage auf halber Höhe zwei bis acht Düsen eingelassen sind. Aus diesen Düsen fließt klares Wasser aus dem Becken über schmale schräg aufgestellte Holzrinnen mit Vertiefungen auf eine leicht geneigte Arbeitsfläche und weiter in Kanäle, die ein leichtes Gefälle haben, und Absetzbecken, die rund um einen Trockenboden laufen, der bei kleineren Erzwäschen fehlt. Aus dem letzten Absetzbecken wird das Wasser mit Kübeln gehoben und auf eine geneigte Fläche geschüttet, über die es zurück in das langrechteckige Becken fließt. Auf die Holzrinnen wird kontinuierlich gemahlenes Erz aufgebracht. Die schwereren Partikel setzen sich in den oberen Vertiefungen ab und die leichteren in den unteren. Die Feinfraktion gelangt mit dem abfließenden Wasser in die Kanäle und setzt sich in den

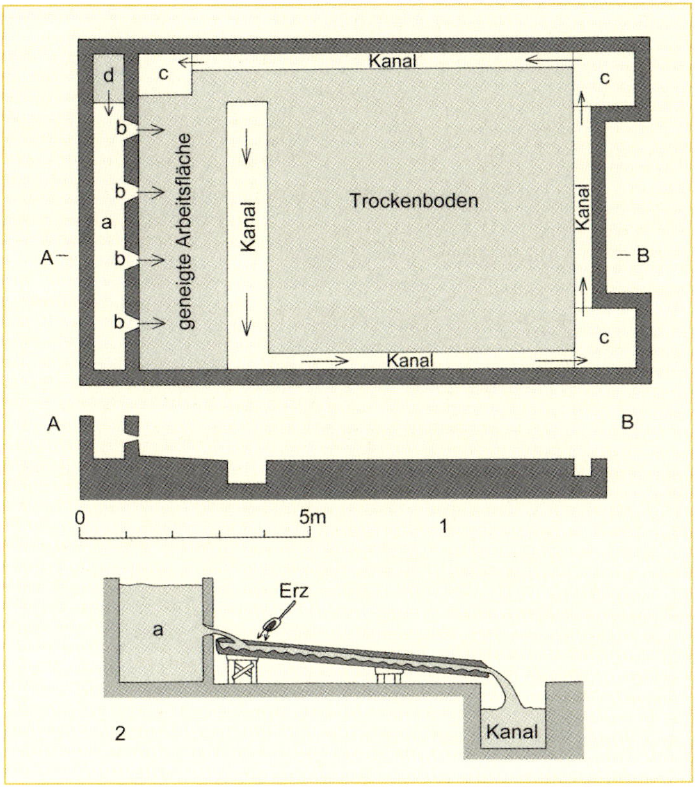

Abb. 116

Rechteckige Erzwäsche von Laurion: 1: Grundriss und Querschnitt: a: langrechteckiges Becken, b: Düsen, c: Absetzbecken, d: schräge Fläche, über die das aus dem letzten Absetzbecken gehobene Wasser in das langrechteckige Becken fließt. Die Pfeile zeigen die Fließrichtung des Wassers an, 2: Funktionsweise der an die Düsen angelegten Holzrinnen.

Absetzbecken an den Ecken ab, wobei ins letzte Absetzbecken nur mehr Taubgestein gelangt. Das Konzentrat aus den Rinnen und den Absetzbecken wird auf den Trockenboden geschaufelt.

Neben zahlreichen rechteckigen Erzwäschen sind aus Laurion auch vier kreisförmige Erzwäschen aus dem späten 4. und frühen 3. Jahrhundert v. Chr. bekannt. Eine derartige Erzwäsche ist eine kreisförmige Rinne aus Marmor mit oder ohne muldenartigen Vertiefungen, wobei ein Ende der Rinne 10 bis 30 cm höher als das andere liegt. Der Durchmesser der Anlagen beträgt rund 6 m, die Länge der Rinne rund 16 m. Am oberen Ende wird in einem Aufgabebecken gemahlenes Erz und Wasser zur Trübe gemischt. Die Trübe rinnt die Rinne entlang, während sie von den Aufbereitern kontinuierlich leicht gerührt wird, so dass sich die schweren Partikel absetzen und die Feinfraktion weitergespült wird. Am Ende der Rinne befindet sich ein Absetzbecken, aus dem das Wasser mit Kübeln wieder in das Auffangbecken gegossen wird.

Aus römischer Zeit ist bis dato nur eine Erzwäsche im Blei-Silberbergbaurevier von Mazarrón in Südostspanien bekannt (Abb. 117). Die gemauerte Anlage besteht aus einer Reihe von runden, an einer Seite offenen Becken mit

Abb. 117

Rekonstruktion der Funktionsweise der römischen Erzwäsche im Bergbaurevier Mazarrón in Spanien.

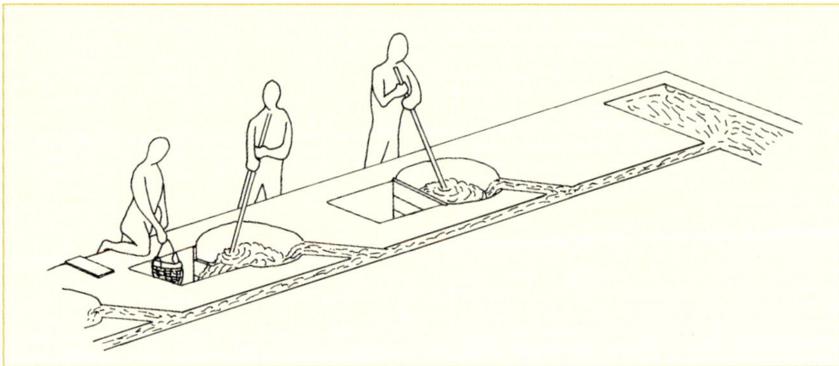

einem Durchmesser von 75 cm und einer Tiefe von 65 bis 75 cm. An den offenen Seiten schließt je ein rechteckiges Becken an. Die Öffnung zwischen den beiden Becken war mit Holzbrettern verschlossen. Aus einem Tank floss Wasser über eine Rinne in die runden Becken, wo es mit gemahlenem Erz zur Trübe verrührt wurde. Die schwereren Partikel setzten sich am Boden ab. Dann wurde das oberste Brett entfernt, so dass die Feinfraktion mit dem Wasser in das rechteckige Becken gespült wurde. Dann wurde nochmals umgerührt, ein weiteres Brett entfernt und Wasser mit Feinfraktion floss ab. Dieser Vorgang wurde so lange wiederholt, bis sich am Boden der runden Becken ein zufriedenstellendes Erzkonzentrat abgesetzt hatte.

Amalgamation

Der Goldstaub, egal ob es sich um Seifengold oder Berggold handelt, muss vor dem Aufschmelzen von letzten noch verbliebenen Unreinheiten gereinigt werden. Bereits in der Antike wurde dazu das Verfahren der Amalgamation mit Quecksilber angewendet, das von Plinius (Plin. nat. 33, 99) erwähnt, aber falsch interpretiert, von Vitruv hingegen korrekt beschrieben wird: „Quecksilber reißt alle Goldkörnchen an sich und zwingt sie, sich mit ihm zu verbinden. Wenn es in ein Tuch gegossen und dort mit der Hand gepresst wird, gleitet das Quecksilber, weil es flüssig ist, durch die Gewebeporen nach außen, das Gold aber, durch das Pressen zusammengeballt, findet man im Tuch in reinem Zustand“ (Vitr. 7, 8,4). Das Verfahren der Amalgamation beruht darauf, dass sich flüssiges Quecksilber, sobald es mit Gold in Berührung kommt, mit diesem zum so genannten Amalgam verbindet und von noch vorhandenen Sandresten trennt. Der Amalgamklumpen wird in einen Stoff- oder Lederbeutel gegeben und das überschüssige Quecksilber ausgepresst. Der verbleibende Amalgamklumpen wird erhitzt, das Quecksilber verdampft, und das reine Gold bleibt zurück.

Verhüttung, Raffination und Legierungen

XI.

1. Verhüttung und Raffination

Sulfidische Kupfererze, oxidische und karbonatische Eisenerze wurden vor der Verhüttung meist geröstet. Die zerkleinerten Erze wurden auf einem Röstbett oder in einer Röstgrube in einem Holzfeuer erhitzt, um sie in ein schmelzbares Oxid umzuwandeln und um das Gefüge aufzubrechen und für die Reduktionsgase leichter zugänglich zu machen. Die Erze werden beim Rösten porös und können so leichter im Schmelzofen zu Metall reduziert werden.

Limonitische Eisenerze ($Fe_2O_3.H_2O$ oder FeO.OH) werden beim Rösten entwässert und karbonatische Eisenerze (Siderit $FeCO_3$) verlieren ihren Karbonatanteil.

Das wichtigste Erz für die Kupfergewinnung war Kupferkies, ein Kupfereisensulfid ($CuFeS_2$). Durch die Sauerstoffzufuhr beim Rösten zersetzt sich Kupferkies in Kupfersulfid (Cu_2S), Eisensulfid (FeS), Eisenoxid (Fe_2O_3) und Schwefeldioxid (SO_2), das verraucht. Je nach Grad der Röstung enthalten die Erze schließlich nur noch wenig Schwefel. Totrösten von Kupferkies heißt, dass beim Rösten der gesamte Schwefel ausgetrieben wird. Werden die Erze nicht geröstet, finden diese Reaktionen zu Beginn des Schmelzprozesses im Schachtofen statt, was den Energieverbrauch beträchtlich erhöht. Blei-Silbererze (Galenit PbS und Cerussit $PbCO_3$) wurden wohl nie geröstet.

Verhüttung ist das Ausschmelzen des Metalls aus dem Erz. Kupfererze, Blei-Silbererze und Eisenerze wurden in meist leicht in den anstehenden Boden eingetieften, aus Stein mit Tonverkleidung im Innneren oder komplett aus Ton aufgebauten Schachtöfen bei einer Temperatur von rund 1250 bis 1350 °C verhüttet. Die für den Schmelzprozess erforderliche Luft, der sogenannte Wind, wird über mehrere Düsenöffnungen im unteren Teil des

Ofens mit Blasebälgen zugeführt oder strömt, ohne Blasebälge, durch den Kamineffekt über Windöffnungen in den Ofen. Zu Beginn des Schmelzprozesses wird der Ofen zuerst mit Holz oder Holzkohle vorgeheizt. Sobald die Betriebstemperatur erreicht ist, wird der Ofen von oben mit abwechselnden Lagen von Erz und Holzkohle beschickt. Holzkohle als Energieträger hat einen weitaus höheren Brennwert als Holz. Bei der Verbrennung von Holzkohle entsteht zunächst Kohlendioxid (CO_2) (Tabelle 4, 1. Reaktion), das in der Reaktion mit festem Kohlenstoff Kohlenmonoxid (CO) bildet (Tabelle 4, 2. Reaktion). In weiterer Folge zieht das Kohlenmonoxid den Sauerstoff des Erzoxids an sich und reduziert es so zu Metall (Tabelle 4, 3. Reaktion).

Chemische Reaktionen bei der Reduktion von Metalloxiden zu Metall

Tabelle 4

Reaktionen	Chemische Reaktion
1. Reaktion	$C + O_2 = CO_2$
2. Reaktion	$CO_2 + C = 2\,CO$
3. Reaktion	Metalloxid + CO = Metall + CO_2

Jedes Erz enthält Unreinheiten und Reste des Ganggesteins. Auch der Ton der Ofenwand reagiert beim Schmelzen, und beim Verbrennen von Holzkohle entsteht Asche. Diese Abfallprodukte verbinden sich zu Schlacke. Manchen Erzen wurden Flussmittel zugegeben, etwa Abfälle der vorherigen Schmelze oder bestimmte Minerale, um die Bildung einer dünnflüssigen Schlacke zu gewährleisten. Schlacke und Metall sinken auf die Ofensohle, wo sie sich voneinander trennen.

Nach der Verhüttung müssen die Metalle weiterbehandelt werden. Blei und Silber müssen voneinander getrennt werden. Blei und Kupfer enthalten Verunreinigungen in Form anderer Metalle. Freigold ist selten reines Gold, meist ist es eine natürliche Legierung mit Silber (Elektron), es kann aber auch Kupfer, Eisen und andere metallische Verunreinigungen enthalten und muss ebenfalls raffiniert werden. Eine Eisenluppe – die Mischung aus Rohmetall und Schlacke – muss ausgeschmiedet werden, um die Schlacke zu entfernen.

Blei-Silberverhüttung

Bleierz wurde in der Antike teils wegen seines Bleigehaltes und teils wegens eines Silbergehaltes verhüttet, der in Laurion rund 0,1 Gewichtsprozent betrug, und im günstigsten Fall 1 % erreichen konnte. Bei der Verhüttung des Erzes bilden sich metallisches Blei und Schlacke mit bis zu 10 oder 20 Gewichtsprozent Bleioxid. Das Silber geht dabei fast zur Gänze in das metallische Blei, das Werkblei genannt wird. Betrug der Silbergehalt des Bleis mehr als ungefähr 0,05 %, wurde es meist in einem zweiten Schritt durch Kupellation (siehe unten) vom Blei getrennt. Je nach dem Gehalt an anderen Metallen wie Antimon, Arsen, Kupfer und Bismut, ist das Werkblei mehr oder weniger hart („Hartblei"). Bei der Kupellation auf Silber wurden die meisten anderen Metalle mit abgetrennt, so dass das abschließend zurückgewonnene Blei relativ rein und weich war („Weichblei").

Die Kupellation im Treibherd ist ein oxidierender Prozess. Ein Treibherd besteht aus einer Vertiefung im Boden, die mit einer dicken Schicht aus kalkreichem Material ausgekleidet ist. Der Treibherd wird mit Werkblei gefüllt und von oben wird brennendes Holz über die Schmelze geschoben. Mit einem Blasebalg wird Luft auf die Oberfläche der Schmelze geblasen, so dass das Blei zur Bleiglätte (Bleioxid PbO) oxidiert. Bleiglätte ist dünnflüssig und hat eine geringere Dichte als Blei (11,3 g/cm^3) und Silber (10,5 g/cm^3). Dadurch bildet sich auf der Oberfläche eine Schmelze von Bleiglätte, die über eine Rinne in eine Schale abfließt, oder durch Eintauchen eines eisernen Stabes abgezogen wird, indem die Glätte an dem kühlen Metall „anfriert". Gleichzeitig wird die Kupelle mit Werkblei wieder aufgefüllt. Das Herausheben der Bleiglätte mit einem Eisenstab wird von Plinius beschrieben: „Jede (Art Bleiglätte) aber entsteht beim Ausschmelzen ihrer Masse, indem sie von einem oberen Tiegel in einen unteren abfließt und aus diesem mit eisernen Spießen herausgenommen wird" (Plin. nat. 33, 107). Ein Großteil der Bleiglätte wird von der porösen Masse des Treibherdes aufgesogen. Durch die fortschreitende Oxidation des Bleis reichert sich das Silber so lange in der Metallschmelze an, bis es rein vorliegt. Analysen athenischer Drachmen des 6. bis 3. Jahrhunderts v. Chr. zeigen die Effizienz der Kupellation: Der Bleigehalt der Silbermünzen beträgt lediglich zwischen 0,3 und 0,25 Gewichtsprozent.

Die in der Kupellation produzierte Bleiglätte hat einen Bleigehalt von 80 bis 93 % und kann erneut zu Blei reduziert werden. Das Blei wird zu Barren gegossen, die in römischer Zeit oft den Namen des Produzenten trugen. Kupellation kam nicht nur in der Silbergewinnung aus Erzen zur Anwendung, sondern auch bei der Raffination von Gold und bei der Wiederverwertung von Altmetall zur Rückgewinnung von Silber und Gold aus Legierungen.

Kupferverhüttung

Oxidische Kupfererze (Malachit und Azurit) waren bereits in der Frühbronzezeit weitgehend erschöpft und daher in der Antike nicht mehr verfügbar. Das Schmelzen sulfidischer Kupfererze, typischerweise Kupferkies, ist oft ein mehrstufiger Prozess, der mit dem Rösten der Erze beginnt. Beim Schmelzen dieser Rösterze reagiert das Eisenoxid mit dem Quarz (SiO_2), der entweder im Ganggestein vorhanden oder als Flussmittel zugeschlagen wurde, zu Eisensilikatschlacke (Fe_2SiO_4), die auch andere Bestandteile des Ganggesteins aufnimmt. Die Sulfide verbinden sich zu Kupferstein, einem Kupfereisensulfid-Gemenge, bestehend aus 30 bis 50 % Kupfer, 22 bis 33 % Eisen und 24 bis 26 % Schwefel und wechselnden Mengen an metallischem Kupfer, abhängig von der Erzzusammensetzung. In einem nächsten Schritt kann der Kupferstein zerschlagen und auf einem Röstbett totgeröstet werden. Dabei entweicht der verbleibende Schwefel und zurück bleibt ein Gemenge von Kupfer- und Eisenoxid, das im Ofen zu metallischem Kupfer, sogenanntem Schwarzkupfer, mit einem Kupfergehalt von 94 bis 96 % reduziert wird. Das Eisenoxid verbindet sich wie zuvor zu Schlacke. Meist gelingt es nicht, den Kupferstein schon beim ersten Mal totzurösten, und es können mehrere dieser aus oxidierendem Rösten und reduzierendem Schmelzen bestehenden Abläufe erforderlich sein, um das im Kupferstein vorhandene Kupfer vollständig zu metallischem Kupfer zu reduzieren. Der Schmelzvorgang kann entweder diskontinuierlich stattfinden, so dass der Ofen in regelmäßigen Abständen abkühlt und das gewonnene Kupfer entnommen wird, ehe der Ofen neu beschickt wird, oder kontinuierlich über einen längeren Zeitraum, was ein mehrfaches Abstechen von Schlacke und Metall in flüssigem Zustand erfordert.

Aufgrund des hohen Schmelzpunktes von Kupfer (1085 °C) ist ein gemeinsamer Abstich von flüssigem Metall und Schlacke während eines kontinuierlichen Schmelzprozesses nicht immer möglich. Der damit verbundene Wärmeverlust würde den Schmelzprozess zum Stillstand bringen, und die noch im Ofen befindliche Charge wäre verloren. Um dennoch bei einem Schmelzvorgang eine größere Menge an Schwarzkupfer gewinnen zu können, wird die Schlacke, die aufgrund ihrer geringeren Dichte auf dem metallischen Kupfer „schwimmt", getrennt vom Kupfer abgestochen. Sobald sich eine ausreichende Menge Kupfer auf der Ofensohle gesammelt hat, wird der Schmelzprozess beendet und das Kupfer direkt in eine Form abgestochen.

Zinnverhüttung

Für die Reduktion von Cassiterit (Zinndioxid SnO_2) zu metallischem Zinn ist trotz des niedrigen Schmelzpunktes von Zinn (232 °C) die gleiche Prozesstemperatur notwendig wie für die anderen Metalle, um flüssige Schlacke zu erhalten. Zinnmetall bildet sich unter denselben Reduktionsbedingungen wie Eisen, so dass vielfach metallisches Eisen bei der Zinnverhüttung mit anfällt.

Cassiterit aus Ganglagerstätten muss daher sorgfältig aufbereitet und vom Ganggestein getrennt werden, um diese Verunreinigungen möglichst gering zu halten. Durch die Reaktion von Zinnoxid mit der Gangart und das Hängenbleiben von Zinnmetalltröpfchen in der zähflüssigen Schlacke kommt es zu relativ hohen Zinnverlusten in der Schlacke. Schlacken der römischen Zinngewinnung in Frankreich enthalten bis zu 21 % Zinn. Leider fehlen bis dato archäologische Befunde antiker Schmelzöfen für die Zinnverhüttung. Cassiterit kann sowohl in niedrigen Schachtöfen als auch in Schmelztiegeln zu metallischem Zinn reduziert werden. Bei der Reduktion im Schmelztiegel wird der mit Cassiterit und Holzkohle gefüllte Tiegel in einem Ofen auf die entsprechende Reduktionstemperatur von rund 1100 °C erhitzt.

Quecksilbergewinnung

Quecksilber, das nicht nur zur Amalgamation von Gold gebraucht wurde, sondern auch zum Vergolden von Silber- und Bronzeobjekten, wurde entweder gediegen in Form kleiner Tröpfchen gesammelt oder aus Zinnober (Cinnabarit HgS), einem Quecksilbersulfid, gewonnen. Plinius beschreibt zwei Verfahren der Quecksilbergewinnung aus Zinnober: „Man zerstößt entweder Zinnober mit Essig in kupfernen Mörsern und mit kupfernen Pistillen oder legt ihn in eiserne Schalen in irdenen Schüsseln, bedeckt ihn mit einem Helm, schmiert Ton darauf, entzündet dann unter den Gefäßen mit dauerndem Gebläse ein Feuer und wischt so vom Helm den feuchten Belag ab, der sich silberfarben und flüssig wie Wasser niederschlägt" (Plin. nat. 33, 123–124). Beim erstgenannten Verfahren reagiert der im Zinnober enthaltene Schwefel mit dem Kupfer und es entstehen Kupfersulfid und Quecksilber, wobei sich das Quecksilber schnell mit dem Kupfer zu einem Amalgam verbindet. Wird dieses Amalgam in einem geschlossenen Gefäß erhitzt, kondensiert das Quecksilber. Das zweite Verfahren, das das Üblichere gewesen sein dürfte, beruht darauf, dass Zinnober bei rund 600 bis 700° C zerfällt und Quecksilber, das bereits bei 357 °C siedet, sich als Dampf bildet und anschließend an der kühlen Gefäßwand kondensiert.

Die Raffination von Gold

Gold kommt nur selten als reines Gold vor, sehr oft enthält es beträchtliche Silberanteile. Diese natürliche Legierung, deren Silbergehalt zwischen 5 und 50 % liegt, wird als Elektron bezeichnet. Bereits verarbeitetes Gold, wie Beutegold, alte Schmuckstücke, Gefäße oder Münzen, besteht meist aus Gold-Silber- und/oder Gold-Kupferlegierungen oder ist mit Messing verfälscht. Um den gewünschten Reinheitsgrad zu erhalten, muss das Gold von den anderen Metallen getrennt werden.

Das zu raffinierende Gold wird zusammen mit Blei in einer kleinen Kupelle zu einer Legierung geschmolzen und kupelliert. Blei und unedle Metalle oxidieren und werden von der Kupelle aufgesogen. Die reine Gold-Silberlegierung bleibt als *regulus* am Boden der Kupelle zurück.

Der nächste Schritt ist das Scheiden des Goldes vom Silber durch Zementation mit Kochsalz oder Metallsulfiden, ein Verfahren, das erstmals von Diodorus Siculus (Diod. 3, 14) beschrieben wird, der sich seinerseits auf Agatharchides, einen Autor des 2. Jahrhunderts v. Chr. beruft. Plinius beschreibt ein Mischverfahren aus Zementation mit Salz und Metallsulfiden: „Man röstet auch Gold mit dem doppelten Gewicht Salz, drei Teilen *misy* [Pyrit, ein Eisensulfid FeS_2 oder Kupferkies $CuFeS_2$] und abermals mit zwei Teilen Salz und einem Teil vom so genannten Spaltstein [*schistos*: wahrscheinlich Alaunschiefer, ein mit Pyrit und Kohle durchsetzter Tonschiefer, der bei der Verwitterung Alaun, ein Salzgemisch aus Kalium- und Aluminiumsulfat, freisetzt]. So zieht es das Gift heraus, wenn man es in diesen Stoffen in einem Tongefäß hat glühen lassen, bleibt aber selbst rein und unverdorben" (Plin. nat. 33, 84–85).

Bei der Zementation mit Salz werden Gold-Silberstaub, Kochsalz und Ziegelmehl in einen Keramiktopf gegeben, der verschlossen und in einem Ofen auf rund 800 °C erhitzt wird. Salz, Natriumchlorid, reagiert mit Silber zu Silberchlorid, das vom Ziegelmehl aufgenommen wird. Bei der Zementation mit Metallsulfiden werden Gold-Silberstaub mit zerstoßenem Pyrit oder Kupferkies und Holzkohle in einen Topf gegeben und erhitzt. Der Schwefel des Metallsulfids reagiert mit Silber zu Silbersulfid.

Bei beiden Verfahren sowie bei dem von Plinius beschriebenen Mischverfahren bleibt reines Gold in Form kleiner Körnchen oder Plättchen zurück, und das Silber kann durch Verhüttung unter Bleizusatz aus dem Ziegelmehl zurückgewonnen werden.

Eisenverhüttung

Eisen wurde bis ins Spätmittelalter im so genannten Rennfeuerprozess gewonnen. Der Ofen (Rennofen) wird mit Eisenerz und Holzkohle beschickt. Da Eisen einen sehr hohen Schmelzpunkt hat (1536 °C), wird es nicht wie die anderen Metalle flüssig, sondern sammelt sich als teigige, aus Eisen und Schlacke bestehende Masse, die Luppe genannt wird, im Bereich der Ofensohle an. Die beim Rennfeuerprozess in großen Mengen anfallende Schlacke kann während des Schmelzprozesses in regelmäßigen Abständen abgestochen werden oder fließt in dazu angelegte Schlackengruben unter den Öfen ab. Schon beim Schmelzprozess kann es zu einer partiellen Aufkohlung des Eisens kommen.

Die heiße Luppe wird mit einem Holzhammer auf einem Holzstock verdichtet. Dabei wird bereits ein Teil der in der Luppe vorhandenen Schlacke ausgetrieben. Die erkaltete Luppe wird wiederholt im Schmiedefeuer erhitzt und ausgeschmiedet, um die Schlacke weitgehend zu entfernen. Das Endprodukt wird zu Barren geschmiedet.

▲ **Abb. 118**

Römischer Rennofen aus Hüttenberg in Kärnten. Der freistehende Ofenschacht ist nicht erhalten.

◀ **Abb. 119**

Experimentelle Archäologie: Verdichten der Luppe unmittelbar nach ihrer Entnahme aus dem Rennofen.

2. Legierungen

Eine Legierung ist die Mischung eines Grundmetalls mit einem oder mehreren anderen Metallen, aber auch die Mischung des Grundmetalls mit nichtmetallischen Komponenten, wie zum Beispiel Stahl, die Legierung von Eisen mit Kohlenstoff. Legieren verändert die Materialeigenschaften (Schmelzpunkt, Härte, Farbe) des Grundmetalls. Legierungen können entweder durch gemeinsames Aufschmelzen in einem Schmelztiegel (Kupfer-, Gold- und Silberlegierungen) oder durch Zementation (Messing, Stahl) hergestellt werden.

Aufkohlen und Härten von Eisen – Stahlerzeugung

Grundsätzlich unterscheidet man je nach dem Kohlenstoffgehalt zwischen weichem unlegiertem Eisen und Stahl, einer Eisen-Kohlenstofflegierung, deren Kohlenstoffanteil unter 2,06 % liegt. Je höher der Kohlenstoffgehalt ist, desto härter ist der Stahl. Eisen mit einem Kohlenstoffgehalt von 0 bis 0,9 % ist gut schmiedbar, ab einem Kohlenstoffgehalt von 0,1 % kann Stahl gehärtet werden, und ab einem Kohlenstoffgehalt von 1,5 % ist Stahl nur mehr schwer schmiedbar. Der Kohlenstoffgehalt von Gusseisen liegt zwischen 1,5 und 5 %. Vereinzelt wurden Luppen mit sehr hohem Kohlenstoffgehalt gefunden. Ob diese Luppen Zufallsprodukte waren, die man nicht weiter bearbeiten konnte und daher auf die Halde warf oder ob Gusseisen in der Antike bereits bekannt war und genutzt wurde, ist umstritten.

Der Kohlenstoffgehalt des im Rennofen produzierten Eisens ist unterschiedlich hoch, wobei die Verteilung des Kohlenstoffs in der Luppe heterogen ist. Erst, als man in der Eisenzeit erkannte, dass weiches Eisen aufgekohlt und damit härtbar gemacht werden kann, wurde Eisen zu einem der Bronze weit überlegenen Werkstoff. Der Zusammenhang zwischen Kohlenstoffgehalt und Qualität des Eisens wurde jedoch nicht erkannt, sondern man nahm an, dass Feuer Eisen „reinigt" oder auf andere Weise verändert.

In der Antike kannte man zwei Verfahren, um den Kohlenstoffgehalt des Eisens zu erhöhen: Zementation und Aufkohlen im Schmiedefeuer. Bei der Zementation werden dünne Eisenplatten und Holzkohlestaub in ein Keramikgefäß gegeben, das verschlossen und in einem Ofen auf eine Temperatur von 900 bis 950 °C erhitzt wird. Bei den im luftdicht verschlossenen Gefäß herrschenden reduzierenden Bedingungen dringt Kohlenstoff in das Eisen ein. Die Eindringtiefe des Kohlenstoffs in das Eisen ist abhängig von der Temperatur und der Dauer der Hitzeeinwirkung.

Beim Aufkohlen im Schmiedefeuer wird nur die Oberfläche des Werkstücks aufgekohlt. Das fertig geschmiedete glühende Werkstück wird kurz in die glühende Holzkohle der Esse gelegt. Dabei wird die Oberfläche des Werkstücks mit Kohlenstoff angereichert. Lässt man das Werkstück nun langsam erkalten, wird der Kohlenstoff teilweise oder zur Gänze als Cementit wieder ausgeschieden. Wenn man das Werkstück härten will, wird es in glühendem Zustand in kaltem Wasser abgeschreckt. Voraussetzung dafür ist ein entsprechender Kohlenstoffgehalt des Eisens. Eisen mit keinem oder zu geringem Kohlenstoffgehalt kann nicht gehärtet werden. Der Vorgang des Aufkohlens und Abschreckens erfordert vom Schmied viel Erfahrung. Ist das Werkstück zu stark aufgekohlt und/oder erkaltet beim Abschrecken zu rasch, wird es spröde und zerspringt bei Belastung. Soll beispielsweise eine qualitätvolle Schwertklinge mit guter Schneidwirkung, aber weichem elastischem Kern erzeugt werden, wird das glühende Werkstück nur ganz kurz in kaltes Wasser gehalten und so nur die äußere Schicht abgeschreckt. Der Stahl im Kern der Klinge erkaltet langsam und bleibt weich und elastisch.

Kupferlegierungen

Die frühesten Bronzen waren Arsenbronzen, die direkt aus arsenhaltigen Kupfererzen erschmolzen wurden. Ab der Bronzezeit gibt es die klassische Bronze, eine Legierung aus Kupfer und Zinn. In der Antike wurde Kupfer auch mit Zink und Blei legiert. Kupfer ist weich und hat einen hohen Schmelzpunkt (1085 °C). Durch die Legierung mit Zinn wird der Schmelzpunkt gesenkt und das Metall härter. Bronzen mit höheren Zinngehalten lassen sich hervorragend gießen, sind aber aufgrund ihrer größeren Härte spröde und lassen sich daher mechanisch schlechter verformen. Der Zinngehalt antiker Bronzen liegt zwischen 4 und 12 %. Zur Herstellung von Spiegeln legierte man Kupfer mit bis zu 30 % Zinn. Durch diesen hohen Zinngehalt wird das Metall hart und bekommt eine glänzende Oberfläche, die gut poliert werden kann. Ab dem 3. Jahrhundert v. Chr. wurde Bronze für Gussobjekte zunehmend mit Blei legiert. Diese Legierung ist ausgezeichnet zum Gießen geeignet, reißt jedoch beim Hämmern und Treiben leicht. Bleibronzen zum Gießen von Statuen und Luxusgegenständen können einen Bleigehalt bis zu 20 % haben. Ab der Mitte des 1. Jahrhunderts v. Chr. gewinnt Messing, zunächst hauptsächlich als Münzmetall, später auch für dekorative Gussobjekte, zunehmend an Bedeutung. Im Laufe des 2. und 3. Jahrhunderts n. Chr. nimmt der Zinkgehalt der Münzen immer mehr ab und reines Messing kommt außer Gebrauch. Zink wird, vermutlich durch andauerndes Recycling, zu einem wichtigen Bestandteil der immer stärker in Gebrauch kommenden Legierung von Kupfer mit Zinn, Zink und Blei. Der Prozentsatz der einzelnen Legierungsbestandteile wird zumindest teilweise wohl bewusst an die Verarbeitungstechnik und den Verwendungszweck der Objekte angepasst. Zinn gibt dem Metall die gewünschte Härte, Zink schützt vor Korrosion und Blei verbessert die Gusseigenschaften. Metallographische Analysen an über tausend römischen Bronzeobjekten aus Britannien zeigen deutlich den Unterschied in der Zusammensetzung der Legierungen von Gussobjekten und getriebenen Objekten:

Durchschnittlicher Anteil der Legierungsbestandteile römischer Bronzen aus Britannien
(nach Dungworth 1995, Tab. 6.3).

Tabelle 5

	Zinn	Zink	Blei
Gussobjekte	6,6 %	5,4 %	6,7 %
Getriebene Objekte	4,7 %	7,3 %	0,7%

Legierungen mit niedrigem Zinkgehalt enthalten fast immer auch Zinn, das heißt, dass Messing als Altmetall immer zusammen mit zinnhaltigen Kupferlegierungen wiederverwertet wurde.

Messingerzeugung durch Zementation

Messing ist die Legierung von Kupfer und Zink. Da Zink ein sehr flüchtiges Metall ist (es schmilzt bei 419 °C und siedet bei 917 °C), konnten Zinkerze in der Antike nicht im Schachtofen verhüttet werden. Trotzdem gibt es Hinweise auf die gelegentliche Produktion und Nutzung von metallischem Zink bereits in der Antike. Zinkblende (Zinksulfid ZnS) ist ein häufiger Bestandteil von Blei-Silbererzen. Bei der Verhüttung dieser Erze konnte es vorkommen, dass sich geringe Mengen von metallischem Zink an der Ofenwand absetzten. Da Zink wie Silber aussieht, aber kein Silber ist, wurde es „falsches Silber" genannt (Strab. 13, 56). Mischt man dieses „falsche Silber" mit Kupfer, erhält man goldfarbenes Messing (Strab. 13, 56). Da metallisches Zink nur zufällig gewonnen wurde, konnte es jedoch nicht regelmäßig zur Messingherstellung genutzt werden. Das früheste Messing, das die Griechen *oreichalkos* und die Römer *orichalcum* nannten, war ein wertvolles Metall, das „nach dem Gold am meisten geschätzt wurde" (Plat. Krit. 114e). Seine Gewinnung geht in die Bronzezeit zurück und beruht wohl auf der Verhüttung natürlich gemischter Kupfer-Zinkerze und scheint bereits vor der Mitte des 1. Jahrtausends v. Chr. zum Erliegen gekommen zu sein. Erst als man zwischen dem 4. und 1. Jahrhundert v. Chr. entdeckte, dass Messing durch Zementation erzeugt werden kann, wurde Messing wieder regelmäßig hergestellt, und der Wert dieser Legierung sank. Bei der Zementation wird Galmei, ein karbonatisches Zinkerz ($ZnCO_3$) mit Holzkohle und dünnen Kupferplättchen in einen Tiegel gegeben und in einem Ofen auf eine Temperatur von 920 bis 1000 °C erhitzt. Dabei zerfällt zuerst das Zinkkarbonat zu Zinkoxid und Kohlendioxid. In weiterer Folge wird Zinkoxid zu metallischem Zink reduziert, das als Dampf vorliegt und vom Kupfer aufgenommen wird. Durch Zementation erzeugtes Messing hat einen maximalen Zinkgehalt von 28 %, der häufig durch Strecken mit Kupfer oder Bronze gesenkt wurde.

Goldlegierungen

Reines Gold hat einen hohen Schmelzpunkt (1063 °C), ist korrosionsbeständig und sehr weich. Es wurde daher in der Antike, so wie heute, mit Silber und Kupfer legiert. Das Legieren von Gold mit anderen Metallen verändert nicht nur Härte und Schmelzpunkt, sondern auch die Farbe: je höher der Silberanteil, desto heller, und je höher der Kupferanteil, desto röter ist das Gold. Je geringer der Reinheitsgrad des Goldes ist, desto größer ist seine Anfälligkeit für Korrosion. Grundsätzlich weisen Schmuckgold und Münzgold unterschiedliche Legierungsanteile auf. Goldschmuck und goldenes Tafelgeschirr wurden mit wechselnden Anteilen von Silber und/oder Kupfer legiert, um die gewünschte Farbe und Härte zu erreichen.

Die Prägung von Edelmetall zu genormten Münzen als Zahlungsmittel begann in Kleinasien. Eine der ältesten bekannten Münzstätten ist Sardis, eine Stadt in Lydien (heutige Westtürkei), wo ab der Mitte des 7. Jahrhunderts v. Chr. Münzen geprägt wurden. Das aus dem Paktolos-Fluss gewonnene Seifengold ist ein Elektron mit einem Silbergehalt von 17 bis 24 %. Untersuchungen an Münzen aus Sardis zeigen, dass eine hohe Reinheit des Goldes anfänglich nicht angestrebt wurde. Obwohl das Verfahren der Zementation mit Salz zum Scheiden von Gold und Silber bereits bekannt war, setzte man dem Elektron noch weiteres Silber zu, um eine gleichförmige Legierung des Münzmetalls zu erhalten. Der Goldgehalt der Legierung wurde mit Hilfe des von Plinius erwähnten „lydischen Steins“ ermittelt (Plin. nat. 33, 126). Es handelt sich dabei um einen schwarzen Kieselschiefer, auf den mit einer geeichten Münze ein Strich gezogen wird, dessen Farbe mit der Strichfarbe einer Probe unbekannten Goldgehaltes verglichen wird. Die frühen Münzen aus Sardis enthalten rund 50 % Gold, 45 % Silber und geringe Anteile anderer Metalle. Unter Kroisos, dem letzten lydischen König (561–546 v. Chr.) ging man von der Elektronprägung zur Prägung von reinen Gold- und Silbermünzen über. Goldmünzen der griechischen und römischen Antike weisen fast durchgehend einen hohen Reinheitsgrad von 95 bis 98 % auf. Goldmünzen wurden in der Antike nur selten als alltägliches Zahlungsmittel eingesetzt, sie dienten eher der Anhäufung von persönlichem und staatlichem Reichtum.

Silberlegierungen

Silber wurde ebenso wie Gold für Münzen, Schmuck und Tafelgeschirr verwendet, es ist aber auch – wie Gold – ein sehr weiches Metall und wurde daher mit Kupfer legiert, um die Härte zu erhöhen und damit den Abrieb zu verringern und dünnwandigen Gefäßen größere Stabilität zu verleihen.

Der Reinheitsgrad antiker Silbermünzen war im Lauf der Jahrhunderte starken Schwankungen unterworfen. Da Silbermünzen im Gegensatz zu Goldmünzen ein häufiges Zahlungsmittel waren, war ihr Reinheitsgrad stärker von der wirtschaftlichen Lage und den Bemühungen staatlicher und privater Fälscher abhängig. Athenische Drachmen aus Silber aus Laurion haben einen hohen Reinheitsgrad von 95 bis 99 %. Für die römische Zeit gibt es zahlreiche Quellen für Abwertung und Fälschung von Silbermünzen. Plinius berichtet dazu: „Der Triumvir Antonius setzte dem Denar Eisen zu; der falschen Silbermünze mischt man Kupfer bei, andere verringern auch das Gewicht, während gesetzlich verordnet ist, 84 Denare aus einem Pfund Silber zu prägen. Daher entstand die Kunst, die Denare zu prüfen" (Plin. nat. 33, 132). In der römischen Kaiserzeit kam es zu einer fortschreitenden Abwertung der Silbermünzen. Bis zum Ende des 2. Jahrhunderts n. Chr. sank der Silbergehalt auf rund 72 %. Da Münzen mit einem Kupferanteil von rund 28 % aussehen wie Silbermünzen, war die Abwertung für den Verbraucher nicht erkennbar. Im Lauf des 3. und 4. Jahrhunderts n. Chr. schritt die Abwertung weiter fort, und es kam zur Prägung von „Silbermünzen" aus silberhaltiger Bronze. Um diesen Münzen dennoch das Aussehen von Silbermünzen zu geben, wurde ihre Oberfläche versilbert.

Korinthische Bronze *(aes corinthium)*

Luxusgegenstände aus korinthischer Bronze waren in der römischen Antike begehrte Sammelobjekte. Plinius berichtet, dass Gaius Verres, der in den Jahren 73 bis 71 v. Chr. als Statthalter die Provinz Sizilien ausplünderte, deswegen von Cicero angeklagt wurde und ins freiwillige Exil nach Massilia ging, den Proskriptionen des Jahres 43 v. Chr. zum Opfer fiel, weil er sich geweigert hatte, dem Marcus Antonius seine Sammlung korinthischer Bronzen zu überlassen (Plin. nat. 34, 6). Octavian, der spätere Kaiser Augustus, wurde wegen seiner Gier nach korinthischen Bronzen in einem Graffito verspottet: „Mein Vater war *argentarius* (Geldwechsler), ich bin ein *corinthiarius* (Liebhaber korinthischer Bronzen)" (Suet. Aug. 70). Noch Sidonius Apollinaris, ein Autor des 5. Jahrhunderts n. Chr., zählt die Korinthische Bronze zu den kostbarsten Produkten der römischen Provinzen (Sidon. carm. 5, 41–50). Das ist nur eine kleine Auswahl antiker Quellen zur Kostbarkeit des *aes corinthium* und zur Begierde, die jeden Kunstsammler angesichts dieses Metalls erfasste.

Plinius gibt eine Beschreibung dieses begehrten Metalls: „Es gibt drei Arten der (korinthischen) Bronzen: eine weiße, die im Glanze dem Silber so nahe wie möglich kommt (und) in der jene Mischung vorherrschte; eine zweite, welche die gelbe Farbe des Goldes hatte; eine dritte, in der alle Metalle zu gleichen Teilen vorhanden waren" (Plin. nat. 34, 8). Plutarch schreibt, dass das Besondere der korinthischen Bronze ihre Farbe ist, die nicht der normaler Bronze gleicht (Plut. mor. 5, 395b). Aus diesen Textstellen kann man schließen, dass es sich um eine besondere Legierung mit künstlicher Patinierung handelt. Untersuchungen von Objekten aus den Beständen des British Museum, die diesen Kriterien entsprechen, haben ergeben, dass das Ausgangsmaterial Zinnbronze ist, die in der Legierung geringe Anteile von Gold und Silber enthält und deren Oberfläche durch Eintauchen in Salzlösungen künstlich schwarzviolett patiniert wurde. Ein weiteres Merkmal korinthischer Bronzen sind Gold- und Silbertauschierungen. Die drei von Plinius genannten Arten der korinthischen Bronze wurden wie folgt identifiziert: Weiße korinthische Bronze enthält in der Legierung Silber und ist mit Silber tauschiert, goldene enthält in der Legierung Gold und ist mit Gold tauschiert, und die dritte Variante enthält Gold und Silber in der Legierung und ist mit beiden Metallen tauschiert. Allen gemein ist die dunkle schwarzviolette künstliche Patina der Bronze.

XII. Kriegstechnik

Da eine umfassende Behandlung dieses Themas den Rahmen des vorliegenden Buches überschreiten würde, wird hier nur auf Wurfgeschütze eingegangen. Wurfgeschütze wurden in der Antike generell als Katapulte (griechisch *katapeltes*, lateinisch *catapulta*) bezeichnet. Je nach ihrer Konstruktion unterscheidet man Bogen- und Torsionskatapulte.

Die ältesten Fernwaffen sind Schleuder und Bogen. Eine Schleuder besteht aus einem langen Leder- oder Stoffstreifen mit einer Ausbuchtung in der Mitte für das Geschoss (Bleigeschoss oder Stein). Der Schleuderer nimmt beide Enden des Streifens in die Hand, schwingt die Schleuder, lässt ein Ende los und das Geschoss fliegt aus der Schleuder.

Der Vorläufer der antiken Wurfgeschütze ist der Bogen. Die Wirksamkeit eines Bogens ist abhängig von der Zugkraft, die ihrerseits von der Muskelkraft des Schützen abhängig ist, und der Länge des Zuges, die von der Armlänge des Schützen bestimmt wird. Die Zugkraft ist die Kraft, die notwendig ist, die Sehne auszuziehen, und als Länge des Zuges wird die Strecke bezeichnet, um die der Schütze die Sehne auszieht. Das Bestreben der antiken Ingenieure, diese „menschlichen" Beschränkungen zu überwinden, führte zur Entwicklung der Katapulte, deren erster Einsatz für das Jahr 399 v. Chr. bezeugt ist. Diodorus Siculus berichtet, sie seien von Ingenieuren Dionysios' I. von Syrakus für den Einsatz im Krieg gegen Karthago erfunden worden (Diod. 14, 42,1).

Abb. 120

Legionäre an einem Katapult (*cheiroballistra*) in einem Schanzwerk. Ausschnitt aus den Szenen zu den Dakerkriegen auf der Trajanssäule.

1. Bogenkatapult – *gastraphetes* (Bauch-Bogen)

Dieses älteste Katapult zum Abschießen von Pfeilen, dessen Aufbau von Heron von Alexandria (Heron bel. p. 75–81) beschrieben wird, ist nichts anderes als ein Reflexbogen mit mechanischer Zugvorrichtung. Der Name kommt daher, dass der Schütze den Bogen beim Ausziehen gegen seinen Bauch drückt. Ein *gastraphetes* (Abb. 121) besteht aus einer Führungsschiene, an deren vorderem Ende der Bogen befestigt ist und einem gebogenen Endstück. In dieser Führungsschiene gleitet der Schieber (*diostra*), der mit einer Rille für das Geschoss versehen ist. Am hinteren Ende des Schiebers befinden sich eine Klaue zum Einhängen der Sehne und der Abzugshebel. Um den Bogen auszuziehen, wird der Schieber nach vorn geschoben und die Klaue

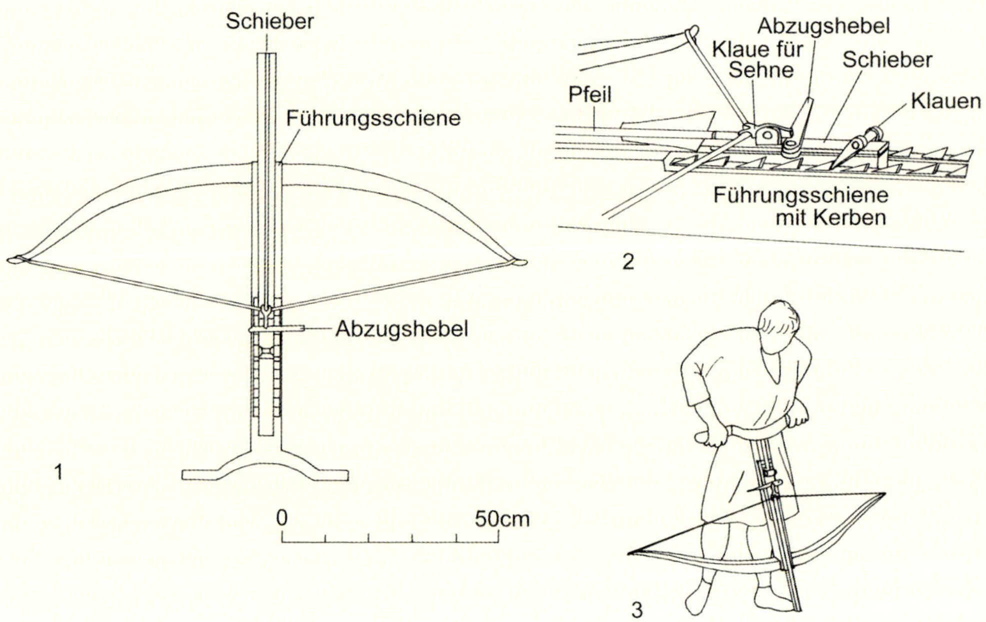

Abb. 121 *gastraphetes:* 1: Rekonstruktion, 2: Detail des Schiebers mit Abzugsmechanismus, 3: Ausziehen der Bogensehne.

über die Sehne gelegt. In dieser Stellung ragt der Schieber über das vordere Ende der Führungsschiene hinaus. Das vordere Ende der Waffe wird nun gegen den Boden oder eine Wand gestemmt und das gebogene Ende der Führungsschiene gegen den Bauch gedrückt. Der Schütze drückt mit ganzer Kraft nach unten und der Schieber gleitet in der Führungsschiene nach hinten. Um zu verhindern, dass der Schieber wieder zurückrutscht, sind an seinem hinteren Ende zwei Klauen befestigt, die in Kerben auf der Führungsschiene einrasten. Ist die Sehne ausgezogen, wird der Pfeil eingelegt und der Abzugshebel betätigt. Die Zugkraft eines *gastraphetes* liegt je nach der Muskelkraft des Schützen zwischen 68 und 91 kg. Der Vorteil dieser Waffe ist ihre große Reichweite beziehungsweise größere Durchschlagskraft, wenn mit schweren Pfeilen geschossen wird. Die Nachteile sind, außer blauen Flecken an Bauch und Rippen des Schützen, dass die Zugkraft immer noch von der Muskelkraft des Schützen abhängt, dass bei jedem Schuss neu gezielt werden muss und dass die Zeitspanne zwischen den Schüssen daher relativ lang ist.

In der Folge behob man diese Einschränkungen, indem man die Waffe auf einem Stativ aufstellte und eine Seilwinde zum Zurückziehen des Schiebers einsetzte. Dadurch entfällt das Zielen vor jedem Schuss, und durch die größere Zugkraft können schwerere Pfeile, aber auch Blei- und Steingeschosse abgefeuert werden. Geschütze für Blei- oder Steingeschosse hatten eine etwas breitere Sehne mit einer Schlinge für das Geschoss und einem Ring für das Zugseil.

2. Torsionskatapulte

Um die Mitte des 4. Jahrhunderts v. Chr. begann die Entwicklung der Torsionskatapulte, noch stärkerer Geschütze, deren grundsätzliche Neuerung darin besteht, dass anstelle des Bogens verdrillte Seilbündel aus Sehnen oder Haaren, so genannte Torsionsfedern, und Bogenarme treten. Große Katapulte wurden für den Transport zum Kriegsschauplatz in Einzelteile zerlegt.

Zweiarmige Torsionskatapulte

Ein zweiarmiges Katapult besteht aus einem Spannrahmen mit zwei vertikalen Torsionsfedern, in denen je ein hölzerner Bogenarm steckt (Abb. 122). Die Federn sind zwischen zwei eisernen Spannbolzen, die in bronzenen Spannbuchsen eingelassen sind, gespannt. Zwischen den Spannbuchsen und dem Spannrahmen muss eine Beilagscheibe eingelegt werden, um zu verhindern, dass sich die Spannbuchsen durch die beim Abschuss auftretenden Kräfte in den Spannrahmen hineindrücken. Durch Drehen der Spannbuchsen mit hebelartigen Spannschlüsseln werden die Federn vor dem Gefecht verdrillt. Dabei ist darauf zu achten, dass beide Federn gleich stark verdrillt werden. Um die Buchsen nach dem Verdrillen zu fixieren, sind sie entweder mit Sperrzähnen versehen, in die auf dem Spannrahmen angebrachte Sperrklinken eingreifen, oder sie weisen Bohrlöchern auf, durch die Stifte in entsprechende Löcher der Beilagscheibe gesteckt werden. Zum Schutz der Torsionsfedern ist an der Vorderseite des Spannrahmens ein Schutzschild aus Metall mit einer Öffnung für Schieber und Geschoss angebracht. Spannbuchsen, Spannbolzen und Schutzschilde sind aus archäologischen Fundkomplexen bekannt.

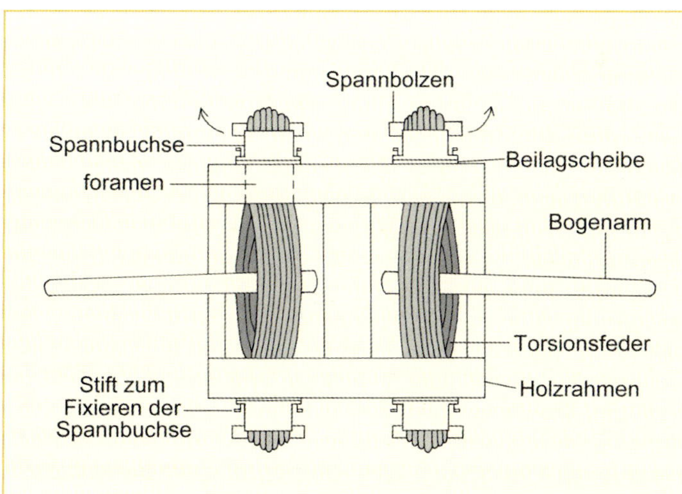

Abb. 122

Rahmen eines zweiarmigen Torsionskatapultes.

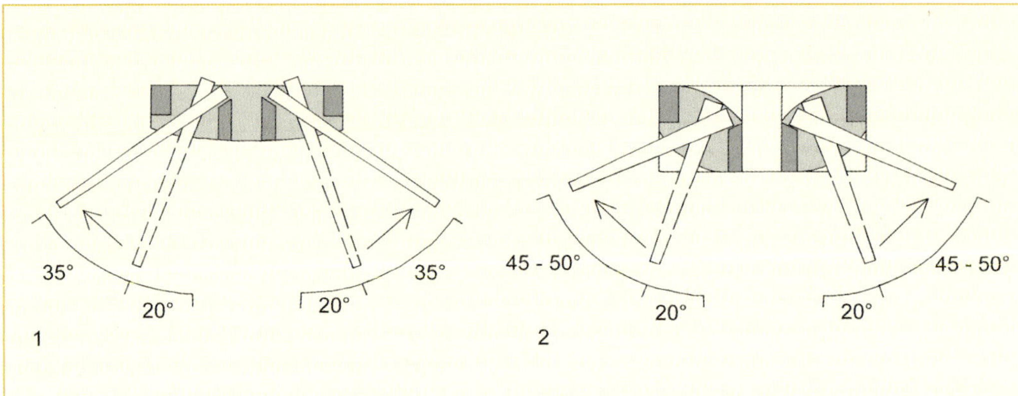

Abb. 123

Zweiarmiges Torsionskatapult (Draufsicht): Drehwinkel der Bogenarme: 1: *euthytonos* (Geradeaus-Feder), 2: *palintonos* (zurückgebogene Feder).

Die Schusskraft des Geschützes ist abhängig von der Größe der Federn und dem Drehwinkel der Bogenarme nach vorn, der von der Bauweise des Rahmens abhängig ist. Abbildung 123 zeigt die beiden möglichen Bauarten, die Heron von Alexandria *euthytonos* (Geradeaus-Feder) und *palintonos* (zurückgebogene Feder) nennt (Heron bel. p. 74 und 103–104). Im ersten Fall (Abb. 123, 1) sind beide Federn in einem Rahmen untergebracht. Mit Geschützen dieser Bauart können nur Pfeilgeschosse abgefeuert werden. Im zweiten Fall hat jede Feder ihren eigenen Rahmen (Abb. 123, 2). Durch Schrägstellen der Rahmen zueinander wird der Drehwinkel der Bogenarme merkbar größer und die Geschütze werden damit leistungsfähiger. Mit Geschützen dieser Bauart können Steingeschosse und Pfeile abgeschossen werden.

Die Waffe wird gespannt, indem der Schieber in der Führungsschiene nach vorn geschoben und die Sehne in die Klaue eingehängt wird. Dann wird der Schieber mit einer Seilwinde nach hinten gezogen. Anstelle der Kerben auf der Führungsschiene tritt meist ein an der Seilwinde angebrachter Zahnkranz mit einer Sperrklinke. Wenn die Waffe gespannt ist, wird das Geschoss eingelegt und der Abzugshebel betätigt.

Vitruv beschreibt zwei Arten von Standardkatapulten, nämlich den *scorpio* zum Abschießen von Pfeilen und die *ballista* für Steingeschosse. Die *cheiroballistra* (Handballista: lateinisch *manuballista*) ist ein leichtes, aus Metall konstruiertes Pfeilgeschütz. Der Aufbau dieser Waffe wird von Heron von Alexandria in seinem gleichnamigen Werk *Cheiroballistra* beschrieben.

Vitruvs Katapulte (Vitr. 10, 10–12)

Als Grundmaß für die einzelnen Bauteile der Geschütze gibt Vitruv den Durchmesser der Bohrungen am Spannrahmen an (*foramen*), durch die die Torsionsfedern geführt werden (Abb. 122). Die Abmessungen der einzelnen Bauteile der Geschütze sind entweder Vielfache oder Bruchteile dieses Grundmaßes.

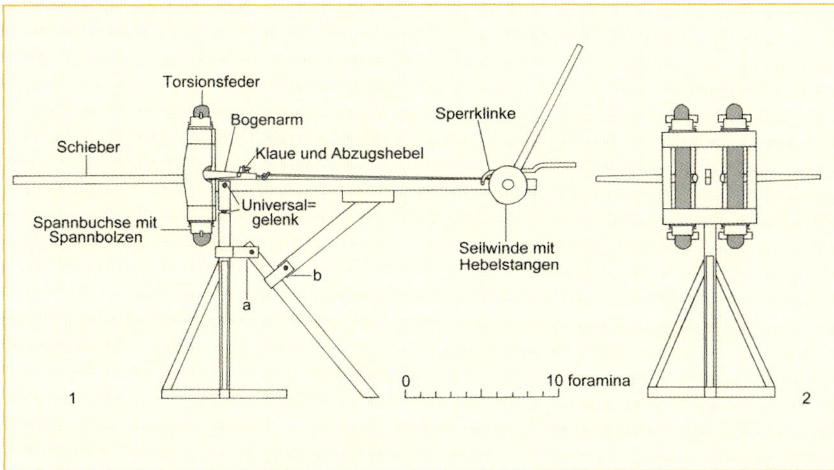

Abb. 124

scorpio:
1: Seitenansicht,
2: Frontalansicht
(a: Gelenk für horizontales Schwenken,
b: Gelenk für vertikales Schwenken).

scorpio

Die Maße der einzelnen Bauteile des *scorpio* (Abb. 124) sind abhängig von der Länge der Pfeile, die abgeschossen werden sollen. Laut Vitruv soll der Durchmesser der *foramina* ein Neuntel der Länge des Pfeils betragen. Um zielgenaues Einrichten zu gewährleisten, ist das Geschütz mit einem Universalgelenk auf dem Stativ befestigt.

ballista

Die Maße der einzelnen Bauteile dieses Geschützes (Abb. 125) sind abhängig vom Gewicht des Steingeschosses, das abgefeuert werden soll. Vitruv gibt die

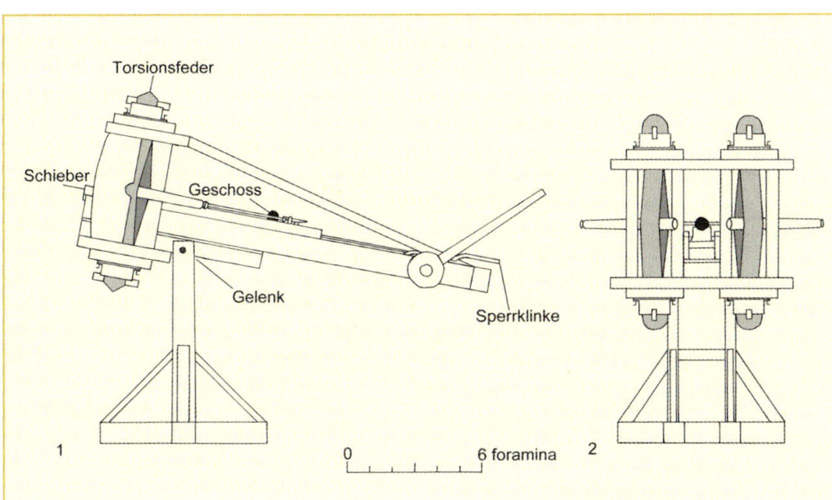

Abb. 125

ballista.

Durchmesser der *foramina* für verschiedene Kaliber an. Natürlich konnten mit der *ballista* nicht nur Steinkugeln, sondern auch Brandgeschosse und große schwere Pfeile abgeschossen werden.

Herons *cheiroballistra* (lateinisch *manuballista*)

Die Rekonstruktion dieses Geschütztyps basiert auf Herons Beschreibung, Darstellungen auf der Trajanssäule und archäologischem Fundmaterial. Es handelt sich dabei um ein leichtes Geschütz zum Abschießen von Pfeilgeschossen, das sich in der Bauart wesentlich von Vitruvs *scorpio* unterscheidet. Anstelle des hölzernen Spannrahmens zum Aufnehmen der Federn treten zwei *kambestria* (Einzahl: *kambestrion*) aus Eisen, bestehend aus zwei Ringen, die durch zwei Stäbe, die je zwei Ösen aufweisen, miteinander verbunden sind (Abb. 126, 2). Die jeweils äußeren Stäbe sind in der Mitte gebogen, um Platz für die Bogenarme zu bieten. Die *kambestria* sind durch eiserne Streben, deren gabelförmige Enden an den jeweiligen Ösen befestigt werden, miteinander verbunden. Die obere Strebe ist in der Mitte als Visierhilfe bogenförmig ausgebuchtet (Abb. 126, 1). Der Abstand der Federn zueinander ist wesentlich größer als beim klassischen *scorpio*, was das Zielen erleichtert. Der Schütze muss nicht, wie beim *scorpio*, zur Seite treten, um sein Geschütz einzurichten, sondern kann aus der Schussposition heraus zielen und vor allem sehr schnell ein neues Ziel anvisieren. Die *kambestria* sind nach Art der *palintonos*-Rahmen miteinander verbunden, um einen möglichst großen Drehwinkel der Bogenarme zu gewährleisten. Alle diese Neuerungen machen die

Abb. 126

1: obere Strebe einer *cheiroballistra* aus Orşova (Rumänien), 2: *kambestrion* einer *cheiroballistra* aus Lyon, 3: Rekonstruktion des Rahmens einer *cheiroballistra.*

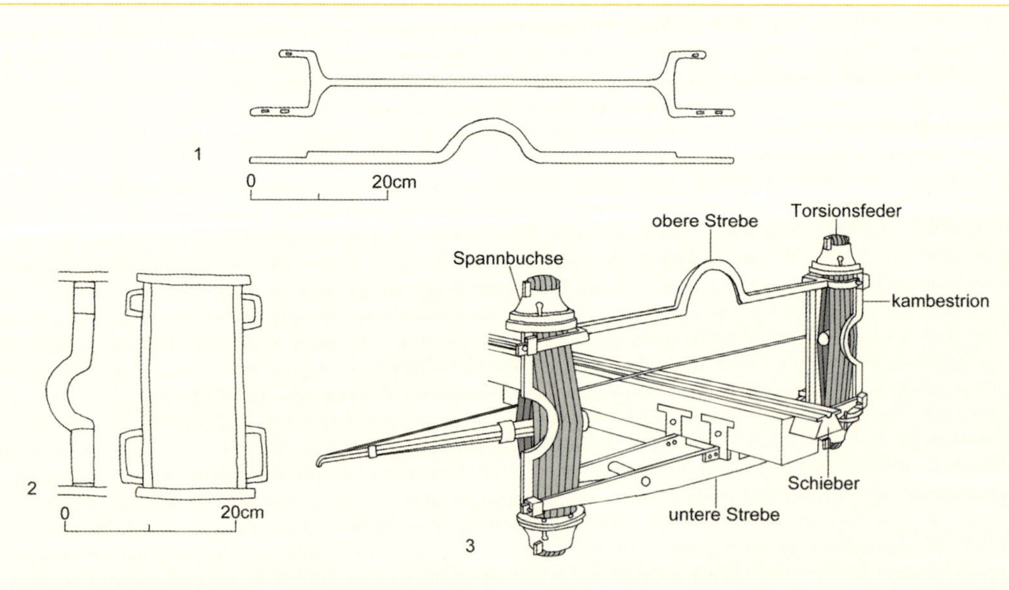

cheiroballistra zu einer sehr wirkungsvollen Waffe, vor allem für Scharfschützen. Spannbuchsen und Spannbolzen, Führungsschiene, Schieber und Sperrvorrichtung sind gleich wie beim *scorpio*.

Die von Heron beschriebene *cheiroballistra* ist nur rund 1 m lang, die Rahmen für die Federn haben eine Höhe von 20,6 cm, ihr Abstand zueinander beträgt 43,5 cm, der innere Durchmesser der Spannbuchsen (*foramen*) ist lediglich 2,5 cm und die Bogenarme haben eine Länge von 20,4 cm. Derart kleine, handliche Geschütze, die in den lateinischen Quellen *manuballista* (Handballista) genannt werden, wurden wohl wie ein *gastraphetes* gespannt.

Die auf der Trajanssäule dargestellten Geschütze werden von zwei Mann bedient und mit einer Winde gespannt. Die Federn werden durch Metallzylinder geschützt. Sie sind entweder auf Wagen montiert (lateinisch *carroballista*) oder stehen auf einem Stativ, ähnlich dem von Vitruv für den *scorpio* beschriebenen, in Geschützständen für Scharfschützen. Diese Reliefdarstellungen zeigen, ebenso wie archäologische Funde, dass es in der Praxis keine Standardmaße für dieses Geschütz gab, seine Größe wurde wohl den jeweiligen Anforderungen angepasst.

Einarmiges Katapult – *onager*

Das einarmige Katapult zum Schleudern von Steingeschossen wird in der antiken Literatur nur selten erwähnt. In den griechischen Quellen wird dieser Geschütztyp *monanker* (Einarm) genannt, Ammianus Marcellinus, ein Historiker des 4. Jahrhunderts n. Chr., nennt ihn *onager* (Wildesel). Diese Bezeichnung rührt daher, dass das hintere Ende dieses Geschützes beim Abfeuern nach hinten „ausschlägt". Die früheste Erwähnung eines *monanker* stammt von Philon von Byzanz, einem Autor des 3. und 2. Jahrhunderts v. Chr., als Waffe gegen Belagerer (Philon pol. 91, p. 33–38). Im 2. Jahrhundert n. Chr. erwähnt Apollodorus von Damaskus, der berühmte Ingenieur des Kaisers Hadrian, ein einarmiges Geschütz als Teil eines Rammbocks, der auf Belagerungstürmen montiert ist (Apollod. por. p. 188). Die genaueste Beschreibung stammt von Ammianus Marcellinus: „Die Gestalt des *scorpio*, den man jetzt *onager* nennt ist derart: Zwei Bretter aus dem Holz der Sommer- oder Steineiche werden bearbeitet und mäßig gekrümmt, so dass sie sich in Höcker zu erstrecken scheinen. Sie werden in Form einer Sägemaschine miteinander verbunden und auf beiden Seiten weit durchbohrt. Zwischen diesen Höhlungen werden starke Taue angebunden, die das Gefüge zusammenhalten, damit es nicht auseinander springt. Von der Mitte dieser Taue [Torsionsfeder] ragt ein hölzerner Arm [Wurfarm] schräg hervor und erstreckt sich nach oben wie eine Wagendeichsel. Er wird in die Windungen der Sehnen so eingelassen, dass er nach oben gehoben und geneigt werden kann. An seiner höchsten Spitze werden eiserne Widerhaken angebracht, von denen eine Schlinge aus Hanf oder Eisen herabhängt. Vor diesem Holzarm wird eine

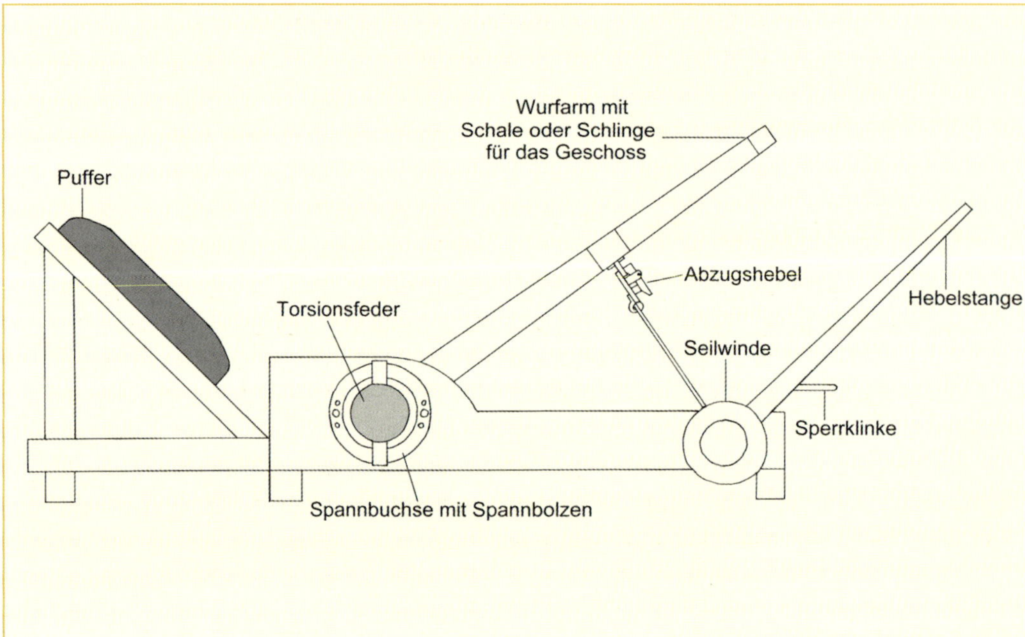

Abb. 127 △

onager.

große Bettung ausgebreitet, ein raues, mit Spreu vollgestopftes Gewebe, das mit starken Bändern angebunden wird. […] Wenn es nun zum Kampf kommt, legt man einen runden Stein in die Schlinge, und vier junge Männer auf jeder Seite ziehen die Riegel, mit denen die Taue verbunden sind, zurück und biegen den Arm fast rücklings. Dann erst entriegelt der oben stehende Meister den Verschluss, der die Bindungen des ganzen Geschützes zusammenhält, mit einem kräftigen Hammerschlag. Dadurch wird der Arm frei und schleudert mit einem kräftigen Ruck, durch das weiche Polster aufgehalten, den Stein, der alles zerschmettern wird“ (Amm. Marc. 23, 4,4–7).

Der *onager* besteht aus einem Holzrahmen mit einer horizontal gelagerten Torsionsfeder, in deren Mitte der Wurfarm steckt. Am Ende des Wurfarms befindet sich eine Schale oder eine Schlinge für das Geschoß. Der Wurfarm wird mit einer Seilwinde gespannt, das Geschoss eingelegt und der Abzugshebel betätigt. Da bei diesem Geschütz die Bogensehne fehlt, ist am vorderen Ende ein großer Puffer angebracht, auf den der Bogenarm beim Abschuss aufschlägt. Versuche mit einem nachgebauten *onager* haben gezeigt, dass eine Steinkugel von 3,64 kg Gewicht mit einer Schlinge 412 bis 420 m weit geschleudert werden kann, ohne Schlinge jedoch, nur mit einer Schale am Ende des Wurfarms, betrug die Reichweite lediglich 320 bis 330 m. Die einfache Bedienungsweise, die große Reichweite sowie die Möglichkeit, auch andere Geschosse als Steinkugeln abzufeuern, machen den *onager* zu einer wirkungsvollen Waffe. Die Nachteile sind einerseits, dass ein einmal positionierter *onager* nur unter großem Aufwand umgestellt werden kann und dass punktgenaues Zielen praktisch unmöglich ist. Demgemäß kam dieses Geschütz vorrangig bei Belagerungen, sei es zum Angriff oder zur Abwehr von Belagerern, zum Einsatz.

3. Zur Effektivität antiker Katapulte

Die häufig in der Literatur angegebenen maximalen Reichweiten antiker Katapulte sind irreführend, da ihre Effektivität nicht in der maximalen Reichweite liegt, sondern in ihrer Treffsicherheit und der Bewegungsenergie, das heißt der Wucht des Geschosses beim Auftreffen. Je länger die Schussbahn ist, desto geringer ist die Treffsicherheit, desto stärker wird die Bewegungsenergie durch den Luftwiderstand verringert und desto größer ist die Windabdrift. Am effektivsten sind antike Geschütze, wenn sie auf geringe Entfernung in einem flachen Winkel abgeschossen werden.

▼ Abb. 128

Nachgebaute Katapulte (*cheiroballistra* und *scorpio*), wie sie von den Römern im Jahr 67 n. Chr. gegen die Festung Gamla auf den Golanhöhen benutzt wurden.

Bei gegen Menschen, also kleinen, beweglichen Zielen, gerichteten Pfeilgeschützen ist Treffsicherheit von großer Bedeutung für die Effektivität der Waffe. Versuche mit nachgebauten Pfeilkatapulten haben gezeigt, dass die Treffsicherheit bei Entfernungen zwischen 50 und 90 m sehr groß ist und ab einer Entfernung von 100 m immer mehr abnimmt. Demnach beträgt die ideale Gefechtsentfernung für diese Katapulte 50 bis 100 m.

Katapulte zum Abschießen von Steinkugeln richten sich gegen größere, unbewegliche Ziele (Mauern, Belagerungswerke, feindliche Stellungen etc.). Da in diesem Fall punktgenaue Treffer nicht unbedingt erforderlich sind, ist die effektivste Reichweite größer (bis 150 m). Ab einer Gefechtsentfernung von 150 m müssen sie allerdings in einem steileren Winkel abgeschossen werden. Bei einem Abschusswinkel von 10° kann ein 170 m weit entferntes Ziel noch direkt anvisiert werden. Je steiler der Abschusswinkel (bis maximal 45°) ist, desto größer ist die Reichweite. Steingeschosse, die in einem Winkel von etwa 45° abgeschossen werden, haben eine Reichweite von rund 436 m. In diesem Fall ist die tatsächliche Effektivität jedoch nicht mehr sehr groß, da auf diese Distanz rund ein Drittel der Bewegungsenergie verloren geht. Derartige Reichweiten wurden, wenn überhaupt, nur angestrebt, um den Gegner zu demoralisieren.

Anhänge

Anhang 1:

Antike Maß- und Gewichtseinheiten und Münzwerte

Antike Maß- und Gewichtseinheiten gehen immer von einer Grundeinheit aus. Größere und kleinere Einheiten sind entweder Vielfache oder Bruchteile des jeweiligen Grundmaßes. Flüssigkeiten und Schüttgut, wie zum Beispiel Getreide, werden nicht in Gewichtseinheiten, sondern als Hohlmaße angegeben. Metalle werden in Gewichtseinheiten angegeben. Die metrischen Werte in den folgenden Tabellen wurden gerundet.

1. Griechische Maß- und Gewichtseinheiten

Die Maße der Grundeinheiten schwankten innerhalb der griechischen Stadtstaaten. Die Länge eines Fußes variierte zwischen 27 und 35 cm. Die gängigsten, im Tempelbau verwendeten Fußmaße waren der attische (29,4 cm) und der dorische Fuß (32,8 cm). Ebenso sehr schwankten die Hohlmaße, wobei die gängigsten die attischen Maße waren. Münzwerte basierten auf dem Gewicht von Silbermünzen. Mine und Talent waren keine Münzen, sondern Gewichtseinheiten für 100 beziehungsweise 6000 Drachmen. Auch hier schwankten die Werte innerhalb der Stadtstaaten. Die Grundmaße für die Tabellen sind die jeweiligen attischen Maße.

Griechische Längen- und Flächenmaße – Grundmaß Fuß

Tabelle 6

Längenmaße		**Attischer Fuß**	**Dorischer Fuß**
daktylos (Fingerbreite)	$^1/_{16}$ Fuß	1,8 cm	2,0 cm
palaiste (Handbreite)	$^1/_4$ Fuß	7,3 cm	8,1 cm
spithame (Spanne)	$^3/_4$ Fuß	22 cm	24,4 cm
pous (Fuß)	1 Fuß	29,4 cm	32,6 cm
pechys (Elle)	1,5 Fuß	44,1 cm	48,9 cm
orgyia (Klafter)	6 Fuß	1,76 m	1,96 m
akaina (Messrute)	10 Fuß	2,94 m	3,26 m
amma (Seil)	60 Fuß	17,64 m	19,56 m
plethron (Furchenlänge)	100 Fuß	29,4 m	32,6 m
stadion	600 Fuß	176,4 m	195,6 m
Flächenmaß			
plethron	100 × 100 Fuß	864,36 m²	1062,76 m²

Hohlmaße – Grundmaß für Flüssigkeitsmaße *metretes*, für Trockenmaße *medimnos*.

Diese Grundmaße wurden in kleinere Einheiten geteilt.

Tabelle 7

Flüssigkeitsmaße		
kyathos (Becher)	$^1/_6$ Gefäß	0,045 l
kotyle (Gefäß)	1 Gefäß	0,27 l
chous (Krug)	12 Gefäße	3,28 l
metretes (Messgefäß)	144 Gefäße	39,40 l
Trockenmaße		
kotyle (Gefäß)	1 Gefäß	0,27 l
choinix (Messbecher)	4 Gefäße	1,08 l
hekteus	32 Gefäße	8,64 l
medimnos (Scheffel)	192 Gefäße	52,54 l

Griechische Gewichtsmaße und Münzen – basierend auf dem attischen Talent

Tabelle 8

Kupfer bzw. Bronze		
assarion	2 Obolen	
Silber		
obolos	$^1/_6$ Drachme	0,73 g
drachme	1 Drachme	4,37 g
didrachme = *stater*	2 Drachmen	8,74 g
tetradrachme	4 Drachmen	17,48 g
mina (Mine)	100 Drachmen	437 g
talanton (Talent)	60 Minen = 6.000 Drachmen	26,2 kg

2. Römische Maß- und Gewichtseinheiten

Das Grundmaß für Längen- und Flächenmaße war der römische Fuß (29,6 cm). Das größte Flächenmaß war die *centuria*, deren Größe zwischen 50 und 400 *iugera* schwankte. Die gängigste Größe einer *centuria* waren 200 *iugera*, die in Quadrate von 20 mal 20 *actus* unterteilt war. Das Gewichtsmaß für Edelmetalle, Arzneimittel und andere kostbare Substanzen war das römische Pfund (*libra* oder *pondus*) mit einem Gewicht von 327,45 g. Es war in 12 Unzen (*unciae*) zu je 27,29 g unterteilt. Das Pfund wurde auch zur Festsetzung des Sollgewichtes eines Denarius verwendet. Aus einem Pfund Silber sollten per Gesetz 84 Denare geprägt werden (Plin. nat. 33, 132), was für einen Denarius ein Gewicht von rund 3,9 g ergibt. *uncia* war auch ein Längenmaß (Zoll: 2,47 cm). Es wurde analog zur Unze als Gewichtsmaß in kleinere Einheiten unterteilt.

Römische Längen- und Flächenmaße – Grundmaß Fuß

Tabelle 9

Längenmaße		
digitus **(Fingerbreit)**	$^1/_{16}$ Fuß	1,85 cm
uncia **(Zoll)**	$^1/_{12}$ Fuß	2,47 cm
palmus **(Handbreit)**	$^1/_4$ Fuß	7,4 cm
pes **(Fuß)**	1 Fuß	29,6 cm
cubitus **(Elle)**	1,5 Fuß	44,4 cm
gradus **(Schritt)**	2,5 Fuß	74 cm
passus **(Doppelschritt)**	5 Fuß	1,48 m
pertica **(Messrute)**	10 Fuß/2 Doppelschritte	2,96 m
actus **(Furchenlänge)**	24 Doppelschritte	35,56 m
stadium **(Stadion)**	125 Doppelschritte	185,2 m
mille passus **(Meile)**	1000 Doppelschritte	1480 m
Flächenmaße		
actus quadratus **(Quadratfurche)**	120 × 120 Fuß	1262 m²
iugerum **(Joch)**	240 × 120 Fuß	2523,34 m²
heredium **(Erbe/Morgen)**	2 Joch	5046,68 m²
centuria **(100 Morgen)**	200 Joch	50 470 m² = 50,47 ha

Römische Hohlmaße – Grundmaß für Flüssigkeitsmaße *amphora*, für Trockenmaße *modius*. Diese Grundmaße wurden in kleinere Einheiten geteilt.

Tabelle 10

Flüssigkeitsmaße		
***cochlear* (Löffel)**	1/4 Becher	0,011 l
***cyathus* (Becher)**	4 Löffel	0,046 l
quartarius	12 Becher	0,136 l
hemina	24 Becher	0,273 l
sextarius	48 Becher	0,546 l
congius	6 *sextarii*	3,275 l
urna	24 *sextarii*	13,09 l
amphora	8 *congii*	26,2 l
***culleus* (Schlauch)**	20 Amphoren	524 l
Trockenmaße		
***cochlear* (Löffel)**	1/4 Becher	0,011 l
***cyathus* (Becher)**	4 Löffel	0,046 l
quartarius	12 Becher	0,136 l
hemina	24 Becher	0,2736 l
sextarius	48 Becher	0,5472 l
modius	16 *sextarii*	8,73 l

***uncia* (Unze) als römisches Gewichtsmaß**

Tabelle 11

***1 uncia:* 1 Unze**	27,29 g
***sextans:* 2 Unzen**	54,58 g
***quadrans:* 3 Unzen**	81,86 g
***triens:* 4 Unzen**	109,15 g
***quincunx:* 5 Unzen**	136,44 g
***semis:* 6 Unzen**	163,73 g
***septunx:* 7 Unzen**	191,02 g
***bes:* 8 Unzen**	218,3 g
***dodrans:* 9 Unzen**	245,59 g
***dextans:* 10 Unzen**	272,88 g
***deunx:* 11 Unzen**	300,16 g
***libra = pondus:* 12 Unzen**	327,45 g
Teile der Unze	
***semiuncia:* 1/2 Unze**	13,64 g

duella: $^1/_3$ Unze	9,1 g
sicilicus: $^1/_4$ Unze	6,82 g
sextula: $^1/_6$ Unze	4,55 g
scripulum: $^1/_{24}$ Unze	1,14 g

Römische Münzwerte

Tabelle 12

Kupfer bzw. Bronze	
quadrans	3 Unzen
semis	2 quadrantes = 6 Unzen
as	2 semisses = 12 Unzen
dupondius	2 Asse
sestertius (Sesterz)	2 $^1/_2$ Asse
Silber	
quinarius	2 Sesterzen
denarius (Denar)	4 Sesterzen
Gold	
aureus	25 Denare = 100 Sesterzen

Literatur:

H. Büsing, Metrologische Beiträge. Jahrbuch des Deutschen Archäologischen Instituts 97, 1982, 1–45 .

O. A. W. Dilke, Mathematik, Maße und Gewichte in der Antike. Stuttgart 1991, 50–55, 103–104.

W. Szaivert, R. Wolters, Löhne, Preise, Werte. Darmstadt 2005, 21–23.

Ch. Wikander, Weights and Measures, in: J. P. Oleson (Hrsg.), The Oxford Handbook of Engineering and Technology in the Classical World. Oxford 2008, 759–769.

Anhang 2:

Der römische Abakus und die Grundrechenarten

Der Abakus ist ein rechteckiges Brett mit acht kurzen Schlitzen im oberen Teil, acht langen Schlitzen im unteren Teil und drei kurzen Schlitzen ganz rechts. Je ein kurzer und ein langer Schlitz sind eine Spalte. In der Zeile zwischen den Schlitzen stehen die Werte der Spalten. Die sieben linken Spalten stehen, von rechts nach links, für die Werte 1, 10, 100, 1.000, 10.000, 100.000 und 1 Million. Mit Hilfe der in den Schlitzen laufenden Zählsteine können in den einzelnen Spalten Zahlen von 1 bis 9 eingestellt werden, wobei die Zählsteine in den kurzen Schlitzen für die Zahl 5 stehen. In der Ausgangsstellung sind die Zählsteine in den kurzen Schlitzen nach oben geschoben und in den langen nach unten.

Die rechte Spalte mit fünf Zählsteinen im langen Schlitz und einem im kurzen Schlitz dient zum Rechnen mit Unzen (*uncia*). Da eine Unze der zwölfte Teil eines Ganzen ist, steht der Zählstein im kurzen Schlitz für sechs und demgemäß können die Zahlen 1 bis 11 eingestellt werden.

Die drei kurzen Spalten ganz rechts mit je einem Zählstein für halbe und Viertelunzen und zwei Zählsteinen für Drittelunzen dienen zum Rechnen mit Bruchteilen von Unzen. Die Zählsteine in diesen drei Schlitzen sind in der Ausgangsstellung nach unten geschoben. Eine *duella* ist eine Drittelunze (3 *duellae* = 1 Unze, 36 *duellae* = 1 Ganzes), eine *semiuncia* eine halbe Unze (2 *semiunciae* = 1 Unze, 24 *semiunciae* = 1 Ganzes) und ein *sicilicus* eine Viertelunze (4 *sicilici* = 1 Unze, 48 *sicilici* = 1 Ganzes). Mit dem Abakus kann addiert und subtrahiert, aber auch multipliziert und dividiert werden.

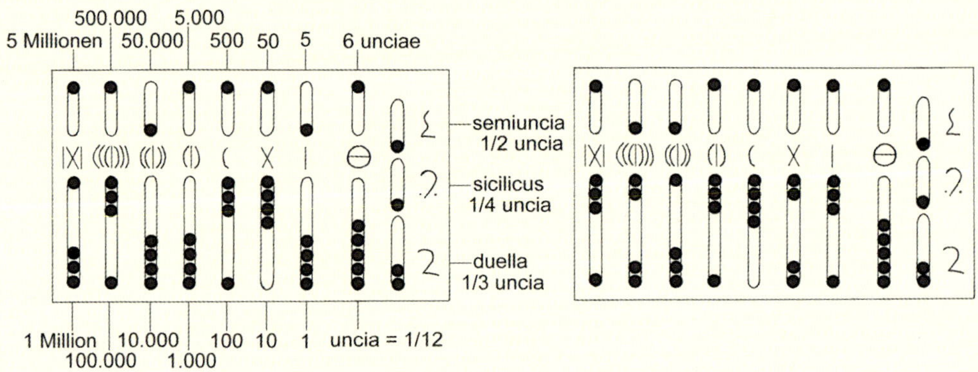

Abb. 129

Auf dem linken Abakus ist die Zahl 1 350 345 eingestellt. Addiert man zu dieser Zahl 2 413 078, erhält man die Einstellung auf dem rechten Abakus (3 763 423).

Addition (Summand 1 + Summand 2 = Summe)

Summand 1 wird auf dem Abakus eingestellt. Dann werden die einzelnen Stellen des zweiten Summanden, beginnend mit der höchsten Stelle, dazugezählt und die jeweiligen Summen in den entsprechenden Schlitzen des Abakus eingestellt. Zum Schluss wird das Ergebnis abgelesen. Abbildung 157 zeigt Ausgangs- und Endstellung der Zählsteine für das Rechenbeispiel 1 350 345 + 2 413 078 = 3 763 423.

Nach demselben Schema wird in den beiden linken Spalten mit Unzen und Unzenbruchteilen gerechnet.

Subtraktion (Minuend – Subtrahend = Differenz)

Der Minuend wird auf dem Abakus eingestellt. Dann werden die einzelnen Stellen des Subtrahenden, beginnend mit der höchsten Stelle subtrahiert, und die jeweiligen Differenzen in den entsprechenden Schlitzen des Abakus eingestellt. Zum Schluss wird das Ergebnis abgelesen.

Multiplikation (Multiplikand × Multiplikator = Produkt)

Die Multiplikation mit dem Abakus ist eine Aneinanderreihung von Additionen. Zunächst wird die höchste Stelle des Multiplikanden der Reihe nach mit den einzelnen Stellen des Multiplikators multipliziert. Die einzelnen Produkte werden laufend auf dem Abakus miteinander addiert. Dann werden die gleichen Rechenoperationen mit der nächsthöheren Stelle des Multiplikanden durchgeführt und so weiter. Zum Schluss wird das Ergebnis abgelesen.

Rechenbeispiel: 265 × 265 = 70 225

1. 200 × 200 = 40 000
2. 200 × 60 = 12 000 + 40 000 = 52 000
3. 200 × 5 = 1000 + 52 000 = 53 000
4. 60 × 200 = 12 000 + 53 000 = 65 000
5. 60 × 60 = 3600 + 65 000 = 68 600
6. 60 × 5 = 300 + 68 600 = 68 900
7. 5 × 200 = 1000 + 68 900 = 69 900
8. 5 × 60 = 300 + 69 900 = 70 200
9. 5 × 5 = 25 + 70 200 = 70 225

Division (Dividend : Divisor = Quotient)

Die Division mit dem Abakus ist eine Aneinandereihung von Subtraktionen. Zunächst wird der höchstmögliche Quotient ermittelt und notiert. Das Produkt der Multiplikation des Quotienten mit dem Divisor wird auf dem Abakus vom Dividenden subtrahiert. Dann werden die gleichen Rechenoperationen mit der Differenz dieser Subtraktion als Dividend durchgeführt und so weiter. Zum Schluss werden die einzelnen Quotienten miteinander addiert und der Restbetrag am Abakus abgelesen.

Rechenbeispiel: 883 : 35 = 25, Rest 8

1. 20 × 35 = 700
2. 883 - 700 = 183
3. 4 × 35 = 140
4. 183 - 140 = 43
5. 1 × 35 = 35
6. 20 + 4 + 1 = 25, Rest: 8

Literatur

J. H. Turner, Roman Elementary Mathematics: The Operations. The Classical Journal 47, 2, 1951, 63–74 und 106–108.

Anhang 3:

Vitruvs Analemma

Die Konstruktion der Uhrenfläche einer horizontal planaren Sonnenuhr für Temporalstunden in Rom nach dem Analemma des Vitruv:

Vitruvs Analemma

1. Eine Gerade wird in acht gleiche Einheiten geteilt. Das ergibt die Schattenspitze zur Zeit der Äquinoktien (C).
2. Senkrecht auf diese Gerade wird das Gnomon mit einer Länge von neun dieser Einheiten gezeichnet. (A – Gnomonspitze, B – Gnomonfußpunkt).
3. Um A als Mittelpunkt wird ein Kreis gezogen, dessen Radius die Länge des Schattenstabes ist. Diese Kreislinie wird Meridian- oder Mittagskreis genannt.
4. Verbindet man die Punkte A und C, erhält man den Mittagsschatten an den Äquinoktien. Der Schnittpunkt dieser Linie mit dem Meridiankreis erhält den Buchstaben F.
5. Durch A wird eine Gerade parallel zur Projektionsebene gezogen. Die Schnittpunkte dieser Geraden mit dem Meridiankreis erhalten die Buchstaben E und J. Diese Gerade wird Horizont genannt.
6. Auf beiden Seiten des Punktes F wird mit dem Zirkel je $^1/_{15}$ des Meridiankreises (24°) aufgetragen. Damit erhält man die Punkte G und H.
7. Zieht man von A durch die Punkte G und H je eine Gerade, erhält man den Mittagsschatten an den Solstitien. (R – Sommersolstitium, T – Wintersolstitium).
8. Verlängert man diese drei Strecken über A auf den Meridiankreis, erhält man die dazugehörenden Mittagssonnenstände (K – Wintersolstitium,

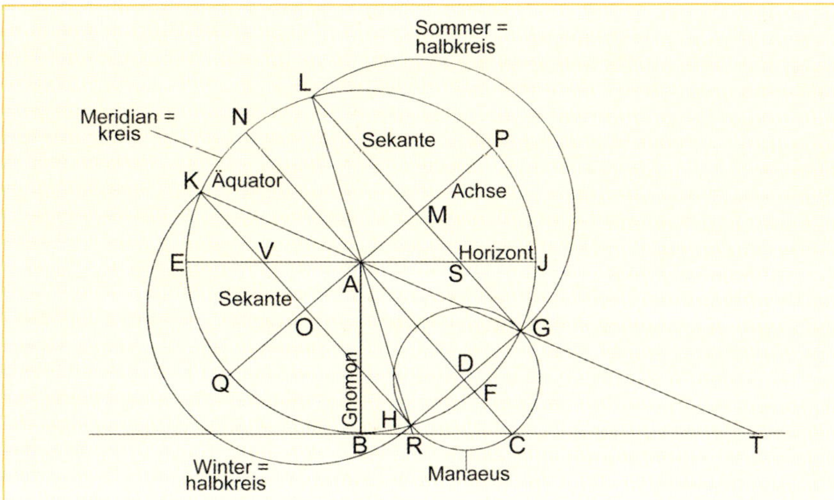

Abb. 130

Vitruvs Analemma.

N – Äquinoktien, L – Sommersolstitium). Die Linie FN wird Äquator, die Linien GL und HK werden Sekanten genannt.

9. Als nächstes werden die Geraden GL und HK halbiert und die Mittelpunkte mit M und O bezeichnet.
10. Von M und O als Mittelpunkte wird je ein Halbkreis über die Punkte G und L bzw. H und K gezogen. Diese beiden Kreise sind der Sommer- und der Winterhalbkreis.
11. Durch M und O wird eine Gerade gezogen und bis zum Meridiankreis verlängert. Die Schnittpunkte der Geraden mit dem Meridiankreis erhalten die Buchstaben P und Q. Diese Linie wird Achse genannt.
12. Die Schnittpunkte der Linien GL bzw. HK mit dem Horizont werden mit S und V bezeichnet. Sie zeigen die Sonnenstände auf der Sekante zum Sonnenaufgang bzw. Sonnenuntergang an.
13. Als nächstes wird der Manaeus, der Kreis der Tierkreismonate, gezeichnet. Die Punkte G und H werden miteinander verbunden. Dort, wo diese Linie die Linie NF schneidet, ist Punkt D. Um Punkt D als Mittelpunkt wird über die Punkte H, C und G ein Kreis gezeichnet.

Die Konstruktion des Meridians und die Markierung der Sonnenstände auf der Sekante

1. Zunächst werden auf dem Manaeus die Tierkreismonate eingetragen. Der Kreis wird in zwölf gleiche Teile (je 30°) unterteilt und die Segmente mit den Tierkreiszeichen, ausgehend mit Widder (0 bis 30°, 21.3. – 20.4.), im Uhrzeigersinn beschriftet. Mit Hilfe des Manaeus können die Sekante und der Halbkreis für jeden beliebigen Tag konstruiert werden.
2. Um beispielsweise den Mittagsschatten des ersten Tages des Stieres (21.4.) und der Jungfrau (24.8.) zu konstruieren, zieht man durch die diesen beiden Tagen zugehörenden Markierungen auf dem Manaeus eine Gerade (Sekante) bis zum Meridiankreis. Dieser Punkt wird mit L1 markiert. Eine von L1 über A bis auf die Projektionsebene gezogene Gerade ergibt den Mittagsschatten für diese beiden Tage (R1). Dasselbe Verfahren kann man für jeden beliebigen Tag des Jahres anwenden. Das Ergebnis ist ein Meridan – eine Mittagslinie. Ein Meridian ist keine eigentliche Sonnenuhr, sondern ein Kalender.
3. Der Schnittpunkt der Sekante für den 21.4./24.8. mit der Achse wird mit M1 markiert. Den zu diesen Tagen gehörenden Halbkreis erhält man, indem man mit M1 als Mittelpunkt einen Halbkreis durch die Schnitt-

Abb. 131

Die Konstruktion des Meridians und die Markierung der Sonnenstände auf der Sekante. Sa: Sonnenaufgang, Su: Sonnenuntergang, WSo: Wintersonnenwende, SSo: Sommersonnenwende.

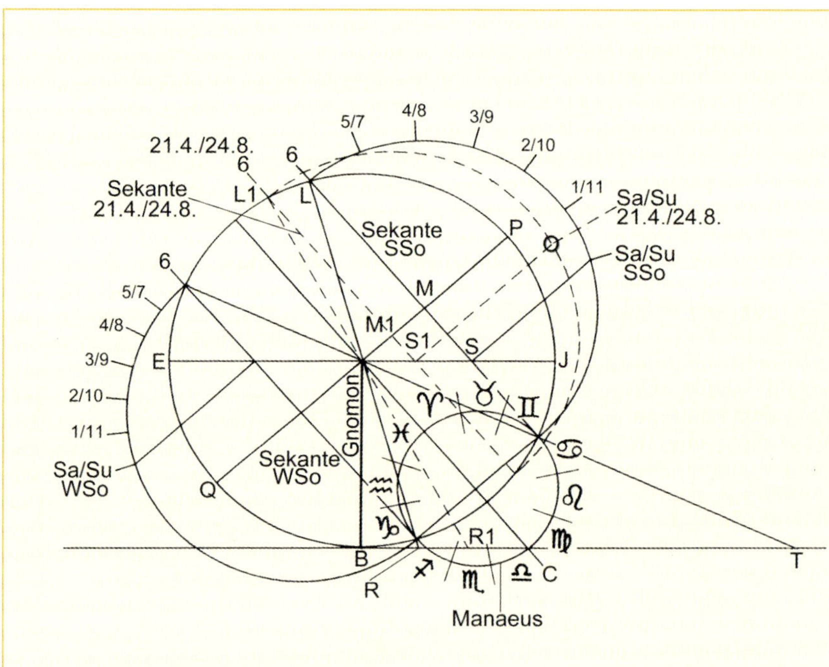

punkte der Sekante mit dem Meridiankreis zieht. Der Schnittpunkt der Sekante mit dem Horizont wird mit S1 markiert. S1 zeigt den Sonnenstand zu Sonnenauf- und -untergang am 21.4./24.8. an.

4. Die Markierung der Stunden auf der Sekante am Beispiel des Sommersolstitiums: Von S wird eine achsparallele Gerade bis zum Sommerhalbkreis gezogen. Teilt man den Sommerhalbkreis in zwölf gleiche Teile, erhält man Äquinoktialstunden. Der Schnittpunkt der achsparallelen Geraden mit dem Sommerhalbkreis markiert somit die Zeit des Sonnenaufganges bzw. Sonnenunterganges (Sa/Su SSo). Entsprechend der Temporalstunden wird das Kreissegment jedoch zwischen diesem Punkt und L in sechs gleiche Teile unterteilt. Die jeweiligen Sonnenstände auf der Sekante erhält man, indem man von den Stundenmarkierungen achsparallele Linien auf die Sekante zieht. Analog zu diesem Verfahren können die Sonnenstände jedes beliebigen Tages auf der dazugehörenden Sekante eingetragen werden (Beispiel auf Abb. 131: 21.4/24.8).

Die Konstruktion der Uhrenfläche

Beispiel: 2./10. Stunde der Solstitien

1. Das Gnomon wird von seiner Spitze (A) ausgehend über seinen Fußpunkt (B) beliebig lang verlängert und der Fußpunkt des Gnomons auf der Uhrenfläche markiert (B1).

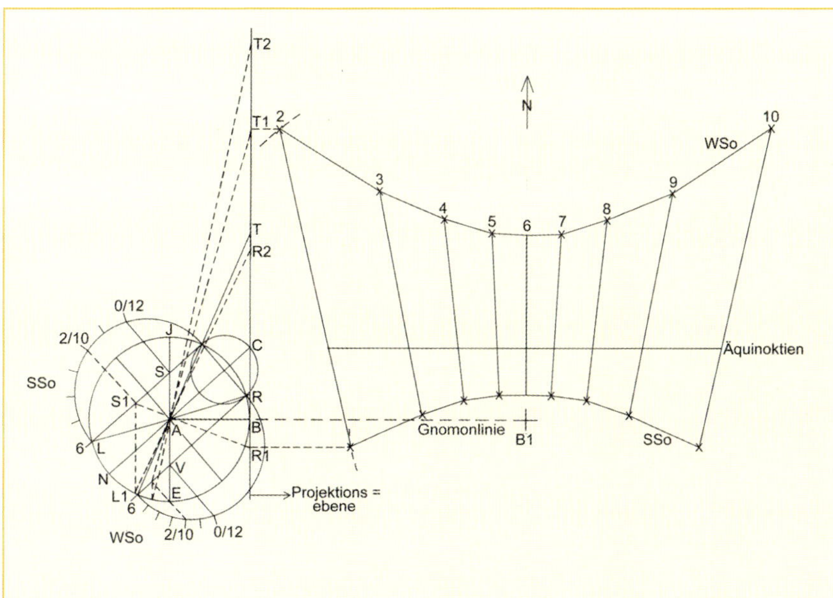

Abb. 132

Die Konstruktion der Uhrenfläche (SSo: Sommersonnenwende, WSo: Wintersonnenwende).

2. Ausgehend von der Stundenmarke 2/10 auf der Sekante (S1) wird eine Parallele zum Horizont (EJ) bis zum Meridiankreis gezogen. Der Schnittpunkt wird mit L1 bezeichnet.
3. Von S1 und L1 werden Gerade durch den Mittelpunkt A bis zur Projektionsebene gezogen. Die Punkte werden mit R1 und R2 bezeichnet.
4. Von R1 wird eine Parallele zur Gnomonlinie gezogen.
5. Auf der Projektionsebene wird mit dem Zirkel die Entfernung von B nach R2 abgenommen.
6. Mit dieser Strecke als Radius wird um B1 ein Kreis gezogen. Die Schnittpunkte dieses Kreises mit der von R1 ausgehenden Geraden sind die Schattenstände zur 2. und 10. Stunde am Tag des Sommersolstitiums. Analog dazu wird der Schattenstand zur 2./10. Stunde am Tag des Wintersolstitiums konstruiert und in weiterer Folge die Schattenstände für jede Stunde der Solstitien.
7. Die Verbindung der einzelnen Punkte miteinander ergibt die Datumsbögen (Hyperbeln) der Solstitien und die Stundenlinien. Zum Schluss wird die Äquinoktiallinie von C im rechten Winkel auf die Projektionsebene auf C gezogen.

Anhang 4:

Beispiele für die Anwendung der *dioptra*

1. Die Bestimmung der Breite eines Flusses

Nipsus, ein Vermessungsingenieur des 2. Jahrhunderts n. Chr., beschreibt, wie die Breite eines Flusses bestimmt werden kann, ohne ihn zu überschreiten (Nips. corp. agr. 4–28). Die *dioptra* wird im horizontalen Modus auf Punkt A aufgestellt, ein markanter Punkt am jenseitigen Flussufer wird anvisiert (C) und ein auf derselben Linie liegender Punkt auf dem diesseitigen Flussufer markiert (B). Im rechten Winkel zur Linie AC wird eine Gerade ausgesteckt (AE) und auf dieser ein beliebiger Punkt (D) markiert. Die *dioptra* wird auf Punkt D aufgestellt und eine Gerade im rechten Winkel auf AE ausgesteckt (DF). Die Strecke AD wird halbiert (G), die *dioptra* auf G aufgestellt und Punkt

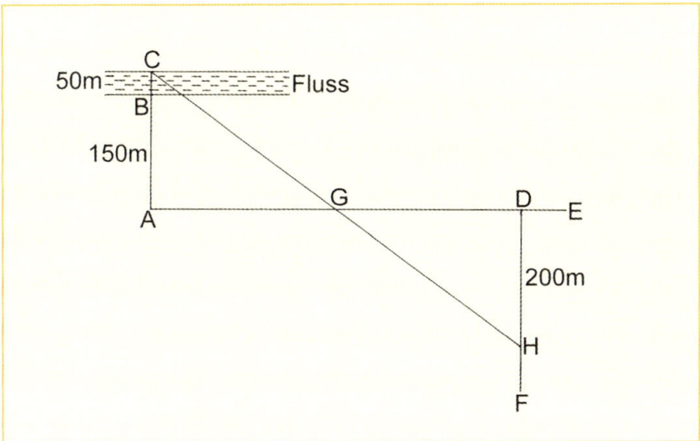

Abb. 133

Bestimmung der Breite eines Flusses.

C anvisiert. Die Verlängerung der Strecke CG bis auf die Gerade DF ergibt Punkt H. Die Breite des Flusses (BC) ergibt sich aus DH (200 m) minus AB (150 m). Dieses Beispiel ist die praktische Anwendung von zwei Lehrsätzen des Euklid: Die Scheitelwinkel zwei sich schneidender Geraden sind gleich. Die Gerade CH schneidet AD genau in der Mitte. Euklids Lehrsatz entsprechend sind die Winkel CGA und DGH gleich. Die Seiten AG und GD sind gleich lang und die Seiten CA und DH bilden rechte Winkel zur Geraden AD. Da nach Euklids Lehrsatz zwei Dreiecke gleich sind, wenn sie in zwei Winkeln und einer Seite übereinstimmen, ergibt sich, dass AC gleich DH ist. Rechnet man nun DH minus AB, erhält man die Breite des Flusses (Abb. 133).

2. Die Bestimmung der Höhe einer Mauer

Africanus, ein Enzyklopädist des 3. Jahrhunderts n. Chr., beschreibt, wie die Höhe einer Mauer zu bestimmen ist (Afric. cesti 1, 15). Zunächst muss die Entfernung des Dioptrastandpunktes (A) zur Mauer festgestellt werden. Mit der im horizontalen Modus aufgestellten *dioptra* wird die Mauer (B) anvisiert. Im rechten Winkel auf diese Strecke wird eine Gerade (AC) gelegt, deren Länge gemessen wird (50 m). Von Punkt C aus wird die Mauer (B) anvisiert und eine Gerade ausgesteckt. Dann wird die *dioptra* auf einem beliebigen Punkt (D) der Strecke AC aufgestellt und eine Gerade im rechten Winkel auf BC ausgesteckt (DE). Die Länge der Strecken CD (20 m) und DE (80 m) wird gemessen. DE (80 m) wird durch CD (20 m) dividiert. Multipliziert man diese Verhältniszahl (4) mit AD (50 m) erhält man die Entfernung des Dioptrastandortes von der Mauer (200 m). Euklids Lehrsatz besagt, dass ähnliche

Abb. 134

Bestimmung der Höhe einer Mauer (nicht maßstabsgetreu): 1: Bestimmung der Entfernung der Mauer vom Standort, 2: Bestimmung der Höhe der Mauer.

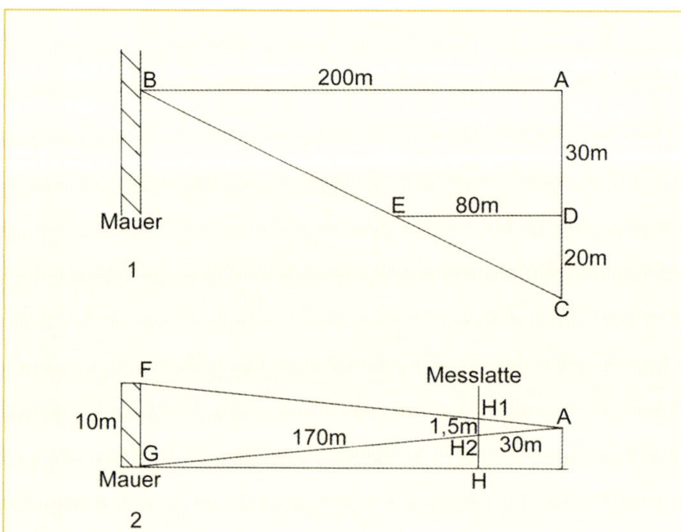

Dreiecke in ihren Seitenverhältnissen übereinstimmen. Die Länge der Seiten AC, CD und DE ist bekannt. Das Verhältnis der Katheten des kleineren Dreiecks ist 1 : 4. Demnach ist auch das der Katheten des größeren Dreiecks 1 : 4. Multipliziert man die bekannte Länge der Kathete AC (50 m) mit der Verhältniszahl 4 erhält man die Länge der Kathete BA und damit die Entfernung des Dioptrastandortes von der Mauer (Abb. 134, 1).

Um die Höhe der Mauer zu bestimmen, wird die *dioptra* im vertikalen Modus auf A aufgestellt und die Mauerkrone (F) anvisiert. Auf einem beliebigen Punkt dieser Visur (H) wird die Messlatte aufgestellt und die Höhe des Schnittpunktes (H1 = 4,5 m) der Visur AF auf der Messlatte abgelesen. Dann wird der Fuß der Mauer (G) anvisiert und das Verfahren wiederholt. Die Höhe des Schnittpunktes der Visur AG mit der Messlatte wird abgelesen (H2 = 3 m) und die Distanz zwischen A und H2 wird gemessen (30 m). Der bekannte Abstand des Dioptrastandortes von der Mauer (200 m) wird durch AH (30 m) dividiert. Multipliziert man diese Verhältniszahl (6,666) mit der Differenz der Ablesungen auf der Messlatte (H1 – H2 = 1,5 m) erhält man die Höhe der Mauer (10 m). Die beiden Dreiecke AH1H2 und ABC sind ähnliche Dreiecke, die in ihren Seitenverhältnissen übereinstimmen. Die Länge der Seiten H1H2, H2A und GA ist bekannt. Das Verhältnis der Seiten H2A zu GA beträgt 1 : 6,666. Dementsprechend muss auch das Verhältnis der Seiten GF zu H2H1 1 : 6,666 sein. Multipliziert man die Verhältniszahl mit der bekannten Länge der Seite H2H1 (1,5 m), erhält man die Länge der Seite GF und damit die Höhe der Mauer (Abb. 134, 2).

Anhang 5:

Rekonstruktion des Antriebs einer Steinsäge nach dem Relief auf dem Sarkophag des Ammianos aus Hierapolis (2. Hälfte des 3. Jahrhunderts n. Chr.)

Das Relief zeigt die Kraftübertragung vom Wasserrad über die Welle des Rades, ein Zahnrad, ein Spindelrad, und den Kurbelwellen mit Hubzapfen und Schubstangen zu zwei Sägen. Die Sägeblätter sind in Spannrahmen eingespannt. Sägeblätter für Steinsägen haben keine Zähne. Auf den zu sägenden Stein wird feuchter Quarzsand (Sägeschlamm) aufgebracht, der durch die Bewegung des Sägeblattes in den Stein eingerieben wird. Durch langsames Senken des Spannrahmens wird der Stein durchgeschnitten. Voraussetzung für einen geraden Schnitt ist die vertikale und horizontale Führung des Sägeblattes. Dazu muss der Spannrahmen in ein Sägegestell eingebaut sein. Im Gegensatz zur detailgetreuen Wiedergabe des Antriebs gibt das Relief keine Hinweise über den Führungsmechanismus, dessen Rekonstruktion daher umstritten ist. Die technikgeschichtliche Bedeutung des Reliefs von Hierapolis liegt in der erstmaligen Darstellung der Kraftübertragung mittels Getriebe.

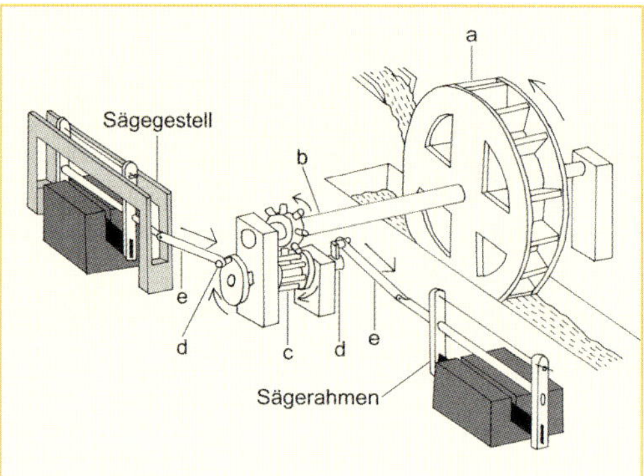

Abb. 135

Steinsäge von Hierapolis: Der Antrieb erfolgt über ein mittelschlächtiges Wasserrad (a). Am Ende der Welle befindet sich ein Zahnrad (b), dessen Zapfen in ein horizontales Spindelrad (c) eingreifen. Dadurch wird die Drehbewegung des Wasserrades in eine horizontale Bewegung umgewandelt. An beiden Seiten des Spindelrades sind aus Hubzapfen (d) und Schubstangen (e) bestehende Kurbelwellen befestigt, die die Sägen hin und her bewegen.

Literatur:
K. Grewe, Die Reliefdarstellung einer antiken Steinsägemaschine aus Hierapolis in Phrygien und ihre Bedeutung für die Technikgeschichte. in: M. Bachmann (Hrsg.), Bautechnik im antiken und vorantiken Kleinasien, BYZAS 9, 2009, 429–454.

P. Kessener, Stone Sawing Machines of Roman and Early Byzantine Times in the Anatolian Mediterranean. Adalya 13, 2010, 283–303.

Anhang 6:

Die Wasserversorgung der Stadt Rom am Ende des 1. Jahrhunderts n. Chr.

Die Wasserleitungen

Tabelle 13

Name	Baujahr	Ursprung	Länge	Mündung in die Stadt
Aqua Appia	312 v. Chr.	Quellen in der Nähe von Palestrina	16,5 km	Porta Maggiore
Anio Vetus	272–269 v. Chr.	Fluss Anio	63,6 km	Porta Maggiore
Aqua Marcia	144–140 v. Chr.	Fluss Anio	91,0 km	Porta Maggiore
Aqua Tepula	125 v. Chr.	Quelle in den Albaner Bergen	20,0 km	Porta Maggiore
Aqua Julia	33 v. Chr.	Quellen in den Albaner Bergen	21,6 km	Porta Maggiore
Aqua Virgo	19 v. Chr.	Quellen in der Nähe von Palestrina	22,0 km	Pincius
Aqua Alsietina	2 v. Chr.	Lago di Martignano, Lago di Bracciano	32,8 km	Ianiculum
Aqua Claudia	38–52 n. Chr.	Quellen in der Nähe von Tivoli	68,6 km	Porta Maggiore
Anio Novus	38–52 n. Chr.	Fluss Anio	86,8 km	Porta Maggiore

castella zweiter Ordnung – Gesamt 247

Tabelle 14

Aqua Appia	Anio Vetus	Aqua Marcia	Aqua Tepula	Aqua Julia	Aqua Virgo	Aqua Claudia Anio Novus
20	35	51	14	17	18	92

Die Kapazität der Wasserleitungen: Akten (in den amtlichen Akten angegebene Werte), **Ursprung** (am Ursprung gemessene Werte), **Stadt** (bei der Ankunft im *castellum* am Stadtrand gemessene Werte).

Tabelle 15

	Akten		Ursprung		Stadt	
Kapazität	quinaria	m^3	quinaria	m^3	quinaria	m^3
Aqua Appia	841	33 640	1825	73000	704	28 160
Anio Vetus	1541	61 640	4398	175920	1610	64 400
Aqua Marcia	2162	86 480	4690	187 600	1935	77 400
Aqua Tepula	400	16 000	445	17 800	445	17 800
Aqua Julia	649	25 960	1206	48 240	803	32 120
Aqua Virgo	652	26 080	2504	100 160	2504	100 160
Aqua Alsietina	–	–	392	15 680	392	15680
Aqua Claudia	2855	114 200	4607	184 280	1588	63 520
Anio Novus	3263	130 520	4738	189 520	4037	161 480
Gesamt	12 363	494 520	24805	992 200	14 018	560 720

Die Wassernutzung außerhalb der Stadt (quin. – *quinariae*)

Tabelle 16

außerhalb der Stadt – 29 %						
Kapazität	Gesamt		Kaiser		Privat	
	quin.	m^3	quin.	m^3	quin.	m^3
Aqua Appia	5	200	–	–	5	200
Anio Vetus	508	20 320	104	4160	404	16 160
Aqua Marcia	837	33 480	269	10 760	568	22 720
Aqua Tepula	114	4560	58	2320	56	2240
Aqua Julia	206	8240	85	3400	121	4840
Aqua Virgo	200	8000	–	–	200	8000
Aqua Alsietina	392	15 680	254	10 160	138	5.520
Aqua Claudia/ Anio Novus	1801	72 040	948	37 920	853	93 800

Gesamt	4063	162 520	1718	68 720	2345	93 800
in Prozent	100 %		42,3 %		57,5 %	

Die Wassernutzung innerhalb der Stadt (quin. – *quinariae*)

Tabelle 17

	innererhalb der Stadt – 71 %							
Kapazität	Gesamt		Kaiser		Privat		Öffentlich	
	quin.	m^3	quin.	m^3	quin.	m^3	quin.	m^3
Aqua Appia	699	27 960	151	6040	194	7760	354	14 160
Anio Vetus	1102	44,080	60	2400	490	19 600	552	22 080
Aqua Marcia	1093	43 720	116	4640	543	21 720	439	17 560
Aqua Tepula	331	13 240	34	1360	247	9880	50	2000
Aqua Julia	597	23 880	18	720	196	7840	383	15 320
Aqua Virgo	2304	92 160	549	21 960	338	13 520	1417	56 680
Aqua Claudia/ Anio Novus	3824	152 960	779	31 160	1839	73 560	1206	48 240
Gesamt	9955	398 200	1707	68 280	3847	153 880	4401	176 040
in Prozent	100 %		17,2 %		8,6 %		44,2 %	

Die öffentliche Nutzung (op. – *opera*, quin. – *quinariae*)

Tabelle 18

	Öffentliche Nutzung							
Kapazität	18 castra		94 op. publica		39 munera		591 lacus	
	quin.	m^3	quin.	m^3	quin.	m^3	quin.	m^3
Aqua Appia	4	160	123	4920	2	80	226	9.040
Anio Vetus	50	2000	196	7840	88	3520	218	8720
Aqua Marcia	41	1640	41	1640	104	4160	253	10 120
Aqua Tepula	12	480	7	280	–	–	31	1240
Aqua Julia	69	2720	182	7290	67	2.680	65	2600
Aqua Virgo	–	–	1330	53 200	26	1040	61	2440
Aqua Claudia/ Anio Novus	104	4160	522	20 880	99	3960	481	19 240
Gesamt	279	11 160	2401	96 040	386	15 440	1335	53 400
in Prozent	6,4 %		54,5 %		8,8 %		30,3 %	

Aufschlüsselung der öffentlichen Nutzung: 100 % (176 040 m³)
Die Bedeutung der von Frontinus genannten Begriffe für die verschiedenen Bereiche der öffentlichen Wassernutzung ist unklar und umstritten.

18 *castra*: 6,3 %. „Lager" suggeriert einen militärischen Bezug. Es ist jedoch unwahrscheinlich, dass es außer der *castra praetoria*, dem Lager der Praetorianerkohorten, noch 17 weitere Militärlager innerhalb der Stadt gab. Wahrscheinlich sind, zusätzlich zur *castra praetoria*, Wachstuben der auf militärischer Basis organisierten Feuerwehr, der *vigiles*, gemeint.

95 *opera publica*: 52,3 %. Der Begriff „öffentliche Bauwerke" umfasst vor allem Bäder und wahrscheinlich auch Zierbrunnen

39 *munera*: 8,8 %. Bis dato konnte noch keine befriedigende Deutung dieses Begriffes gefunden werden. Frontinus (Front. aqu. 3) schreibt „*munera*, wie die Gebildeteren sie nennen". Der entschuldigende Ton dieses Satzes läßt vermuten, dass es sich um „*foricae*", öffentliche Latrinen, handelt.

591 *lacus*: 32,6 %. Unter „Seen" sind Becken beziehungsweise Brunnen zur Entnahme von Trinkwasser zu verstehen.

Literatur:

Tabelle 13: nach F. Coarelli, Rom – ein archäologischer Führer. Mainz 2000, 35–41.

Tabelle 14 bis 18: nach Frontinus, *De aquis urbis Romae* – Die Wasserversorgung der Stadt Rom.

Aufschlüsselung der öffentlichen Nutzung: nach D. R. Blackman, A. T. Hodge, Frontinus' Legacy. Essays on Frontinus' *De aquis urbis Romae*. Michigan 2001, 119–120.

Anhang 7:

Kurzer Abriss der Geschichte des Bergbaus von Laurion

Archäologische Funde datieren den Beginn des Bergbaus in Laurion in die frühe Bronzezeit. Unter der Tyrannis des Peisistratos (mit Unterbrechungen 560–528 v. Chr.) begann die kulturelle und wirtschaftliche Blütezeit Athens, und in diese Zeit fällt auch der Beginn des systematischen Bergbaus in Laurion und die Prägung der ersten Münzen aus Silber aus Laurion. Am Ende des 6. Jahrhunderts v. Chr. erließ Kleisthenes die ersten Bergbaugesetze. Sämtliche Bergbaue, auch die auf Privatgrund liegenden Gruben, wurden verstaatlicht. Der Bergbau wurde von privaten Unternehmern betrieben, die an den Staat eine fixe jährliche Pachtsumme zu bezahlen hatten. Dieses System der Verpachtung von Bergbaurechten gegen fixe Pachtsummen, unabhängig von der Höhe des Gewinns, sicherte dem Staat regelmäßige Einkünfte und bot den Unternehmern keinerlei Möglichkeiten, den Staat zu betrügen. Nach Abzug der Pacht, der Erhaltungskosten für Aufbereitungs- und Verhüttungsanlagen, diversen Materialkosten und der Kosten für die Sklaven blieben dem Unternehmer rund 50 % der Einnahmen. Aufbereitungs- und Hüttenanlagen blieben weiter im Privatbesitz der Unternehmer. Zu Beginn des 5. Jahrhunderts v. Chr. wurde die dritte Kontaktzone, der ergiebigste Teil der Lagerstätte, aufgeschlossen. Damit stieg die Produktion auf bis zu 20 Tonnen Silber pro Jahr. Im Peloponnesischen Krieg (431–404 v. Chr.) zwischen Sparta und Athen liefen im Jahr 413 v. Chr. 20.000 Bergbausklaven zu Sparta über, was das vorläufige Ende des Bergbaus in Laurion bedeutete.

Zu Beginn des 4. Jahrhunderts. v. Chr. wurde der Bergbau in Laurion erneut aufgenommen und erreichte bald wieder eine Blütezeit. Der damit verbundene wirtschaftliche Aufschwung Athens erlitt einen schweren Schlag, als Philipp II. von Makedonien (359–336 v. Chr.) den Bergbau in Pangaeus neu organisierte und seine Produktivität steigern konnte. Durch die Eroberungszüge Alexanders des Großen kamen große Mengen Beutesilber auf den Markt, und der Silberpreis fiel dramatisch.

Mit der Eingliederung Griechenlands ins römische Reich im 2. Jahrhundert v. Chr. gelangte wahrscheinlich auch der Bergbau von Laurion zumindest teilweise unter römische Kontrolle und begann wieder zu florieren. Im Jahr 103 v. Chr. kam es in Laurion zu einem Sklavenaufstand.

Die Stadt Athen konnte eine gewisse Unabhängigkeit bewahren, indem sie in den kriegerischen Auseinandersetzungen zwischen Rom und Makedonien neutral blieb. Im 1. Mithridatischen Krieg unterstützte Athen Mithridates VI. gegen Rom und wurde als Strafe dafür im Jahr 86 v. Chr. von den Römern unter Sulla geplündert. In der Folge wurde der Bergbau in Laurion endgültig eingestellt.

Literatur:

C. G. Tsaimou, Metals in Ancient Times. The Ancient Mining and Metallurgic Technology. Athen 2000, 105–108.

Literatur

Antike Autoren

Afric. cesti	Africanus, Cesti (wörtlich: Stickereien)
al-Karaji	Die Suche nach verborgenem Wasser
Amm. Marc.	Ammianus Marcellinus, Res gestae (Geschehenes)
Anth. Pal.	Anthologia Palatina (Palatinische Anthologie)
Apg.	Apostelgeschichte
Apollod. pol.	Apollodorus von Damaskus, Poliorketika (Belagerungstechnik) zitiert nach C. Wescher, La Poliorcétique des Grecs. Paris 1867.
Apoll. Rhod.	Apollonios Rhodios, Argonautika
App. civ.	Appianos, Bella civilia (Bürgerkriege)
App. Mithr.	Appianos, Mithridatius (Die Mithridatische Kriege)
Aristot. Ath. pol.	Aristoteles, Athenaion politeia (Der Staat der Athener)
Athen.	Athenaios, Deipnosophistai (Gelehrte beim Gastmahl)
Auson. Mos.	Ausonius, Mosella (Mosel)
Bell. Alex.	Bellum Alexandrinum (Der Alexandrinische Krieg)
Caes. bell. Gall.	Caesar, De bello Gallico (Der Gallische Krieg)
Caes. bell. civ.	Caesar, De bello civili (Der Bürgerkrieg)
Cass. Dio	Cassius Dio, Rhomaike historia (Römische Geschichte)
Cato agr.	Cato, De agricultura (Über Landwirtschaft)
Colum.	Columella, De re rustica (Über Landwirtschaft)
dig. Iust.	Digestae Iustiniani (Digesten)
Diod.	Diodorus Siculus, Bibliotheke (Bibliothek)
Diosk. mat. med.	Dioskurides, De materia medica (Über Medizin)

Frontin. aqu.	Frontinus, De aquis urbis Romae (Wasserversorgung der Stadt Rom)
Gell.	Aulus Gellius, Noctes Atticae (Attische Nächte)
Her. hist.	Herodot, Historia (Historien)
Heron aut.	Heron, Automatopoitike (Die Herstellung von Automaten)
Heron bel.	Heron, Belopoiika (Über die Konstruktion von Katapulten) zitiert nach C. Wescher, La Poliorcétique des Grecs. Paris 1867.
Heron diop.	Heron, Dioptra (Theorie und Praxis der Landvermessung)
Heron mech.	Heron, Mechanika (Über Mechanik)
Heron pneu.	Heron, Pneumatika (Druckwerke)
HA Hadr.	Historia Augusta, Vita des Kaisers Hadrian
Hom. Od.	Homer, Odyssee
Ios. vita	Iosephus, De sua vita (Über sein Leben)
Liv.	Livius, Ab urbe condita (Römische Geschichte)
Lucr.	Lucretius, De rerum natura (Über die Natur der Dinge)
Lukian. nav.	Lukianos, Navigium (Das Schiff)
Nips. corp. agr.	Nipsus, Corpus agrimensorum (Landvermessung)
Memnon	Auszüge des Geschichtswerks überliefert bei Photios, Bibliotheke (Bibliothek) zitiert nach F. Jacoby, Die Fragmente der griechischen Historiker (FGrH). Leiden 1957–1958.
Ov. medic.	Ovidius, Medicamina faciei feminae (Schönheitsmittel für Frauen)
Pall. agric.	Palladius, Opus agriculturae (Landwirtschaft)
Paus.	Pausanias, Dihegesis (Beschreibung Griechenlands)
Philon pol.	Philon von Byzanz, Poliorketika (Belagerungstechnik) zitiert nach R. Schöne, Philonis mechanicae syntaxis. Berlin 1893.
Plat. Krit.	Platon, Kritias
Plin. nat.	Plinius maior, Naturalis historia (Naturkunde)
Prok. aed.	Prokopios, Aedificia (Bauwerke)
Plut. Cato m.	Plutarchos, Cato maior (Cato der Ältere)
Plut. mor.	Plutarchos, Moralia (Moralische Schriften)
Sidon. carm.	Sidonius Apollinaris, Carmina (Gedichte)
Stat. silv.	Statius, Silvae (Wälder)
Strab.	Strabon, Geographica (Geographie)
Suet. Aug.	Suetonius, Divus Augustus (Augustus)
Suet. Claud.	Suetonius, Divus Claudius (Claudius)
Suet. Iul.	Suetonius, Divus Iulius (Caesar)
Tac. ann.	Tacitus, Annales (Annalen)

Thuk.	Thukydides, Der Peloponnesische Krieg
Veg. mil.	Vegetius, Epitoma rei militaris (Abriss des Kriegswesens)
Verg. Aen.	Vergilius, Aeneis
Vitr.	Vitruvius, De architectura (Über Architektur)
Xen. por.	Xenophon, Poroi (Über die Staatseinkünfte)
CIL	Corpus Inscriptionum Latinarum (Berlin 1862 ff.)
FIRA	Fontes iuris Romani anteiustiniani (Florenz 1940–1943)

Zitierte Übersetzungen antiker Autoren

Ammianus Marcellinus, Römische Geschichte. Lateinisch und deutsch. Herausgegeben von W. Seyfahrt, in: Schriften und Quellen der alten Welt, 21, 3. Berlin 1970.

Apollonios von Rhodos, Argonautika. Griechisch und deutsch. Herausgegeben von R. Glei und St. Natzel-Glei. Darmstadt 1996.

C. Iulius Caesar, Der gallische Krieg. Lateinisch und deutsch. Herausgegeben von O. Schönberger. Sammlung Tusculum. Düsseldorf [2]1999.

C. Iulius Caesar, Der Bürgerkrieg. Lateinisch und deutsch. Herausgegeben von O. Schönberger. Sammlung Tusculum. Düsseldorf [3]1999.

C. Iulius Caesar, Kriege in Alexandrien, Afrika und Spanien. Lateinisch und deutsch. Nach der Übersetzung von A. Baumstark, überarbeitet und mit Anmerkungen versehen von C. Jahn. Darmstadt 2004.

Cassius Dio, Römische Geschichte. 6 Bde. Übersetzt von O. Veh. Düsseldorf 2007.

Sextus Iulius Frontinus, Wasser für Rom. Übersetzt von M. Heinzmann. Zürich/München 1979.

Herodot, Historien. Griechisch und deutsch. Herausgegeben von J. Feix. Düsseldorf/Zürich 2000 und 2001.

Homer, Odyssee. Übersetzt von W. Schadewaldt. Düsseldorf/Zürich 2000.

Lukrez, Von der Natur. Lateinisch und deutsch. Herausgegeben von H. Diels. Darmstadt 1993.

Palladius, Landwirtschaft. Übersetzung aus W. Böcking, Römisches Landleben in Germanien. Die Heimat 78, Krefeld 2007, 156–160.

Plinius der Ältere, Naturkunde. Lateinisch und deutsch. Herausgegeben von R. König, K. Bayer, G. Winkler, J. Hopp und K. Brodersen. Sammlung Tusculum. Düsseldorf 1975–2007.

Prokop, Bauten. Griechisch und deutsch. Herausgegeben von O. Veh. München 1977.

Statius, Silvae. Übersetzt und erläutert von H. Wissmüller. Neustadt/Aisch 1990.

Vergil, Aeneis. Lateinisch und deutsch. Herausgegeben von B. Kytzler. Düsseldorf/Zürich 1997.
Vitruv, 10 Bücher über Architektur. Lateinisch und deutsch. Übersetzt und mit Anmerkungen versehen von C. Fensterbusch. Darmstadt [4]1987.

Literatur

Eine umfassende Literaturliste zur Technik der Antike würde den Rahmen dieses Buches überschreiten. Neben Überblickswerken werden für die einzelnen Kapitel allgemeine Werke angegeben, deren Literaturlisten dem interessierten Leser die Möglichkeit geben, tiefer in die einzelnen Themen einzusteigen. Einzelarbeiten werden nur zitiert, wenn sie ein angeführtes Beispiel betreffen.

Überblickswerke

H. Blümner, Technologie und Terminologie der Gewerbe und Künste bei Griechen und Römern. 4 Bde., 1874–1887. Ndr. Hildesheim 1969.
H. Diels, Antike Technik. 1914, 1920.
R. J. Forbes, Studies in Ancient Technology. 9 Bde., Leiden 1964–1971.
F. Kretzschmer, Technik und Handwerk im Imperium Romanum. Düsseldorf 1958.
F. Kretzschmer, Bilddokumente römischer Technik. Düsseldorf 1983.
J. G. Landels, Die Technik in der antiken Welt. München 1979.
A. Neuburger, Die Technik des Altertums. Leipzig 1919.
Ndr. Reprint Verlag Leipzig, o.J.
J. P. Oleson (Hrsg.), The Oxford Handbook of Engineering and Technology in the Classical World. Oxford 2008.
H. Schneider, Die Gaben des Prometheus. Technik im antiken Mittelmeerraum zwischen 750 v. Chr und 500 n. Chr. in: Propyläen Technikgeschichte Bd. 1, Berlin 1990.
H. Schneider, Einführung in die antike Technikgeschichte. Darmstadt 1992.
H. Schneider, Geschichte der antiken Technik. München 2007.
K. D. White, Greek and Roman Technology. London 1984.
K. Ziegler, W. Sontheimer, Der Kleine Pauly. Lexikon der Antike. 5 Bde., München 1979.

I. Quellen zu Technik und Ingenieurwesen der Antike

O. Schütze (Hrsg.), Lexikon antiker Autoren. Stuttgart 1997.
J. G. Landels, Die Technik in der antiken Welt. München 1979.
H. Schneider, Einführung in die antike Technikgeschichte. Darmstadt 1992.

II. Grundlagen der Technik und des Ingenieurwesens der Antike

1. Energiequellen antiker Technik

J. G. Landels, Die Technik in der antiken Welt. München 1979.
S. Mitchell, Requisitioned Transport in the Roman Empire: A New Inscription from Pisidia. The Journal of Roman Studies 66, 1976, 106–131.
R. Pleiner, Iron in Archaeology. Praha 2000.
K.-W. Weeber, Smog über Attika. Umweltverhalten im Altertum. Zürich/München 1991, 17–38.
K. D. White, Greek and Roman Technology, London 1984.
A. Wilson, Machines, Power and the Ancient Economy. The Journal of Roman Studies 92, 2002, 1–32.

2. Naturwissenschaftliche Grundlagen antiker Technik

O. A. W. Dilke, Mathematik, Maße und Gewichte in der Antike. Stuttgart 1991.
E. J. Dijksterhuis, Archimedes und seine Bedeutung für die Wissenschaft. Bremen 1952.
G. E. R. Lloyd, Early Greek Science: Thales to Aristotle. London 1970.
G. R. E. Lloyd, Greek Science After Aristotle. London 1973.
W. R. Knorr, The Ancient Tradition of Geometric Problems. New York 1988.
R. Netz, W. Noel, Der Kodex des Archimedes. München 2007.
A. Stückelberger, Einführung in die antiken Naturwissenschaften. Darmstadt 1988.

III. Messtechnik

1. Zeitmessung

E. Buchner, Die Sonnenuhr des Augustus. Mainz 1982.
E. Buchner, Neues zur Sonnenuhr des Augustus. Nürnberger Blätter zur Archäologie 10, 1993–1994, 77–84.
H. Diels, Die antike Uhr, in: H. Diels, Antike Technik. 1924, 155–232.
S. L. Gibbs, Greek and Roman Sundials. New Haven 1976.
F. Glaser, Die Klepsydra im Amphiareion bei Oropos. Pro arte antiqua 1, 1982, 130–136.

2. Landvermessung

M. della Corte, Groma. Monumenti Antichi, 28, 1922, 5–100.

J. T. Lewis, Surveying Instruments of Greece and Rome. Cambridge 2001.

T. Schiöler, The Pompeii-groma in New Light. Analecta Romana Instituti Danici, 22, 1994, 45–60.

Ö. Wikander, Gadgets and Scientific Instruments, in J. P. Oleson (Hrsg.), The Oxford Handbook of Engineering and Technology in the Classical World. Oxford 2008, 785–799.

IV. Tunnelbau

K. Grewe, Licht am Ende des Tunnels. Planung und Trassierung im antiken Tunnelbau. Mainz 1998.

H. J. Kienast, Der Tunnel des Eupalinos auf Samos. Architectura 7, 1977, 97–116.

H. J. Kienast, Die Wasserleitung des Eupalinos auf Samos. Deutsches Archäologisches Institut, Samos, Bd. 19. Bonn 1995.

V. Bautechnik

J.-P. Adam, Roman Building. Materials and Techniques. London/New York 2005.

J.-C. Bessac, O. Chapelot, R. de Filippo, A. Ferdière, F. Journot, D. Prigent, Ch. Sapin, J. Seigne, La construction – les materiaux durs: pierre et terre cuite. Paris 2004.

F. D. Ching, Bildlexikon der Architektur. Frankfurt am Main/New York 1996.

F. Coarelli, Rom. Ein archäologischer Führer. Mainz 2000.

I. Fiorentini Roncuzzi, E. Fiorentini, Mosaic. Materials, Techniques and History. Ravenna 2002.

P. Hill, The Construction of Hadrian's Wall. Stroud 2006.

Ch. Höcker, Lexikon antiker Architektur. Sachen und Begriffe. Stuttgart 2004.

F. Kretzschmer, Bilddokumente römischer Technik. Düsseldorf 1983.

H.-O. Lamprecht, Opus caementitium. Bautechnik der Römer. Düsseldorf [2]1985.

L. C. Lancaster, Concrete Vaulted Construction in Imperial Rome. Cambridge 2005.

J. G. Landels, Die Technik in der antiken Welt. München 1979.

M. Wilson Jones, Principles of Roman Architecture. New Haven/London 2000.

VI. Straßen- und Brückenbau

J.-P. Adam, Roman Building. Materials and Techniques. London/New York 2005.
H. Davies, Roads in Roman Britain. Stroud 2002.
W. Heinz, Reisewege der Antike. Unterwegs im Römischen Reich. Stuttgart 2003.
Ch. Höcker, Lexikon antiker Architektur. Sachen und Begriffe. Stuttgart 2004.
C. O'Connor, Roman Bridges. Cambridge 1993.
M. J. T. Lewis, Railways in the Greek and Roman World, in: A. Guy, J. Rees (Hrsg.), Early Railways. A Selection of Papers from the First International Early Railways Conference, 2001, 8–19.
E. Mensching, Die Koblenzer Rheinbrücke. P. Pomponius Secundus und der Brückenbau an Rhein und Mosel. Bonner Jahrbücher 181, 1981, 325–354.
I. della Potella, G. Pisani Sartorio, F. Ventre, Via Appia. Entlang der bedeutendsten Straße der Antike. Stuttgart 2003.
R. A. Staccioli, Guida insolita ai luoghi, ai monumenti e alle curiosità di Roma antica. Rom ²2001.
R. A. Staccioli, The Roads of the Romans. Rom 2003.
C. van Tilburg, Traffic and Congestion in the Roman Empire. New York 2007.

VII. Wassertechnik – Allgemeine Werke

A. T. Hodge, Roman Aqueducts and Water Supply. London 2002.
R. Tölle-Kastenbein, Antike Wasserkultur. München 1990.
J. G. Landels, Die Technik in der antiken Welt. München 1979.

1. Dammbau

M. Diaz-Martin, D. Fernández-Ordóñez Hernandez, Historische Talsperren und Wehre in Spanien, in: G. Garbrecht, Historische Talsperren Bd. 2. Stuttgart 1991, 132–159.
A. T. Hodge, Roman Aqueducts and Water Supply. London ²2002, 79–92.
N. J. Schnitter, A History of Dams. The Useful Pyramids. Rotterdam 1994. 55–80.

2. Wasserräder und Wasserkraftnutzung

M. Eckhold, U. Löber, F. Tönsmann (Hrsg.), Geschichte der Wasserkraftnutzung. Berichte zur Tagung Geschichte der Wasserkraftnutzung am 23. und 24. April 1982 in Koblenz. Koblenz 1985.

J. G. Landels, Die Technik in der antiken Welt. München 1979.
Ph. Leveau, The Barbegal Water Mill in Its Environment: Archaeology and the Economic and Social History of Antiquity. Journal of Roman Archaeology 9, 1996, 137–153.
Ph. Leveau et al., La troisième siècle dans la Vallée des Baux: les fouilles de la partie basse et de l'émissaire oriental des moulins de Barbegal. Revue archéologique de Narbonnaise 33, 2000, 387–439.

3. Wasserhebung

I. Blair, J. Hall, Working Water. Roman Technology in Action. London 2003
C. Domergue, Les mines de la péninsule Ibérique dans l'Antiquité romaine. Collection de l'École Française de Rome 127, 1990, 443–460.
J. G. Landels, Die Technik in der antiken Welt. München 1979.
J. P. Oleson, Greek and Roman Mechanical Water-Lifting Devices: The History of a Technology. Phoenix – Journal of the Classical Association of Canada. Supplementary Volume 16, 1984.
R. E. Palmer, Notes on some Ancient Mine Equipments and Systems. Institution of Mining and Metallurgy, Transactions 36, 1926/27, 299–336.
R. Pemp, Drei Wasserhebewerke Pompejis. Würzburg 1940.
T. Schiöler, Roman and Islamic Water-Lifting Wheels. Odense 1973.
G. Weisgerber, Das römische Wasserheberad aus Rio Tinto in Spanien im British Museum London. Der Anschnitt 31, 1979, 62–80.

4. Qanate

A. T. Hodge, Roman Aqueducts and Water Supply. London ^{2}2002, 20–24.

5. Wasserleitungsbau und städtische Wasserversorgung

J.-P. Adam, Roman Building. Materials and Techniques. London/New York 2005.
D. R. Blackman, A. T. Hodge, Frontinus' Legacy. Essays on Frontinus' De aquis urbis Romae. Michigan 2001.
J. Burdy, L'aqueduc romain du Gier. Départment du Rhône préinventaire des monuments et richesses artistiques 4, 1996.
J. Burdy, Les aqueducs romains de Lyon. Lyon 2002.
H. Chanson, Hydraulics of Roman Aqueducts: Steep Chutes, Cascades, and Dropshafts. American Journal of Archaeology 104, 2000, 47–72.
H. Chanson, Historical Development of Stepped Cascades for the Dissipation of Hydraulic Energy. Transactions Newcomen Society 72, 2000–2001, 295–318.
H. Eschebach, Die Gebrauchswasserversorgung des antiken Pompeii. Antike Welt 10, 2, 1979, 3–24.
G. Fabre, J.-L. Fiches, J.-L. Paillet, L'Aqueduc de Nîmes et le Pont du Gard. Archéologie, géosystème et histoire. Nîmes 1991.

G. Fabre, J.-L. Fiches, P. Leveau, J.-L. Paillet, Le Pont du Gard. L'eau dans la ville antique. Paris 1992.

G. Garbrecht, H. Manderscheid, Die Wasserbewirtschaftung römischer Thermen. Archäologische und hydrotechnische Untersuchungen. Band A. Braunschweig 1994.

K. Grewe, Planung und Trassierung römischer Wasserleitungen. Schriftenreihe der Frontinus-Gesellschaft, Supplementband 1. Wiesbaden 1985.

Ch. Höcker, Lexikon antiker Architektur. Sachen und Begriffe. Stuttgart 2004

F. Kretzschmer, Technik und Handwerk im Imperium Romanum. Düsseldorf 1958.

F. Kretzschmer, Bilddokumente römischer Technik. Düsseldorf 1983.

Ph. Leveau, J.-L. Paillet, L'alimentation en eau de Caesarea de Maurétanie et l'aqueduc de Cherchell. Paris 1976.

Ch. P. J. Ohlig, De aquis Pompeiorum. Das castellum aquae in Pompeii: Herkunft, Zuleitung und Verteilung des Wassers. Circumvesuviana 4. Wesel 2001.

VIII. Agrartechnik

J.-P. Adam, Roman Building. Materials and Techniques. London/New York 2005.

J.-P. Brun, Le vin et l'huile dans la Méditerranée antique. Viticulture, oléiculture et procédés de fabrication. Paris 2003.

J.-P. Brun, Archéologie du vin et de l'huile en Gaule romaine. Paris 2005.

A. G. Drachmann, Ancient Oil Mills and Presses. Kopenhagen 1932.

R. Frankel, Some Oil Presses from Western Galilee. Bulletin of the American Schools of Oriental Research 286, 1992, 39–71.

L. A. Moritz, Grain-mills and Flour in Classical Antiquity. Oxford 1958.

H. Schneider, Die Gaben des Prometheus. Technik im antiken Mittelmeerraum zwischen 750 v. Chr und 500 n. Chr. in: Propyläen Technikgeschichte Bd. 1, Berlin 1990.

A. Tchernia, J.-P. Brun, Le vin romain antique. Grenoble 1999.

K.-W. Weeber, Die Weinkultur der Römer. Düsseldorf 2005.

K. D. White, Agricultural Implements of the Roman World. Cambridge 1967.

K. D. White, Greek and Roman Technology. London 1984.

IX. Schiffbautechnik

R. Bockius, Antike Prahme und ihre Rolle in der Binnenschifffahrt der gallisch-germanischen Provinzen. in: K. Brandt, H. J. Kühn (Hrsg.), Der

Prahm aus dem Hafen von Haithabu. Beiträge zu antiken und mittelalterlichen Flachbodenschiffen. Wissenschaftliches Kolloquium des Archäologischen Landesmuseums in der Stiftung Schleswig-Holsteinische Landesmuseen Schloß Gottorf. Schriften des Archäologischen Landesmuseums, Ergänzungsreihe 2, 2004.

M. Bononi, Notes on the Steering Devices of Ancient Ships. In: H. Tzalas (Hrsg.), Tropis II. 2nd International Symposium on Ship Construction in Antiquity. Proceedings 53 – 73, Delphi 1987.

L. Casson, The Isis and Her Voyage. Transactions and Proceedings of the American Philological Association 81, 1950, 43–56.

L. Casson, Speed under Sail of Ancient Ships. Transactions and Proceedings of the American Philological Association 82, 1951, 136–148.

L. Casson, The Sea Route to India: Periplus Maris Erythraei 57. The Classical Quarterly, New Series, 34/2, 1984, 473 – 479.

L. Casson, Ships and Seamanship in the Ancient World. Baltimore 1995 (überarbeitete Fassung der Erstausgabe von 1971).

J. Hausen, Schiffbau in der Antike. Herford 1979.

O. Höckmann, Antike Seefahrt. München 1985.

A. Köster, Das antike Seewesen. Berlin 1923.

J. G. Landels, Die Technik in der antiken Welt. München 1979.

A. Mees, B. Pferdehirt, Römerzeitliche Schiffsfunde. Römisch-Germanisches Zentralmuseum, Kataloge vor- und frühgeschichtlicher Altertümer 29, 2002.

J. S. Morrison, J. F. Coates, N. B. Rankoy, The Athenian Trireme. Cambridge ²2000.

L. V. Mott, The Development of the Rudder. A Technological Tale. Studies in Nautical Archaeology 3. London 1997.

P. Pomey, E. Rieth, L'archéologie navale. Paris 2005.

K. D. White, Greek and Roman Technology. London 1984.

X. Bergbau- und Aufbereitungstechnik

D. Bird, Water Power in Roman Gold Mining, in: P. Claughton (Hrsg.), Water Power in Mining. Papers presented at the National Association of Mining History Organisation Conference at Aberystwyth, 5–8 July 2002. Mining History 15, Nos. 4/5, 2004, 58–63.

P. Craddock, Early Metal Mining and Production. Edinburgh 1995.

O. Davies, Roman Mines in Europe. Oxford 1935.

C. Domergue, Les mines de la péninsule Ibérique dans l'Antiquité romaine. Collection de l`École Française de Rome 127, 1990.

C. Domergue, Les Mines Antiques. La production des métaux aux époques grecque et romaine. Paris 2008.

J. F. Healy, Mining and Metallurgy in the Greek and Roman World. London 1978.
C. G. Tsaimou, Metals in Ancient Times. The Ancient Mining and Metallurgic Technology. Athen 2000.
J. Wahl, Três Minas. Vorbericht über die archäologischen Ausgrabungen im Bereich des römischen Goldbergwerks 1986/87. in: H. Steuer, U. Zimmermann (Hrsg.), Montanarchäologie in Europa. Archäologie und Geschichte. Freiberger Forschungen zum ersten Jahrtausend in Südwestdeutschland 4, 1993, 123–152.

XI. Verhüttung, Raffination und Legierungen

H.-G. Bachmann, Zinn, das wichtigste Legierungsmetall der Bronzezeit in Mitteleuropa. Fragen und Probleme zur Herkunft und Metallurgie. in: Alpenkupfer – Rame delle Alpi. Der Anschnitt, Beiheft 17, 2004, 255–260.
V. F. Buchwald, Iron and Steel in Ancient Times. Historisk-filosofiske Skrifter 29, 2005.
P. Craddock, The Composition of the Copper Alloys used by the Greek, Etruscan and Roman Civilisations. 2. The Archaic, Classical and Hellenistic Greeks. Journal of Archaeological Science 4, 1977, 103–123.
P. Craddock, The Composition of the Copper Alloys used by the Greek, Etruscan and Roman Civilisations. 3. The Origins and Early Use of Brass. Journal of Archaeological Science 5, 1978, 1–16.
P. Craddock, Early Metal Mining and Production. Edinburgh 1995.
P. Craddock, Zinc in Classical Antiquity, in: P. Craddock (Hrsg.), 2000 Years of Zinc and Brass. British Museum Occasional Paper 50, ²1998, 1–6.
D. Dungworth, Iron Age and Roman Copper Alloys from Northern Britain. Internet Archaeology 2, 1995 (http://intarch.ac.uk/journal/ issue2/ dungworth_index.html)
A. Z. Fragiskos, Ore Processing (Mineralurgy) in Ancient Laurium. in: 5th International Mining History Congress 12.–1. September 2000 Milos Island, Greece. Book of Proceedings 2001, 45–57.
A. R. Giumla-Mair, P. Craddock, Corinthium aes. Das schwarze Gold der Alchimisten. Zaberns Bildbände zur Archäologie 11, 1993.
J. F. Healy, Mining and Metallurgy in the Greek and Roman World. London 1978.
M. Mangin (Hrsg.), Le fer. Paris 2004.
H. Moesta, Erze und Metalle – Ihre Kulturgeschichte im Experiment. Berlin, Heidelberg, New York 1983.
H. Moesta, P. R. Franke, Antike Metallurgie und Münzprägung. Ein Beitrag zur Technikgeschichte. Basel 1995.

R. Pleiner, Iron in Archaeology. The European Bloomery Smelters. Prag 2000.

Th. Rehren, D. Vanhove, H. Mussche, Ores from the Ore Washeries in the Lavriotiki. Metalla 9,1, 2002, 27–46.

C. G. Tsaimou, Metals in Ancient Times. The Ancient Mining and Metallurgic Technology. Athen 2000.

R. F. Tylecote, The Early History of Metallurgy in Europe. London, New York 1987.

B. Ziegaus, Antikes Münzgold. Vom frühen Elektron zum merowingiscehn Triens. in: L. Wamser (Hrsg.), Gold. Magie Mythos Macht. Gold der Alten und Neuen Welt. Katalog der gleichnamigen Ausstellung der Archäologischen Staatssammlung – Museum für Vor- und Frühgeschichte, München. Schriftenreihe der Archäologischen Staatssammlung 2, 2001, 80–99.

XII. Kriegstechnik

D. Baatz, Recent finds of Ancient Artillery. Britannia 9, 1978, 1–22.

D. Baatz, M. Feugère, Éléments d'une catapulte romaine trouvée à Lyon. Gallia 39, 1981, 201–209.

D. Baatz, Die römische Jagdarmbrust. Archäologisches Korrespondenzblatt 21, 1991, 283–293.

D. Baatz, Bauten und Katapulte des römischen Heeres (Artikelsammlung). Mavors Roman Army Researches 11. Stuttgart 1994.

D. B. Campbell, Greek and Roman Artillery 399 BC–AD 363. Oxford 2003.

M. Feugère, Weapons of the Romans. Stroud 2002.

J. G. Landels, Die Technik in der antiken Welt. München 1979.

E. W. Marsden, Greek and Roman Artillery. Historical Development. Oxford 1969.

E. W. Marsden, Greek and Roman Artillery. Technical Treatises. Oxford 1971.

A. Wilkins, Roman Artillery. Princes Risborough 2003.

Register

Ortsnamen

A

B

C

Personen- und Schiffsnamen

Abbildungsnachweis

Akg-images: S. 15, 26, 48 (0ben), 57, 58, 59 (unten), 64, 75 (unten), 77, 85, 87, 91, 101, 115, 128, 132, 139 (unten), 142, 146, 156 (oben), 165, 184, 213.

Bridgeman: S. 31, 68, 131.

Brigitte Cech: S. 25, 29 (nach Wikanders 2008), 30 (1, 2 u. 4 nach Schiöler 1994, 3 nach della Corte 1925), 33 (2 nach Lewis 2001), 36 (nach Grewe 1998), 39 (nach Grewe 1998), 40 (nach Grewe 1998), 41 (nach Grewe 1998), 44 (nach Grewe 1998), 48 (unten nach Höcker 2004), 50 (1 u. 2 nach Adam 2005, 3 nach Hill 2006), 51, 52, 53 (nach Adam 2005), 54 (nach Adam 2005), 56, 59 (oben nach Adam 2005), 60 (nach Adam 2005), 61, 62 (1 nach Adam 2005), 63 (nach Ching 1996), 66 (nach Wilson Jones 2000 u. Lamprecht 1985), 67 (nach Wilson Jones 2000), 70 (2 nach Adam 2005), 71 (nach Adam 2005), 75 (oben nach Höcker 2004), 76 (nach Hill 2006 u. Kretzschmer 1983), 78 (nach Hill 2006), 82, 84 (2 nach Adam 2005), 89, 93 (nach Adam 2005), 95 (1, 2 u. 3 nach Hodge 2002, 4 nach Schnitter 1994), 98, 102 (nach Landels 1979), 104 (nach Domergue 1990), 106, 107 (nach Landels 1979), 108 (1 u. 2 nach Landels 1979, 3 nach Domergue 1990), 109 (nach Oleson 1984), 111 (nach Hodge 2002), 116, 118 (nach Fabre 1991), 119 (nach Fabre 1991), 120 (oben nach Fabre 1991 u. Lewis 2001), 122, 124 (nach Burdy 1996), 125 (nach Burdy 2002), 126 (nach Leveau, Paillet 1976), 127 (nach Fabre 1991), 133 (nach Ohlig 2001), 134 (nach Ohlig 2001), 135 (nach Tölle-Kastenbein u. Eschebach 1979), 136 (nach Kretzschmer 1958), 137, 138 (nach Hodge 2002), 139 (oben 1 u. 2 nach Kretzschmer 1983, 3 nach Hodge 2002), 140 (oben nach Hodge 2002, unten nach Garbrecht 1994), 147, 148 (1 nach Drachmann 1932), 149 (1 nach Drachmann 1932), 150 (1 nach Adam 2005, 2 nach Frankel 1992), 152 (nach Moritz 1958), 152 (oben 1 nach Adam 2005), 153 (nach Adam 2005), 156 (unten nach White 1984), 159 (nach Mott 1997), 161, 162, 164 (oben nach Höckmann 1985), 167 (nach Casson 1995), 170 (1 nach Casson 1995, 2 nach Morrison 2002), 174 (nach Casson 1984), 176 (nach Casson 1950), 177 (nach Bockius 2004), 189 (1 nach Domergue 2008, 2 nach Tsaimou 2000), 190 (nach Domergue 2008), 197 (oben und unten), 206 (1nach Feugère 2002, 2 u. 3 nach Baatz 1991), 207 (nach Wilkins 2003), 208 (nach Marsden 1969), 209 (oben u. unten nach Marsden 1969), 210 (1 nach Wilkins 2003, 2 nach Baatz, Feugere 1981, 3 nach Baatz 1978), 212 (nach Marsden 1971), 223, 226, 227, 228, 230, 231, 232 (nach Kessener 2010, Abb. 3).

Günter Kromer, Karlsruhe: S. 92.

Picture-alliance: S. 117, 120 (unten), 205.

WBG-Archiv: S. 2, 38, 83, 152 (unten), 154, 163, 171.